普通高等教育“十一五”国家级规划教材

电工学(电工技术)

第3版

主　编　魏佩瑜　宋美春
副主编　王艳萍
参　编　王海华　李海涛　赵　霞
　　　　丁　蕾　牛轶霞　孙志伟
　　　　刘万强　栗庆田　刘玉滨
主　审　刘润华　成谢锋　孙　霞

机 械 工 业 出 版 社

本书是普通高等教育“十一五”国家级规划教材。

作者在多年从事电工电子技术教学工作的基础上，根据教育部电工电子基础课程教学指导分委员会拟定的非电类电工、电子技术系列课程教学基本要求，通过对不同高等院校电工电子系列课程教学内容和课程体系进行研究，针对普通高等院校非电类专业学生编写了《电工学（电工技术）》和《电工学（电子技术）》一套教材。

本书主要内容有：电路的基本概念与基本定律、电路的分析方法、电路的暂态分析、正弦交流电路、三相电路、磁路与变压器、异步电动机、继电-接触器控制系统。

本书内容全面，文字叙述详细，概念阐述清楚、通俗易懂，简化理论推导，在突出电路的基本理论、基本分析方法的同时，注意理论的应用。本书的参考学时为40~64学时，各院校教师可根据情况对本书内容有所取舍。本书的内容力求满足不同专业的需要，可作为普通高等院校本科层次非电类专业学生电工技术课程的教材，也可作为非电类工程师以及其他相关专业人员的培训教材和参考书。

图书在版编目（CIP）数据

电工学．电工技术/魏佩瑜，宋美春主编．—3版．—北京：机械工业出版社，2021.7（2024.6重印）

普通高等教育“十一五”国家级规划教材

ISBN 978-7-111-68636-1

Ⅰ．①电…　Ⅱ．①魏…②宋…　Ⅲ．①电工学—高等学校—教材②电工技术—高等学校—教材　Ⅳ．①TM

中国版本图书馆CIP数据核字（2021）第133234号

机械工业出版社（北京市百万庄大街22号　邮政编码100037）

策划编辑：王玉鑫　　责任编辑：王玉鑫

责任校对：潘　蕊　王明欣　封面设计：张　静

责任印制：邓　博

北京盛通印刷股份有限公司印刷

2024年6月第3版第8次印刷

184mm×260mm · 12.5印张 · 307千字

标准书号：ISBN 978-7-111-68636-1

定价：39.00元

电话服务　　网络服务

客服电话：010-88361066　机工官网：www.cmpbook.com

010-88379833　机工官博：weibo.com/cmp1952

010-68326294　金书网：www.golden-book.com

　机工教育服务网：www.cmpedu.com

前　　言

本书是普通高等教育“十一五”国家级规划教材，在2013年进行了第2版的修订，7年来，为了适应教改以及工科专业工程教育认证的需要，根据专家、老师和同学们的建议，进行了再版修订。

本书是参照教育部关于“电工技术（电工学I）”课程的教学基本要求，在第2版的基础上加以修订，基本继承了第2版的体系结构，从最为基础的、普遍认知的一般规律开始，先介绍直流电阻电路，然后介绍动态电路、正弦交流电路、三相交流电路以及相关电器设备在实践中的应用。

本书删除了第9章的相关知识，在保留第2版的全部习题和例题的同时，新增了一定量的微视频，在阅读和学习本书时，增添了新的渠道。

本书打“*”号的章节，一般应视专业的需要、学时的多少和学生的实际水平由老师选讲或供学生自学参考之用。

本书由魏佩瑜、宋美春任主编，王艳萍任副主编，刘润华、成谢锋、孙霞任主审，参加本次编写工作的还有：王海华、李海涛、赵霞、丁蕾、牛轶霞、孙志伟、刘万强、栗庆田、刘玉滨。本书由宋美春统稿，王艳萍完成全部微视频的录制及剪辑制作，主审工作由孙霞负责。

本书配有电子课件和微视频，凡选用本书作为教材的教师均可登录机械工业教育服务网（www. cmpedu. com）注册下载。

本书与李震梅主编的《电工学（电子技术）》一书配套使用或者单独使用。本书虽然在第2版的基础上，根据各方面的专家和读者提出的建议作了一些改进，但不足和疏漏之处还会存在，恳切希望使用本书的读者予以批评指正，以便今后进一步修改和完善。

编　者

目　　录

第1章　电路的基本概念与基本定律

本章是学习电工技术和电子技术的基础，也是为学习后面的电子电路、电机电路以及控制电路打下基础。

本章主要讨论电路的基本物理量、电路的基本定律、电路的基本连接方式、电路的工作状态及电路中电位的计算等。其中，有些内容虽已在物理学中讲过，但是为了加强理论的系统性和满足电工技术的需要，仍要进行复习，同时再加上一些新内容。在温故而知新的基础上，对这些内容的理解进一步巩固和加强，并能充分地应用和扩展这些内容。

1.1　电路的组成与作用

电路是电流的通路，它是为了某种需要由某些电工设备或元件按一定方式组合起来的。

电路一般由电源、负载及中间环节3个基本部分组成。其中，电源是提供电能的设备，如发电机和电池等，它们把非电能转换成电能；负载是取用电能的设备，如电灯、电炉、电动机等，它们分别把电能转换成光能、热能和机械能等；中间环节是连接电源和负载的部分，是用来传输和控制电能的。

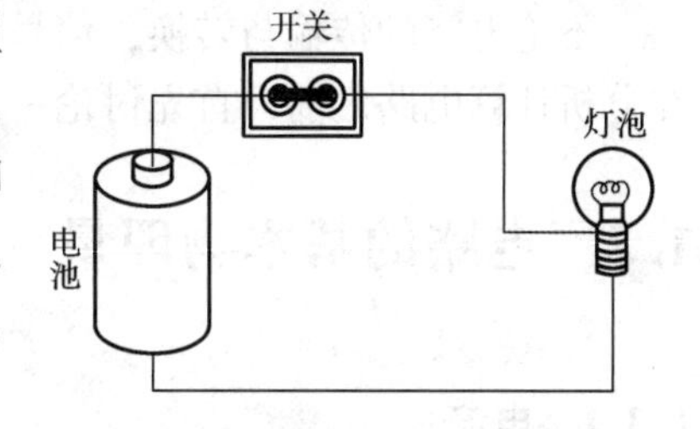

图1-1　手电筒电路示意图

电路的结构形式和所能完成的任务是多种多样的，如图1-1所示，它是一个手电筒电路，它由电源、负载及中间环节3部分组成。

电路的作用是：实现电能的传输和转换，最典型的是供电电路；传递和处理信号，如收音机或电视机，它们的接收天线把载有音乐、语言、图像处理的电磁波接收后转换为相应的电信号，而后通过电路对信号进行处理（调谐、变频、检波、放大等）后传送到扬声器和显像管，还原为原始信息；用于测量，如万用表电路；存储信息，计算机存放数据、程序。

尽管电路的外貌、功能、结构及设计方法不同，但它们都是建立在同一个理论即电路理论基础上的。在电路中，推动电路工作的电压或电流称为激励（即电源或输入）。由激励在电路中的各部分产生的电压或电流称为响应（输出）。所谓电路分析，就是在已知电路结构和元件参数的条件下，找出激励（输入）与响应（输出）之间的关系，即已知输入求输出或已知输出求输入。

1.2　电路模型

实际电路都是由一些实际电工设备和元件组成的。在电路中是用电压、电流、电荷或磁通等物理量来描述其过程的，例如各种电源信号就是用随时间变化的电流或电压来表示的，电路的响应也是用上述物理量来表示的，为此需对电路进行计算。有些实际电路内部结构非常复杂，且一个元件的作用也是多方面的。为了对电路进行计算，可把实际电路用足以反映其电磁本质的一些理想电路元件的组合来代替，即为电路模型。理想电路元件是具有某种特定的电磁性质的假想元件。实际元件虽然种类繁多，但在电磁现象方面却有相同的地方，有的元件主要是消耗电能(如各种电阻器、电灯、电炉等)；有的元件主要是提供电能(如电池和发电机)；有的元件是储存磁场能量(如各种电感线圈)；有的元件则是储存电场能量(如各种电容器)。而一个实际元件可能会有两种或几种电磁性质(如电感线圈、电容器除上述性质外,还有电阻的性质)。应注意每一种理想元件只代表一种电磁性质，它们都有各自精确的定义，例如：用“电阻元件”这样一个具有两个端钮的理想电路元件来反映消耗电能的特征，当电流流过它时，在它内部进行着把电能转换成热能的不可逆过程。理想元件的电磁过程均在元件的内部进行。在任意时刻二端理想元件两端钮电流相等，即流进等于流出。这样，所有的电阻器、电灯、电炉等实际元件，均可用“电阻元件”来近似代替，而忽略其他电磁性质。

由一些理想电路元件所组成的电路，就是实际电路的电路模型，它是对实际电路电磁性质的科学抽象和概括。在理想电路元件中主要有电阻元件、电感元件、电容元件和电源元件等。这些元件分别由相应的参数来表征，今后所分析的都是只由理想元件组成的电路模型，简称电路。在电路图中，各种电路元件用规定的图形符号表示。

不论电能的传输与转换，信号的传递或处理，都要通过电压、电流、功率来实现，所以在分析计算电路之前，首先讨论一下电路的几个基本物理量。

1.3 电路的基本物理量

1.3.1 电流

在电场的作用下，电荷的定向移动形成电流。在金属导体中，自由电子的定向移动形成电流；在半导体中，空穴载流子和电子的反向移动形成电流；在电解液中，正负离子的定向移动形成电流。

单位时间内通过导体某截面的电荷量称为电流，用表达式表示为

$$i=\frac{\mathrm{d}q}{\mathrm{d}t} \tag{1-1}$$

若电流的大小和方向不随时间而变化，则称为直流，表示为

$$I=\frac{Q}{t}$$

在国际单位制中电流的单位为安(A)，$1\mathrm{A}=10^3\mathrm{mA}=10^6\mu\mathrm{A}$。

习惯上规定，电流的实际方向为正电荷移动的方向。

电流的方向是客观存在的，但在分析较为复杂的直流电路时，往往难以判断某支路中电流的实际方向，对交流电流来说，其方向不断随时间而变化，也无法用一个固定的方向标出。这样，我们便引用参考方向这个概念，在电路图中用箭头标出。任意选定某一方向作为电流的参考方向，并规定：当电流的实际方向与参考方向一致时，电流为正；反之，电流为负，如图 1-2 所示。

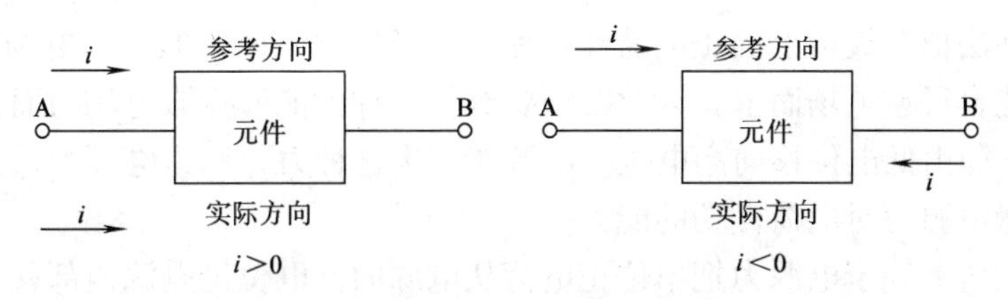

图 1-2　电流的实际方向和参考方向

应注意，只有在规定参考方向的前提下，电路中的电流才有正负之分，所以它是一个代数量。有了电流的参考方向，在分析电路时，只标出电流的参考方向，并以此为准去分析计算，最后从答案的正负确定实际方向。显然，在没有规定参考方向的情况下，电流的正负无任何意义。

1.3.2　电压与电动势

1. 电压

电荷在电路中流动，就必然有能量交换的发生，电荷在电源处得到电能，而在另一处(如电阻)失去电能。电荷得到的电能是由电源的其他形式的能量转换过来的，电荷在某些部分失去的电能是由电源提供的。因此，在电路中存在着能量的流动；电源可以提供能量，有电能输出；电阻吸收电能，有能量输入，电荷在电路中之所以能够流动，是电场力做功的结果。如图 1-3 所示，a、b 是电源的两个极，a 带正电荷，b 带负电荷，因此在 a、b 之间产生电场力，其方向由 a→b。导体将 a、b 两极通过灯泡连接起来，在电场力的作用下，正电荷就要从 a 极流向 b 极，这就是电场力对电荷做了功。为了衡量电场力对电荷做功的能力，引入电压的概念。

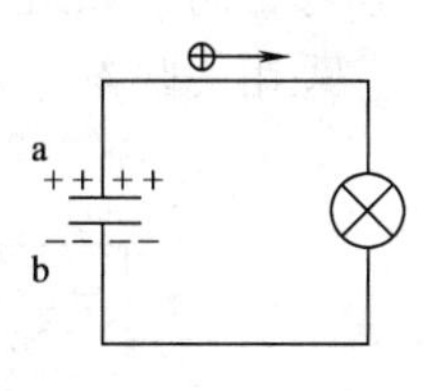

图 1-3　电压的概念

某两点间的电压，在数值上等于电场力把单位正电荷从一点移到另一点所做的功，即单位正电荷从高电位移到低电位所损失的电能表达式为

$$u_{ab}=\frac{\mathrm{d}w_{ab}}{\mathrm{d}q}\quad \text{或}\quad U_{ab}=\frac{W_{ab}}{Q} \tag{1-2}$$

在电路中，两点之间的电压也称为两点之间的电位差，即

$$U_{ab}=V_a-V_b \tag{1-3}$$

式中，V_a 为 a 点电位；V_b 为 b 点电位。

电压的实际方向规定为从高电位指向低电位。

如同需要为电流规定参考方向一样，也需要为电压规定参考方向。电压的参考方向是在电路中任意假定的电压正方向，即为电位降的方向。电压参考方向在电路中用“+”“-”号表示；或用箭头表示，从高电位指向低电位；或者用双下标表示，如 U_{ab} 表示电压从 a→b。

由于规定了电压的参考方向，计算时求出的电压有正、有负。若为正，则表示参考方向与实际方向相同；若为负，则表示参考方向与实际方向相反，即电压也是一个代数量。

2. 电动势

为了维持电流不断地在导体中流通，则必须使其电压保持恒定(交流电为有效值不变)，就是说，要想办法把b极板上的正电荷经过另一路径送到a极，但由于电场力的作用，在b极的正电荷不能自行逆电场而上，因此必须要有另一种力能够克服电场力而使b极板上的正电荷移到a极，即由低电位移向高电位。电源能产生这种力，称为电源力。我们用电动势这个物理量来衡量电源力对电荷做功的能力。

电动势在数值上等于电源力把单位正电荷从电源的低电位经电源内部移到高电位所做的功，即单位正电荷从低电位移动到高电位所获得的电能。用公式表示为

$$e_{\mathrm{ba}}=\frac{\mathrm{d}w_{\mathrm{ba}}}{\mathrm{d}q} \quad 或 \quad e_{\mathrm{ba}}=\frac{W_{\mathrm{ba}}}{Q} \tag{1-4}$$

电动势的方向规定为在电源内部由低电位指向高电位，即电位升高的方向。

电压与电动势的单位均为伏(V)，$1\mathrm{kV}=10^3\mathrm{V}=10^6\mathrm{mV}=10^9\mu\mathrm{V}$。

综上所述，在分析电路时，既要为电流规定参考方向，又要为电压规定参考方向。它们之间可以是独立无关的，可任意假定。为了方便，通常采用关联参考方向，即在一段电路中，当电压与电流的参考方向选得一致时，称电压、电流为关联参考方向，否则，称为非关联参考方向，如图1-4所示。电流的参考方向是指向参考电压降的方向。

采用关联参考方向后，在电路图上只需标出电压或电流中的一个参考方向即可。

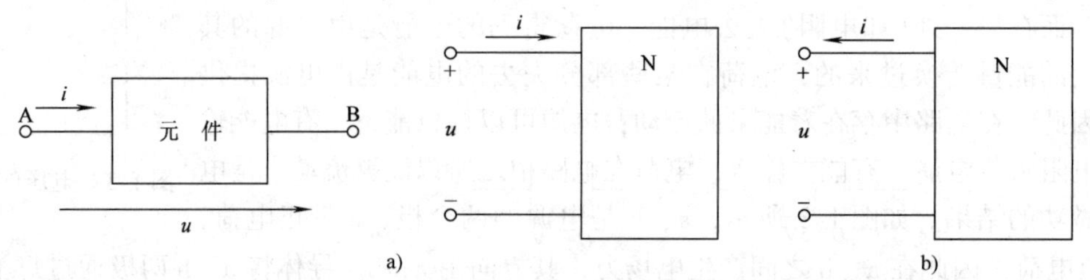

图1-4 电流、电压的参考方向

a）关联参考方向 b）非关联参考方向

在图1-5所示的电路中，当 $V_{\mathrm{a}}=3\mathrm{V}$、$V_{\mathrm{b}}=2\mathrm{V}$ 时，则 $u_1=1\mathrm{V}$，$u_2=-1\mathrm{V}$。

1.3.3 功率

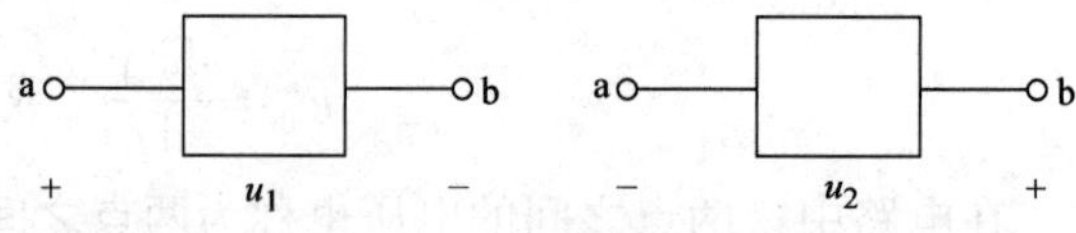

图1-5 电压的方向

正电荷从电路元件的电压“+”极经元件到“−”极，这是电场力对电荷做功的结果，这时元件吸收电能。反之，正电荷从元件的电压“−”极经元件移到“+”极，元件向外释放电能。这个能量的大小用功率来表示。

单位时间内电场力移动正电荷所做的功称为电功率，简称功率，用 p 表示，即

$$p=\frac{\mathrm{d}w}{\mathrm{d}t}$$

$\mathrm{d}w$ 为在 $\mathrm{d}t$ 时间内电场力所做的功，即正电荷得到或失去的能量。功率的单位为瓦(W)。

$$1\mathrm{kW}=10^3\mathrm{W}=10^6\mathrm{mW}$$

若元件电压和电流采用关联参考方向，该元件吸收的功率为

$$p=ui \tag{1-5}$$

按式(1-5)计算的结果，若 $p>0$，表示元件吸收或得到功率，若 $p<0$，则意味着元件提

供或发出功率。在非关联参考方向下，若采用 $p=ui$，则 $p>0$ 表示元件发出功率，$p<0$ 表示元件吸收功率。为了统一起见，功率表达式可表示为 $p=\pm ui$，对于关联参考方向表达式前取“+”，而非关联参考方向前取“-”，则 $p>0$，表示元件吸收功率，若 $p<0$，则意味着元件发出功率（元件的功率见图1-6），因电压、电流均采用参考方向，本身也有正负，所以按式（1-5）计算出功率的正负要视具体情况而定。因此功率表达式前应有两套符号，即

$$p=\pm(\pm|u|)(\pm|i|) \tag{1-6}$$

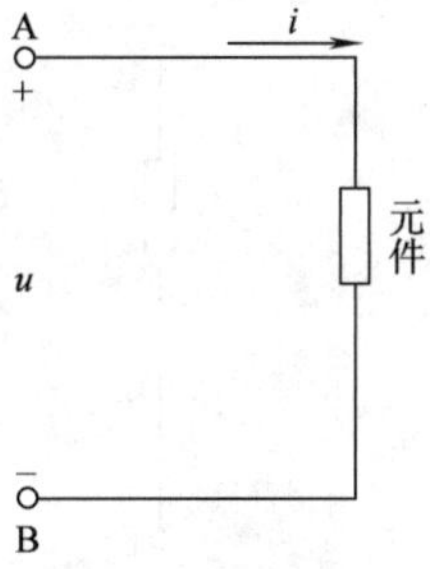

括号外的“+”“-”是根据参考方向是否为关联而定，括号内的“+”“-”是根据电压、电流实际的正负而定。

图1-6　元件的功率

在分析电路中，经常要判别哪个元件是电源（或起电源作用），哪个是负载（或起负载作用），可根据功率的正负或电压、电流的实际方向判断。

若电压电流为关联参考方向，功率表达式前取“+”号，则 $p>0$ 表示该元件为负载，而若 $p<0$，则表示该元件为电源。

若电流的实际方向是从电压实际的正极性流进（即实际方向为关联），则该元件为负载；若电流的实际方向是从电压实际的正极性流出（即实际方向为非关联），则该元件为电源。

例1-1　求图1-7所示各元件的功率，并判断元件的性质。

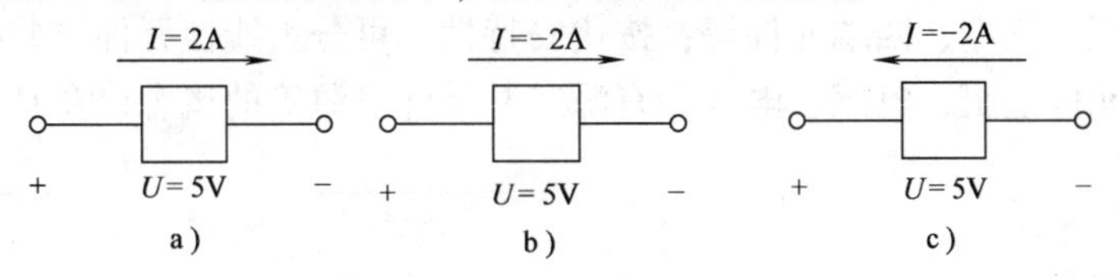

图1-7　例1-1的图

解：图1-7a中，电压电流是关联方向，所以

$$P=UI=5\times2\text{W}=10\text{W}$$

$P>0$，元件吸收10W功率，是负载。

图1-7b中，电压电流是关联方向，所以

$$P=UI=-2\times5\text{W}=-10\text{W}$$

$P<0$，元件产生10W功率，是电源。

图1-7c中，电压电流是非关联方向，所以

$$P=-UI=-(-2\times5)\text{W}=10\text{W}$$

$P>0$，元件吸收10W功率，是负载。

练习与思考

1.3.1　如图1-8a所示电路，已知 $U_{ab}=-10\text{V}$，试画出a、b两点的实际电压方向。

1.3.2　如图1-8b所示电路，已知 $U_1=-10\text{V}$，$U_2=12\text{V}$，求 U_{ab} 等于多少伏？

1.3.3　如图1-9所示电路，4C正电荷由a点均匀移动至b点电场力做功8J，由b点移动到c点电场力做功为12J，（1）若以b点为参考点，求a、b、c点的电位和电压 U_{ab}、U_{bc}；（2）若以c点为参考点，再求以上各值。

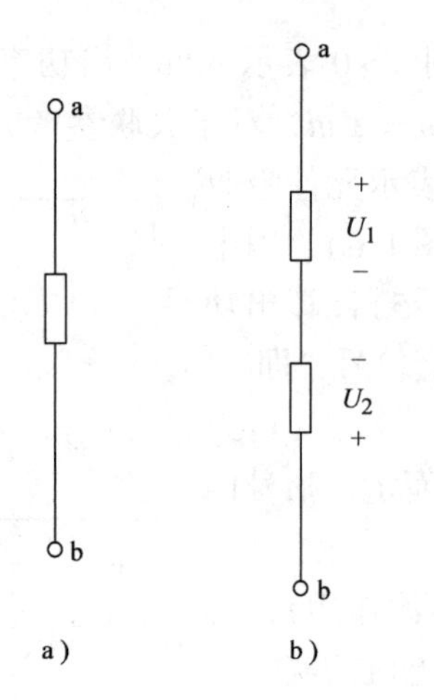

图 1-8　练习与思考 1.3.1 和 1.3.2 的图

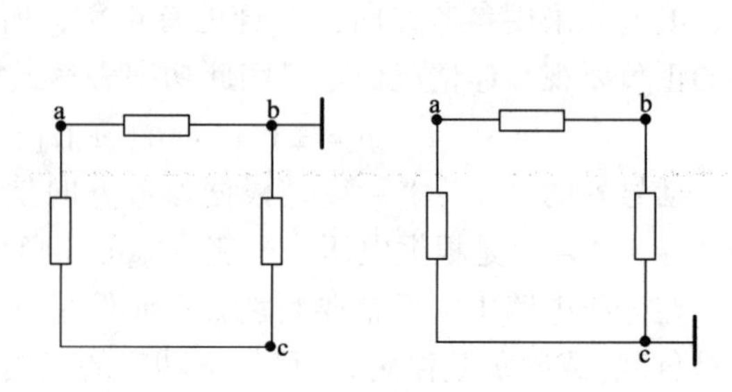

图 1-9　练习与思考 1.3.3 的图

1.4　电路的基本元件

理想元件是组成电路的基本元件。元件上电压与电流之间的关系又称为元件的伏安特性，它反映了元件的性质。电流元件按能量特性可分为无源和有源元件；按与外部连接的端子数，可分为二端、三端、四端元件等；按伏安特性，可分为线性元件与非线性元件。本节将讨论无源二端元件电阻、电感、电容和有源二端元件电源等的概念以及它们的伏安特性。

1.4.1　电阻元件

一个二端元件，若任一时刻的电压 u 和电流 i 的关系可由 u-i 平面上过原点的一条曲线来决定，该元件称为电阻元件，若电压电流关系(VCR)是一条通过原点的直线，如图 1-10b 所示，称为线性电阻。线性电阻元件的符号如图 1-10a 所示。线性电阻的电压与电流的关系可以表示为

$$u = \pm Ri \tag{1-7}$$

即线性电阻元件两端电压和通过它的电流服从欧姆定律。式(1-7)中，正号表示电压与电流为关联参考方向；负号表示电压与电流为非关联参考方向。式中 R 为电阻元件的参数，反映元件阻碍电流流过的能力，为常数，单位为欧姆(Ω)。

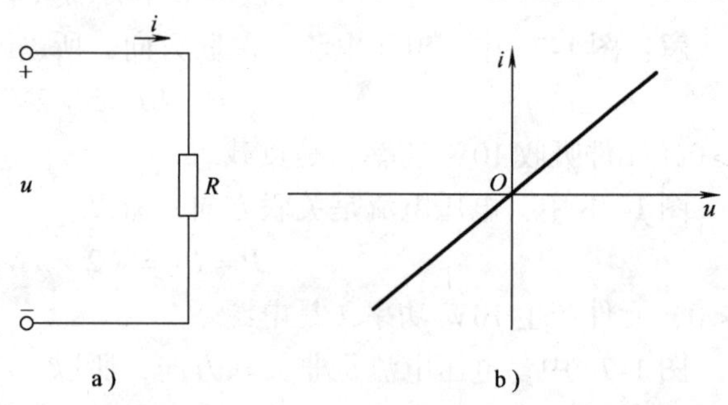

图 1-10　电阻元件及其伏安特性曲线

电阻元件的伏安关系也可以表示为

$$i = \pm \frac{1}{R}u = \pm Gu \tag{1-8}$$

式中，G 称为电阻元件的电导，反映元件允许电流通过的能力，单位为西门子(S)。

在电阻电路中常遇到电阻元件的两种特殊情况：

1）当一个线性电阻的端电压不论为何值时，流过它的电流恒为零，就把它称为“开

路”。开路的伏安特性在 u-i 平面上与电压轴重合，它相当于 $R=\infty$，如图 1-11a 所示。

2）当流过一个线性电阻元件的电流不论为何值时，它的端电压恒为零，就把它称为“短路”。短路的伏安特性在 u-i 平面上与电流轴重合，它相当于 $R=0$，如图 1-11b 所示。

关于电阻的计算，可以根据电阻定律：$R=\rho\dfrac{L}{S}$来计算，即导体电阻与导体长度成正比与导体截面积成反比。式中，L 为导体的长度(m)；S 为导体的截面积(m^2)；ρ 为电阻率($\Omega\cdot m$)。

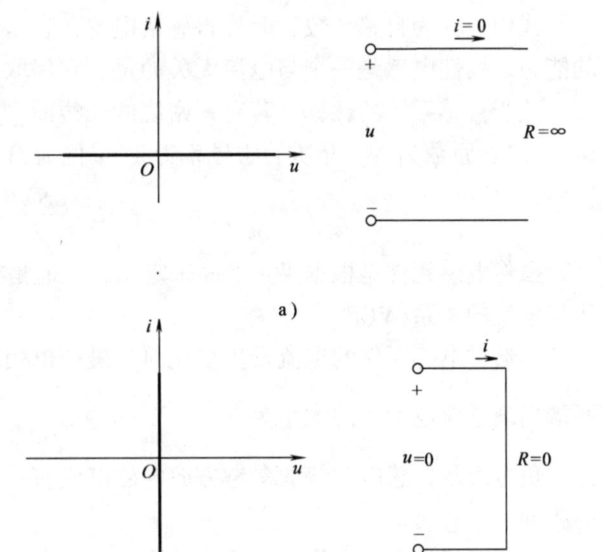

图 1-11　实际电阻电路的两种特殊情况
a）开路的伏安特性　b）短路的伏安特性

当电压 u 和电流 i 取关联参考方向时，电阻元件消耗的功率为

$$p=ui=Ri^2=\frac{u^2}{R}=Gu^2 \tag{1-9}$$

由于线性电阻的阻值是正值，故功率 $p>0$，表示吸收功率。所以电阻元件是一种无源耗能元件。(思考:若为非关联参考方向,功率表达式如何?)

电阻元件从 0 到 t 的时间内吸收的电能为

$$W_{R}=\int_0^t p\mathrm{d}\zeta=\int_0^t ui\mathrm{d}\zeta=\int_0^t i^2R\mathrm{d}\zeta \tag{1-10}$$

式(1-10)表明电阻元件把吸收的电能全部转换成热能或其他能量。

1.4.2　电感元件

任何一个二端元件如果在任何一个时刻，它的电流 i 和它的磁链 Ψ 之间的关系可以用 Ψ-i 平面上过原点的曲线来表示，则此二端元件称为电感元件；若该曲线是一条通过原点的直线，如图 1-12b 所示，则此二端元件称为线性电感元件。也就是说，电感元件的电流和磁链的瞬时值之间存在着代数关系。线性电感元件的符号如图 1-12a 所示。

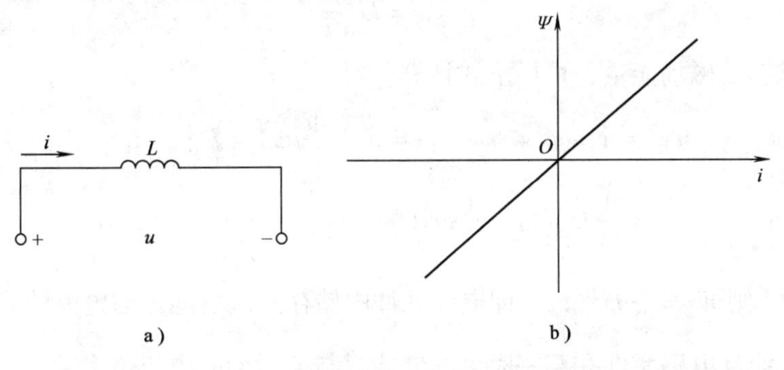

图 1-12　电感元件及其韦安特性曲线

在线性电感元件中，电流与其产生的磁链是线性关系。当电感元件通过电流时，在线圈中产生磁通 Φ，而整个线圈的磁通等于每匝线圈磁通的总和，称为磁链。若线圈的各匝交链的磁通均相同，则磁链 $\Psi=N\Phi$。由线性电感元件的韦安特性曲线可知

$$\Psi=Li \tag{1-11}$$

式中 L 称为自感系数，简称自感或电感，它是衡量一个电感元件通过单位电流产生磁链的能力。线性电感是一个与电流无关的量，它仅取决于线圈的匝数和几何尺寸。

关于自感系数的计算，若有一密绕的长线圈，其截面积为 S(单位为 m^2)，长度为 l(单位为 m)，匝数为 N，介质的磁导率为 μ(单位为 H/m)，则其电感 L(单位为 H)为

$$L=\frac{\mu SN^2}{l} \tag{1-12}$$

虽然电感元件是根据 Ψ-i 平面来定义的，但是在电路分析当中，我们感兴趣的是它的电压与电流的关系(VCR)。

当通过电感元件的电流发生变化时，磁链也相应地发生变化，根据电磁感应定律，电感两端出现感应电动势的大小为 $e=-\dfrac{\mathrm{d}\Psi}{\mathrm{d}t}=-L\dfrac{\mathrm{d}i}{\mathrm{d}t}$，感应电动势的大小与电流的变化率成正比。负号表示自感电动势的参考方向与磁链成右手法则，即电动势的参考方向与电流参考方向相同。

当电感元件上的电压、电流取关联参考方向时，则

$$u=-e=L\frac{\mathrm{d}i}{\mathrm{d}t} \tag{1-13}$$

即电感元件电压与电流之间受微分关系约束。式(1-13)表明，任一时刻的电压取决于该时刻的电流变化率，与该时刻的电流或电流的过去状态无关。当流过电感元件的电流为恒定的直流电流时，即 $\mathrm{d}i/\mathrm{d}t=0$，则 $u_{\mathrm{L}}=0$，电感元件相当于短路；而当电流变化时，即 $\mathrm{d}i/\mathrm{d}t\neq0$，$u_{\mathrm{L}}\neq0$。

若要求电感电流与电压的关系，则对上式积分

$$i=\frac{1}{L}\int_{-\infty}^{t}u\mathrm{d}\zeta=\frac{1}{L}\int_{-\infty}^{0}u\mathrm{d}\zeta+\frac{1}{L}\int_{0}^{t}u\mathrm{d}\zeta=i(0)+\frac{1}{L}\int_{0}^{t}u\mathrm{d}\zeta \tag{1-14}$$

式中，$i(0)$ 为初始值，即 $t=0$ 时电感元件中通过的电流。

当电压 u 和电流 i 取关联参考方向时，电感元件吸收的功率为

$$p=ui=Li\frac{\mathrm{d}i}{\mathrm{d}t} \tag{1-15}$$

电感元件储存的磁场能量，可用下式计算：

$$\begin{aligned}W_{\mathrm{L}}&=\int_{0}^{t}p\mathrm{d}\zeta=\int_{0}^{t}ui\mathrm{d}\zeta=\int_{0}^{t}L\frac{\mathrm{d}i}{\mathrm{d}\zeta}i\mathrm{d}\zeta=L\int_{i(0)}^{i(t)}i\mathrm{d}i\\&=\frac{1}{2}Li^2(t)-\frac{1}{2}Li^2(0)\end{aligned} \tag{1-16}$$

若 $i(0)=0$，则 $W_{\mathrm{L}}=\dfrac{1}{2}Li^2(t)$。即电感元件中储存的磁场能量与电流的平方成正比，与电压大小无关，而且电感元件在某一时刻的储能只与该时刻的电流值有关，当电感元件中的电流增大时磁场能量增加，在此过程中电能转换为磁能，电感元件从电源取用电能。当电流

减小时，磁场能量减少，磁能转换成电能，电感元件返还能量。

1.4.3 电容元件

电容元件是储存电荷的容器。把两块金属板用介质隔开，就可以构成一个简单的电容器，理想的电容器应该只具有储存电荷从而在电容器中建立起电场的作用，也就是说，电容器应该是一种电荷与电压相约束的关系。

一个二端元件，如果在任一时刻，它储存的电荷与端电压 u 之间的关系可以用 q-u 平面上通过原点的一条曲线来决定，此二端元件称为电容元件。若该曲线为一条通过原点的直线，如图 1-13b 所示，则此二端元件称为线性电容元件。线性电容元件在电路中的符号如图 1-13a 所示。电容元件中电荷和电压之间存在着某种代数关系。

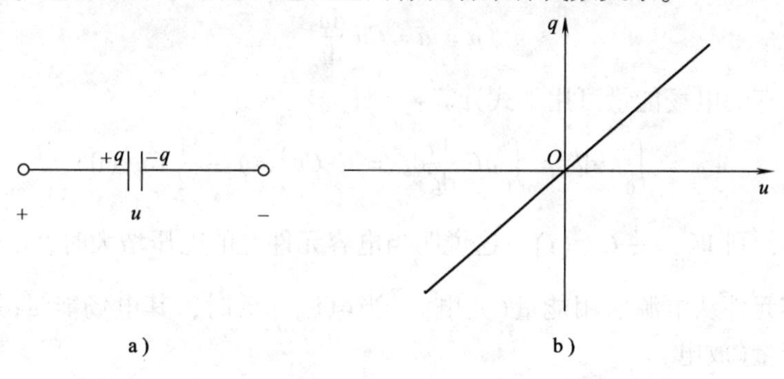

图 1-13 电容元件及其库伏特性曲线

线性电容元件电荷与电压的关系由库伏特性可以看出

$$q = Cu \tag{1-17}$$

式中，C 是电容元件的参数，称为电容。电容的单位为 F。若在电容元件的两端加 1V 的电压，极板上集聚了 1C 的电荷，则电容元件的电容量为 1F。

$$1\text{F} = 10^6\,\mu\text{F} = 10^{12}\,\text{pF}$$

电容器的电容与极板的尺寸及其间介质的绝缘性能有关。例如，有一极板间距离很小的平行板电容器，其极板面积为 S(单位为 m^2)，极板间距离为 d(单位为 m)，其间介质的介电常数为 ε(单位为 F/m)，则其电容 C(单位为 F)为

$$C = \frac{\varepsilon S}{d} \tag{1-18}$$

虽然电容是根据 q-u 平面来定义的，但在电路分析当中，我们感兴趣的是电容元件的电压与电流关系(VCR)。电容是储存电荷的元件，当它两端电压发生变化时，其电荷也相应地发生了变化，这时会有电荷在电路中移动，形成电流。当电压不变时，这时虽有电压，但电容中没有电流，这与电阻元件不同，电阻元件两端只要有电压(无论是否变化)，电阻中就一定有电流。

当电压、电流为关联方向时，$i_\text{C} = \frac{\text{d}q}{\text{d}t}$，而 $q = Cu$，所以

$$i_\text{C} = C\frac{\text{d}u_\text{C}}{\text{d}t} \tag{1-19}$$

式(1-19)便是电容的电压与电流关系(VCR)。若电压、电流为非关联方向，则 $i_C = -C\dfrac{du_C}{dt}$。

电容的电压与电流关系表明：电容中的电流与该时刻的电压变化率成正比，而与该时刻的电压或过去电压的状态无关。若电压不变，则 $du_C/dt=0$，$i_C=0$，电容相当于开路，因此电容有隔直通交的作用。电容电压变化越快，即 du_C/dt 越大，则 i_C 越大。

将式(1-19)两边积分，便可得出电容元件上的电压与电流的另一种关系式，即

$$u_C = \frac{1}{C}\int_{-\infty}^{t} i\mathrm{d}\zeta = \frac{1}{C}\int_{-\infty}^{0} i\mathrm{d}\zeta + \frac{1}{C}\int_{0}^{t} i\mathrm{d}\zeta = u_C(0) + \frac{1}{C}\int_{0}^{t} i\mathrm{d}\zeta \tag{1-20}$$

式中，$u_C(0)$称为电容元件电压的初始值。

当电压 u 和电流 i 取关联参考方向时，电容元件吸收的功率为

$$p = ui = Cu\frac{\mathrm{d}u}{\mathrm{d}t} \tag{1-21}$$

电容元件储存的电场能量可用下式计算：

$$W_C = \int_0^t ui\mathrm{d}\zeta = \int_0^t uC\frac{\mathrm{d}u}{\mathrm{d}\zeta}\mathrm{d}\zeta = \frac{1}{2}Cu^2(t) - \frac{1}{2}Cu^2(0) \tag{1-22}$$

若 $u(0)=0$，则 $W_C=\frac{1}{2}Cu^2(t)$。这说明当电容元件上的电压增大时，电场能量也增大，在此过程中电容元件从电源取用能量(充电)。当电压降低时，其电场能量减少，即电容元件向电源放还能量(放电)。

将电阻元件、电感元件和电容元件在几个方面的特征列在表1-1中，便于记忆和比较。

应注意：

表1-1所列的电压电流关系式是在电压与电流为关联参考方向的情况下得出的，若为非关联参考方向，式中有一负号。

电阻元件、电感元件、电容元件都是线性元件，R、L 和 C 都是常数。

表1-1　电阻元件、电感元件和电容元件的特征

特　征	元　件		
	电 阻 元 件	电 感 元 件	电 容 元 件
电压电流关系式	$u=Ri$	$u=L\frac{\mathrm{d}i}{\mathrm{d}t}$	$i=C\frac{\mathrm{d}u}{\mathrm{d}t}$
参数意义	$R=\frac{u}{i}$	$L=\frac{N\Phi}{i}$	$C=\frac{q}{u}$
能量	$\int_0^t Ri^2\mathrm{d}t$	$\frac{1}{2}Li^2(t)$	$\frac{1}{2}Cu^2(t)$

1.4.4　理想电压源和电流源

实际电源有电池、发电机、信号源等。电压源和电流源是从实际电源抽象得到的电路模型，它们是有源二端元件。

1. 电压源

电压源是一个理想元件，它的端电压为

$$u(t)=u_S(t)$$

式中，$u_S(t)$为给定的时间函数，称为电压源的激励电压。

电压源电压$u(t)$不受外电路的影响，而流过它的电流是任意的，取决于外电路。电压源在电路中的图形和符号如图1-14所示。当$u_S(t)$为恒定值时，这种电压源称为恒定电压源或直流电压源。图1-15表示电压源的伏安特性，它是一条不通过原点且与电流轴平行的直线。理想电压源是由实际电压源抽象得到的电路模型。如果一个电源的内阻R_0远小于负载电阻R_L，即$R_0 \ll R_L$时，则内阻压降$R_0 I \ll U$，于是$U \approx U_S$，基本上恒定，可以认为是理想电压源。通常用的稳压电源也可认为是一个理想电压源。

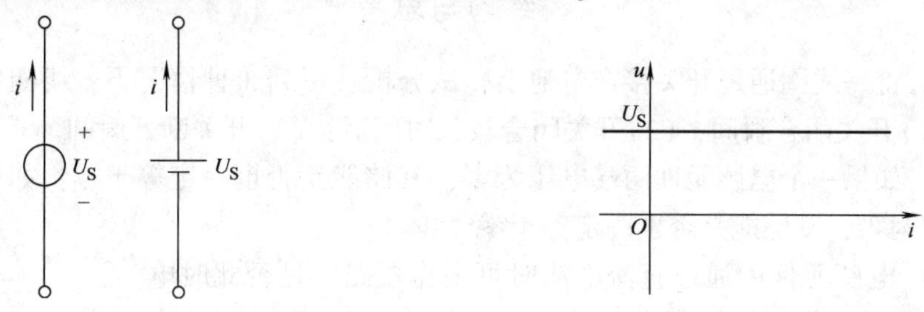

图1-14　电压源的电路符号　　图1-15　电压源的伏安特性

在图1-14中，电压源的电压和通过电压源的电流的参考方向取非关联参考方向，此时电压源发出的功率为

$$p(t) = u_S(t) i(t)$$

它也是外电路吸收的功率。

电压源不接外电路时，电流i总为零，这种情况称为“电压源处于开路”。如果一个电压源的电压$u_S = 0$，则此电压源的伏安特性曲线与u-i平面上的电流轴重合，它相当于短路。

2. 电流源

电流源也是一个理想元件，它发出的电流$i(t)$为

$$i(t) = i_S(t)$$

式中，$i_S(t)$是给定的时间函数(值)，称为电流源的激励电流。

电流源的电流不受外电路影响，而两端的电压是任意的，取决于外电路。电流源的电路符号如图1-16所示。当$i_S(t)$为恒定值时，这种电流源称为恒定电流源或直流电流源。图1-17表示恒定电流源的伏安特性，它是一条不通过原点且与电压轴平行的直线。

理想电流源也是理想的电源。如果一个电源的内阻远较负载电阻大，即$R_0 \gg R_L$，则$I \approx I_S$，基本上恒定，可以认为是理想电流源。

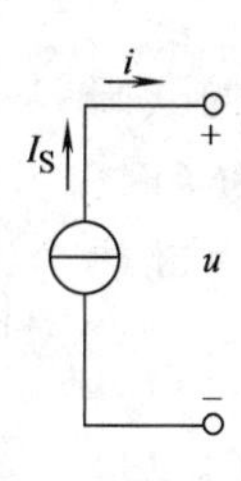

图1-16　电流源的电路符号

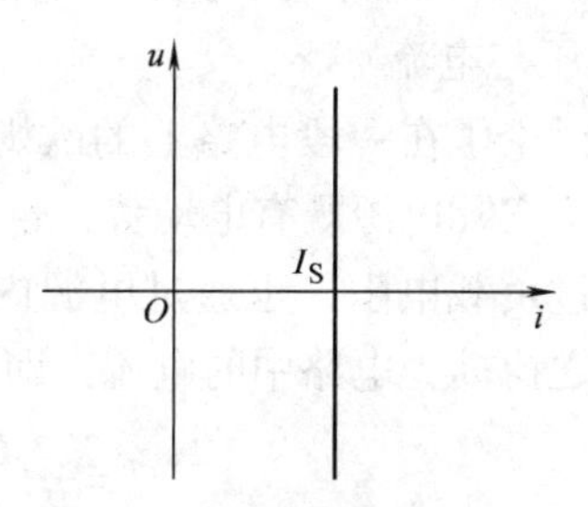

图1-17　电流源的伏安特性

在图 1-16 中，电流源的电流和电压的参考方向取为非关联参考方向，此时电流源发出的功率为

$$p(t)=u_{S}(t)i(t)$$

它也是外电路吸收的功率。

电流源短路时，其端电压 $u=0$，$i=i_{S}$，短路电流就是激励电流。如果一个电流源的电流 $i_{S}=0$，则此电流源的伏安特性曲线与 u-i 平面上的电压轴重合，它相当于开路。

练习与思考

1.4.1　将一线圈通过开关接在电池上，试分析在下列 3 种情况下，线圈中感应电动势的方向：(1)开关闭合瞬间；(2)开关闭合较长时间后；(3)开关断开瞬间。

1.4.2　如果一个电感元件两端电压为零，其储能是否也一定等于零？如果一个电容元件中的电流为零，其储能是否也一定等于零？

1.4.3　电感元件中通过直流电流时可视作短路，是否此时电感 L 为零？电容元件两端加直流电压时可视作开路，是否此时电容 C 为无穷大？

1.4.4　理想电压源能否短路？理想电流源能否开路？为什么？

1.4.5　一个理想电压源向外电路供电时，若再并联一个电阻，这个电阻是否会影响理想电压源对原来外电路的供电情况？一个理想电流源向外电路供电时，若再串联一个电阻，这个电阻是否会影响理想电流源对原来外电路的供电情况？

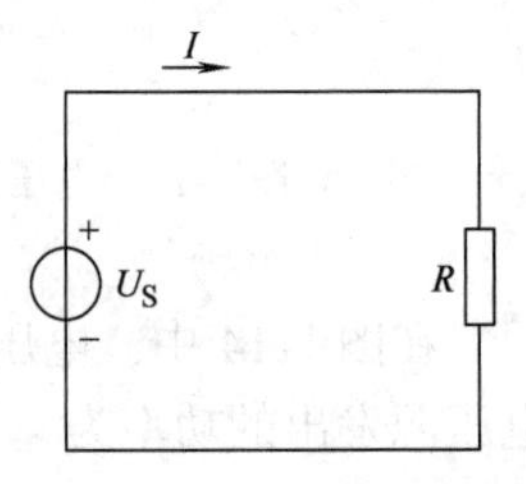

图 1-18　练习与思考 1.4.6 的图

1.4.6　如图 1-18 所示电路，当电阻 R 在 $0\sim\infty$ 之间变化时，求电流的变化范围和电压源发出的功率的变化。若为电流源，求电压的变化范围和电流源发出的功率变化。

1.5　电路的有载工作状态、开路与短路

任何一种电路，不管其结构如何，总有一定的工作状态。下面以最简单的直流电路为例，如图 1-19 所示，分别讨论有载工作状态、开路与短路状态在电流、电压和功率方面的特征。

1.5.1　有载工作状态

将图 1-19 中的开关 S 合上，电源与负载接通之后，就是电路的有载工作状态。

1. 电压与电流

前面讨论了在一段电路上的欧姆定律，下面讨论闭合电路的欧姆定律。一个实际电源既有电动势，也有内阻，当电路中的电流为 I 时，电流既通过负载电阻，也通过电源内阻，所以在闭合电路中，电动势与总电阻之比即为电路中的电流，即

$$I=\frac{E}{R_{0}+R_{L}}\qquad(1\text{-}23)$$

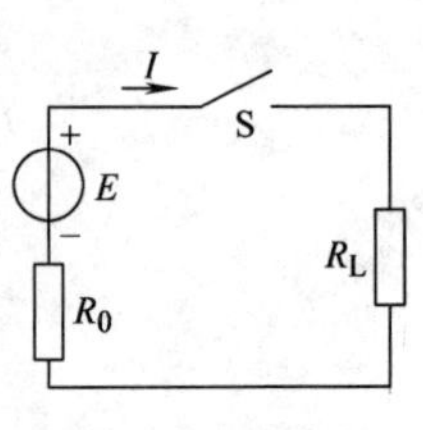

图 1-19　电路的有载工作状态

这就是闭合电路的欧姆定律。负载电阻电压 $U=IR_{L}$ 或

$$U = E - IR_0 \tag{1-24}$$

由式(1-24)可见，电源端电压小于电动势，两者之差为电流通过内阻所产生的电压降 IR_0，电流越大，则电源端电压下降越多。表示端电压 U 与输出电流 I 之间的关系曲线，称为电源的外特性曲线(见图1-20)，该曲线是一条略微下垂的直线，其直线的斜率与 R_0 有关。电源内阻一般很小，当 $R_0 \ll R_L$ 时，则

$$U \approx E$$

上式表明，当负载变动时，电源的端电压变化不大，这说明它带负载能力强。

2. 功率与功率平衡

式(1-24)各项乘以电流 I，则得功率平衡式

$$UI = EI - R_0 I^2 \tag{1-25}$$

$$P = P_E - \Delta P$$

式中，P_E 为电源发出的总功率，$P_E = EI$；P 为电源输出的功率，即负载吸收的功率，$P = UI$；ΔP 为电源内部消耗的功率，$\Delta P = R_0 I^2$。

由式(1-25)可以看出，在一个电路中，电源产生的功率与电路中所吸收的功率一定相等，称为功率平衡。

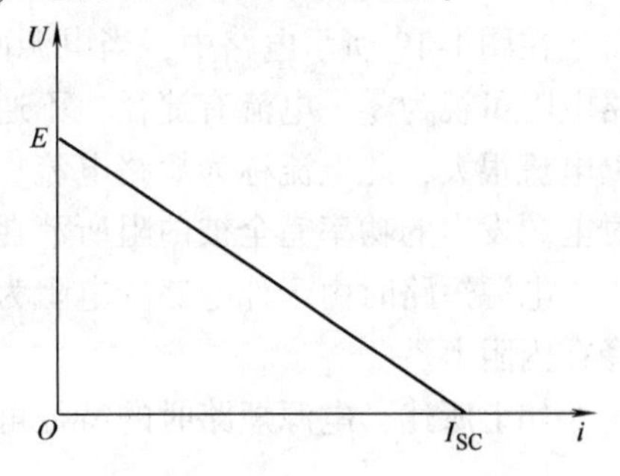

图1-20 电源的外特性曲线

3. 额定值

通常负载都与电压源并联，因为电压源的端电压几乎不变($R_0 \ll R_L$)，所以负载两端的电压也近似不变。因此，当负载增加时(并联数目增多时)，负载取用的总电流和总功率都增加，即电源输出的电流和功率都增加。就是说电源输出的功率和电流取决于负载大小。

既然电源输出的功率和电流取决于负载的大小，是可大可小的，所以我们希望电源发出的功率越大越好，但对电源能否可行，有没有一个最合适的值呢？对负载来讲，它的电压、电流和功率又是怎样确定的？这就需要引入额定值这个术语。

各种电气设备的电压、电流和功率等都有一个额定值。例如一盏电灯的电压是220V，功率是60W，这就是它的额定值。额定值是厂家为了使产品在给定的工作条件下正常运行而规定的允许值。各种电器设备的电压、电流和功率均有额定值。大多数电器设备(电机、变压器)的寿命与绝缘材料的耐热性和绝缘强度有关。当电流大于额定值很多时，由于发热，绝缘材料会老化损坏；而当电压超过额定值时，绝缘材料可能会被击穿。反之，若电压和电流低于额定值时，不仅得不到正常工作，而且也使设备不能充分利用。而对电灯及各种电阻来说，当电压过高或电流过大时，其灯丝或电阻丝将被烧坏。因此，生产厂家在制定产品的额定值时，要全面考虑使用的经济性、可靠性、寿命等因素，保证设备的工作温度不超过规定的允许值。

应注意，设备的额定值并不是实际值，使用时，设备不一定总在额定状态下工作，对电源来说，发出多大的功率和电流完全取决于负载的需要，但一般不超过额定值。

1.5.2 开路

在图1-19所示电路中，当开关S打开时，电路处于开路状态。开路时，外电路的电阻对电源来说为无穷大，因此电路中电流为零。这时，电源端电压(称为开路电压或空载电

压)等于电动势，电源不输出电能。

如上所述，电源开路时的特征可用下列各式表示：

$$\begin{aligned} I &= 0 \\ U &= U_0 = E \\ P &= 0 \end{aligned} \tag{1-26}$$

1.5.3 短路

在图1-19所示电路中，当电源两端由于某种原因而连在一起，电源被短路，此时外电路电阻可视为零，电流有捷径，不通过负载。因为在电流的回路中仅有很小的电源内阻，所以电流很大，此电流称为短路电流。短路电流可能使电源受机械的与热的损伤或毁坏。短路时电源发出的功率完全被内阻所消耗，对外不发出功率。

电源短路时由于外电路的电阻为零，所以电源的端电压也为零，这时电源的电动势全部降在内阻上。

如上所述，电源短路时的特征可用下列各式表示：

$$\begin{aligned} U &= 0 \\ I_S &= \frac{E}{R_0} \\ P_E &= \Delta P = R_0 I^2 \\ P &= 0 \end{aligned} \tag{1-27}$$

短路也可以发生在负载端或线路的任何处。短路是严重的事故，应尽力预防。产生短路的原因往往是由于接线不慎或绝缘损坏造成的，因此经常检查电气设备和线路的绝缘情况是一项很重要的安全措施。此外，为了防止短路事故所引起的后果，就需要在电路中安装保护装置(熔断器、断路器)，以使发生短路时，能迅速将故障排除。

练习与思考

1.5.1 当电源对外输出功率为零时，是否意味电路就一定短路？为什么？

1.5.2 有人说电源两端电压即为电源电动势，此说法对否？为什么？

1.5.3 电路如图1-19所示，若电源的开路电压为12V，其短路电流为2A，试问该电源的电动势E和内阻R_0各为多少？

1.5.4 在题1.5.3中，当外端电压$U = 10$V时，求负载R_L是多少？电源产生的功率是多少？电源输出的功率又是多少？负载获得的功率是多少？电源内部消耗的功率又是多少？

1.5.5 额定电压220V，额定功率为60W的灯泡，它的额定电流为多少？如果接到380V和110V的电源上使用，各有什么问题？

1.6 基尔霍夫定律

电路模型由理想元件组成，电路中各支路电压和电流必受到两种约束：第一种是元件的特性对元件的电压电流造成的约束，称为元件约束；第二种是元件的连接给支路电压和支路电流的约束，称为拓扑约束。表示后一种约束的是基尔霍夫定律。基尔霍夫定律分电流定律

(KCL)和电压定律(KVL)，前者应用于节点，后者应用于回路。在介绍基尔霍夫定律之前，先介绍几个术语。

电路中的每一分支称为支路，一条支路流过一个电流。如图 1-21 所示的电路中共有 3 条支路。

电路中由 3 条或 3 条以上支路连接所形成的连接点称为节点，图 1-21 所示的电路中共有两个节点：a、b 两点。

电路中的任意闭合路径叫回路。

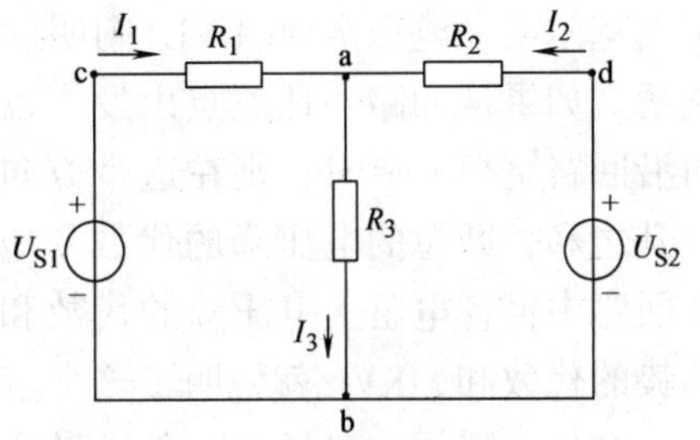

图 1-21　电路举例

1.6.1　基尔霍夫电流定律

基尔霍夫电流定律(KCL)阐明的是电路中任一节点处各支路电流之间的关系，由于电流的连续性，在电路中任何一点均没有电荷的积累，根据电荷守恒定律，流向该节点的电流必须与由该节点流出的电流相等，KCL 就说明了这一点。

对于电路中的某一节点，在任一时刻流入节点电流的代数和恒等于流出该节点电流的代数和。

如图 1-21 所示的电路中，对节点 a 可写出

$$I_1 + I_2 = I_3 \tag{1-28}$$

或将式(1-28) 改写成

$$I_1 + I_2 - I_3 = 0$$

即

$$\sum I = 0 \tag{1-29}$$

就是在任一瞬间，流过节点电流代数和恒等于零，如规定流进节点电流为正，则流出为负。

根据计算结果，有些支路电流可能是负值，这是由于所选定的电流的参考方向与实际方向相反所致。

基尔霍夫电流定律通常应用于节点，也可以把它推广应用于包围部分电路的任意假设的闭合面，即流过任一闭合面的电流的代数和等于零。如图 1-22 所示的闭合面包围一个三角形电路，它有 3 个节点 1、2、3，应用 KCL 得

$$i_1 = -i_4 - i_6$$

$$i_2 = i_5 - i_4$$

$$i_3 = i_5 + i_6$$

对于闭合面，有

$$i_1 - i_2 + i_3 = 0$$

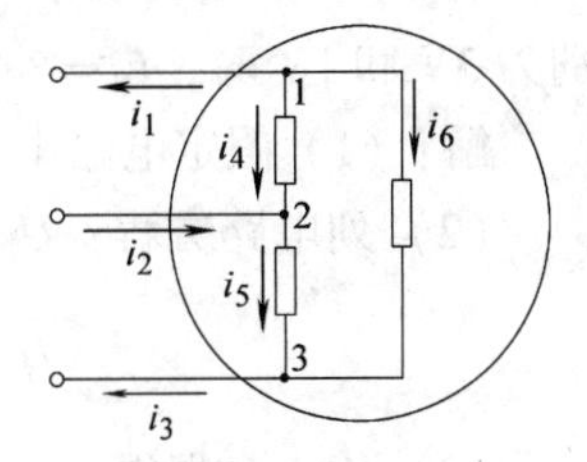

图 1-22　基尔霍夫定律的推广

这表明 KCL 可推广应用于电路中包围多个节点的任一闭合面，这里闭合面可看作广义节点。也可以说流出闭合面的电流恒等于流入闭合面的电流，这就是电流的连续性。所以 KCL 是电流连续性的体现。

讨论：若在图 1-22 中，i_1、i_2、i_3 的参考方向都设为流进闭合面的，是否可以？

1.6.2 基尔霍夫电压定律

基尔霍夫电压定律(KVL)阐明的是电路中任一回路各支路电压(或各元件电压)之间的关系。如果从回路中任意点出发，以顺时针方向或逆时针方向沿回路绕行一周时，则在这个方向上的电位降之和等于电位升之和，即总的电压降的代数和应为零，换句话说，在整个回路中，各电阻上电压降的代数和等于所有电源提供的电动势的代数和，KVL就说明了这个道理。

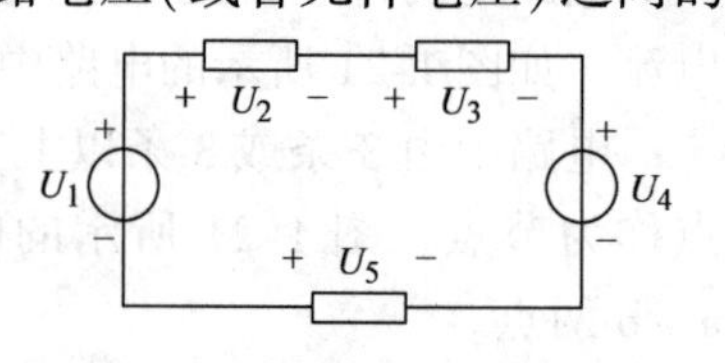

图1-23　单回路电路KVL的应用

在任一瞬间，对任一闭合回路沿某一绕行方向，电路中各段电压的代数和恒等于零，如规定电位升为正，电位降为负。以图1-23所示的电路为例，回路取顺时针绕行方向，各元件电压的参考方向如图所示。应用KVL，有

$$U_2+U_3+U_4=U_1+U_5$$

上式可改写为

$$-U_1+U_2+U_3+U_4-U_5=0$$

即

$$\sum U=0 \tag{1-30}$$

应用式(1-30)时习惯上规定：当支路电压(或元件电压)的参考方向与回路绕行方向一致时，该电压取正号；相反时取负号。

应注意，不论沿哪条路径，两节点间的电压值是相同的，所以KVL实质上是电压与路径无关这一性质的反映。

KVL不仅可应用于闭合回路，也可把它推广到一个广义回路。例如，对图1-24所示的电压源串联电路，应用KVL，则有

$$-U_{ab}+U_{S1}+U_{S2}-U_{S3}=0$$

$$U_{ab}=U_{S1}+U_{S2}-U_{S3}$$

由于我们讨论的是电路分析方法，所以各元件的电压和电流的约束关系以及KCL、KVL在分析计算中起重大作用，是各种分析方法的基础，即各种分析方法是建立在这两种约束的基础上的。

图1-24　电压源串联电路

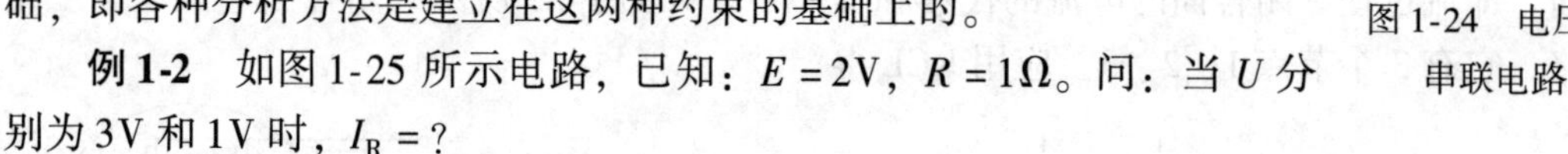

例1-2　如图1-25所示电路，已知：$E=2\text{V}$，$R=1\Omega$。问：当U分别为3V和1V时，$I_R=?$

解：(1) 假定电路中物理量的正方向如图1-25所示。

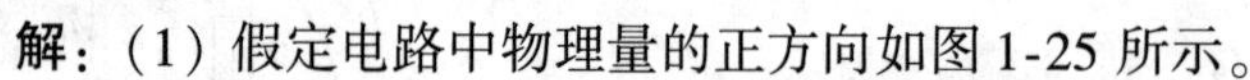

(2) 列电路方程：$U=U_R+E$　　$U_R=U-E$

$$I_R=\frac{U_R}{R}=\frac{U-E}{R}$$

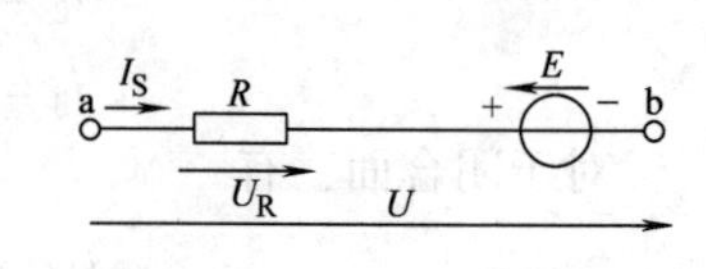

图1-25　例1-2的图

(3) 代入数据得

当$U=3\text{V}$时　$I_R=\frac{3-2}{1}\text{A}=1\text{A}$

当$U=1\text{V}$时　$I_R=\frac{1-2}{1}\text{A}=-1\text{A}$

前者实际方向与假设方向一致，后者实际方向与假设方向相反。

例 1-3 如图 1-26 所示电路，求 I_1、I_2、I_3。

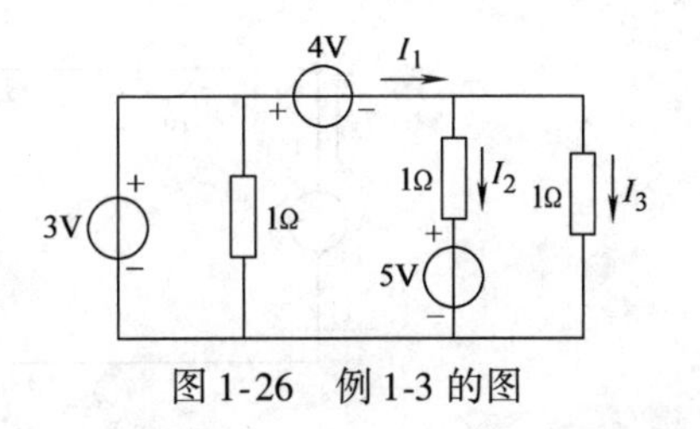

图 1-26　例 1-3 的图

解：$I_3 = \dfrac{3-4}{1}\text{A} = -1\text{A}$

$I_2 = \dfrac{3-4-5}{1}\text{A} = -6\text{A}$

$I_1 = I_2 + I_3 = -7\text{A}$。

练习与思考

1.6.1　求图 1-27 所示电路中电流源的端电压 u。

1.6.2　求图 1-28 所示电路中的电流 i。

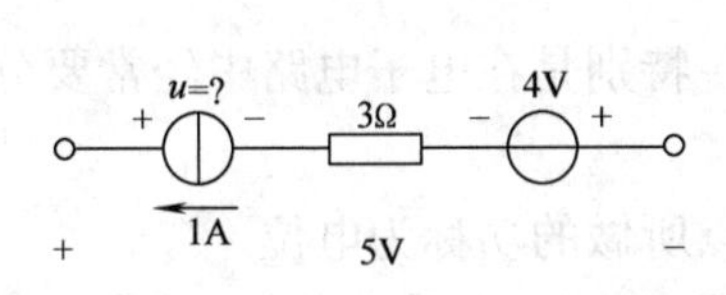

图 1-27　练习与思考 1.6.1 的图

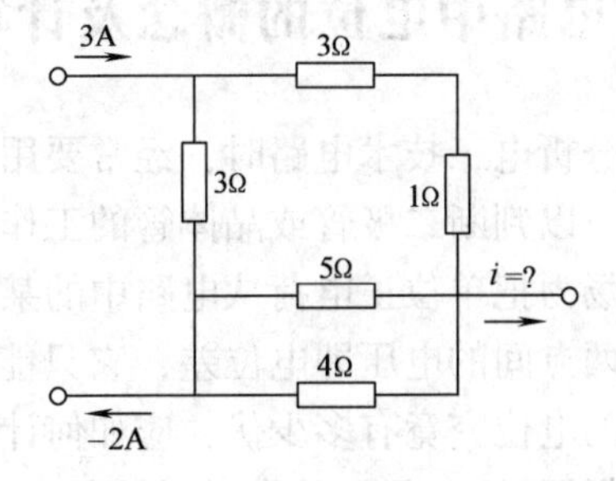

图 1-28　练习与思考 1.6.2 的图

1.6.3　电路如图 1-29 所示，试问有几条支路？几个节点？几个回路？如何书写它们的 KCL 方程和 KVL 方程？

1.6.4　电路如图 1-30 所示，电流 I_1、I_2、I_3、I_4 是否也满足 KCL 定律？

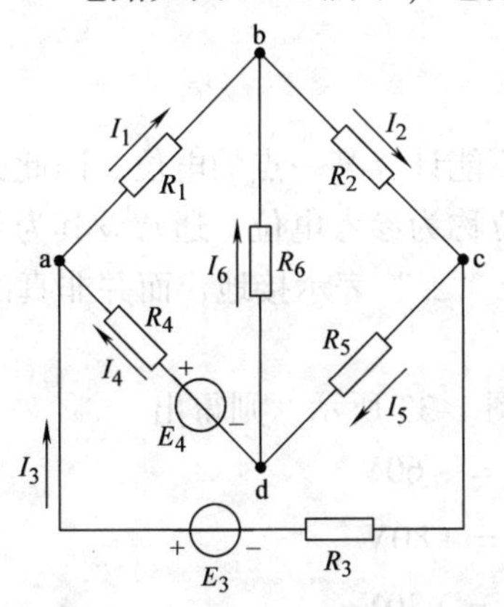

图 1-29　练习与思考 1.6.3 的图

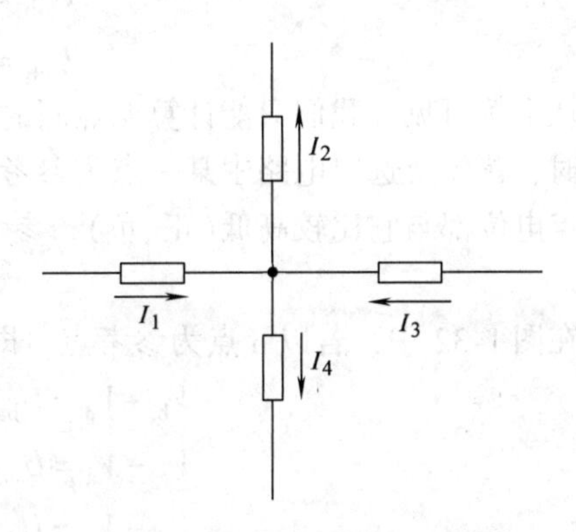

图 1-30　练习与思考 1.6.4 的图

1.6.5　电路如图 1-31 所示，下列几种说法对否？

（1）基尔霍夫电流定律对各支路元件为何无任何要求，可以有多个理想的电流源或电压源并联。

（2）基尔霍夫电压定律对各回路元件为何无任何要求，可以有多个理想的电流源或电压源串联。

（3）图 1-31a 电流源发出 20W，电压源吸收 20W，功率平衡。图 1-31b 欲使电流源发出功率为零，应使其端电压为零，且使流过电压源的电流为零。

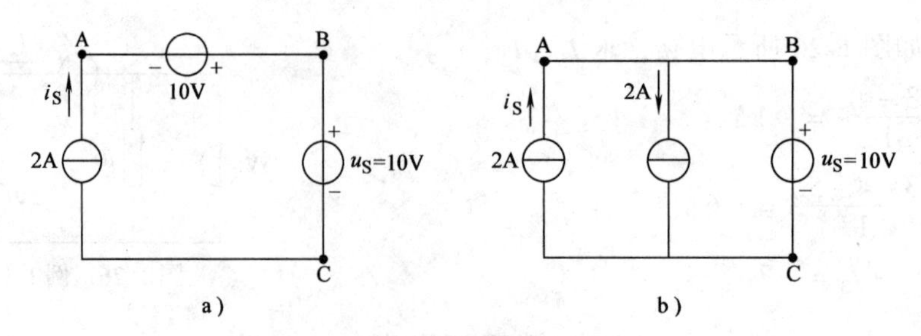

图 1-31　练习与思考 1.6.5 的图
a）两源串联于一个回路　b）两源并联于同一对节点上

1.7　电路中电位的概念及计算

在分析电工技术电路时，经常要用到电位的概念，特别是在电子电路中经常要分析电位的高低，以判断二极管或晶体管的工作情况。

电场力把单位正电荷从电路中的某一点移到参考点所做的功称为电位。

某两点间的电压即电位差，它只能说明一点的电位比另一点的电位高(或低)，但其中某一点的电位究竟有多少伏，应如何计算，下面通过一个例题来说明求解电位的方法。

根据图 1-32 所示电路，可得出

$$U_{ab} = 6 \times 10\text{V} = 60\text{V}$$

$$U_{ca} = 20 \times 4\text{V} = 80\text{V}$$

$$U_{da} = 5 \times 6\text{V} = 30\text{V}$$

$$U_{db} = 90\text{V}$$

$$U_{cb} = 140\text{V}$$

从上例可见，我们只能计算两点间的电压值，而不能计算某一点的电位。因此，在计算电位时，首先要选定电路中某一点为参考点，它的电位称为参考电位，通常设其为零，而其他各点电位都与它比较高低(正、负)，参考电位的符号“⊥”表示接地，而并非真的与大地相接。

在图 1-32 中，若以 a 点为参考点，即 $V_a = 0$，如图 1-33 所示，则得出

$$V_b - V_a = U_{ba} \qquad V_b = U_{ba} = -60\text{V}$$

$$V_c - V_a = U_{ca} \qquad V_c = U_{ca} = +80\text{V}$$

$$V_d - V_a = U_{da} \qquad V_d = U_{da} = +30\text{V}$$

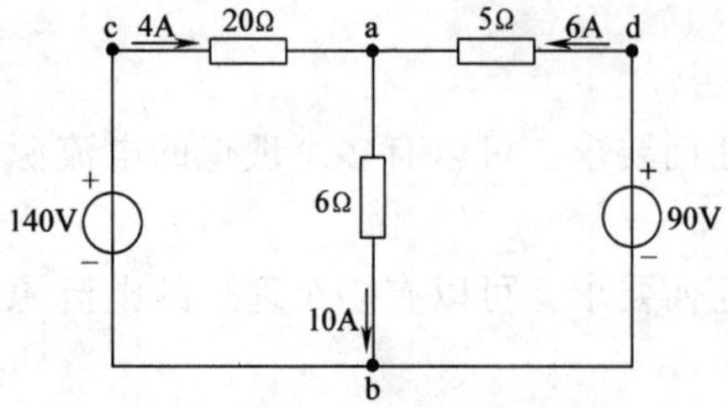

图 1-32　电路举例

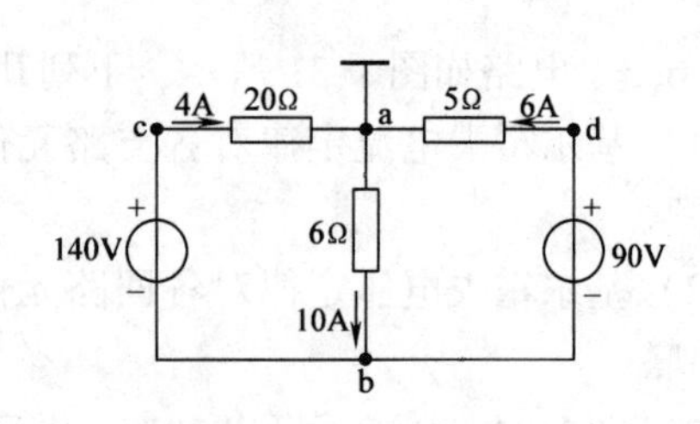

图 1-33　$V_a = 0$

若以 b 点为参考点，即 $V_b=0$，如图 1-34 所示，则得出

$$V_a-V_b=U_{ab} \qquad V_a=U_{ab}=+60V$$
$$V_c-V_b=U_{cb} \qquad V_c=U_{cb}=+140V$$
$$V_d-V_b=U_{db} \qquad V_d=U_{db}=+90V$$

从上面的计算可以看出：

1）电路中某一点的电位等于该点与参考点之间的电压。

2）参考点选得不同，各点电位随着改变，但是任意两点间的电压值是不变的，即各点电位的高低是相对的，而两点间的电压是绝对的。

在电子电路中，还有另一种电路表示法如图 1-35 所示，不画电源，各端标以电位值。

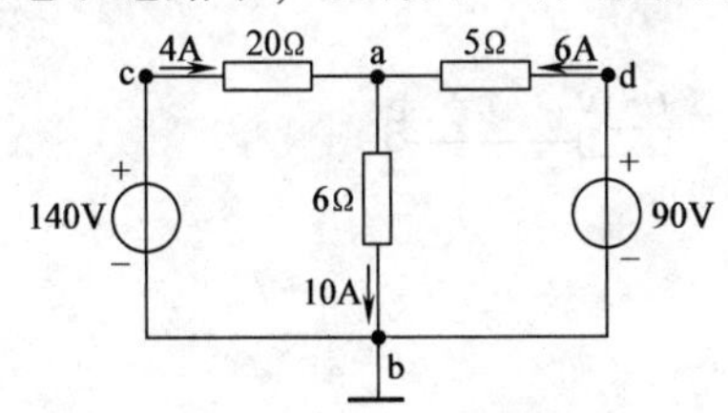

图 1-34　$V_b=0$ 时的电路

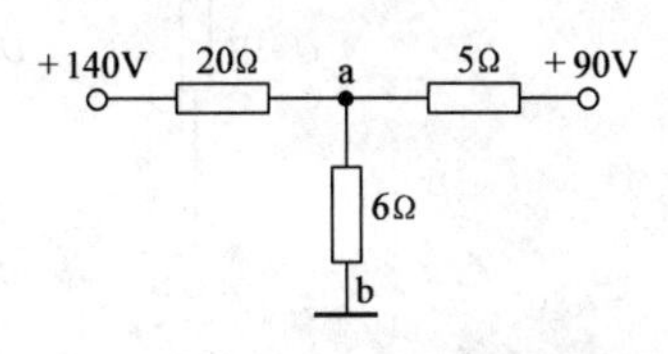

图 1-35　图 1-34 的简化电路

练习与思考

1.7.1　有人说电路中各条支路的电压降及各节点的电位与参考点的选取无关，对否？也有人说开路时，支路的电流为零，两端的电位相等，即端电压也为零，对否？

1.7.2　电路如图 1-36 所示，请问参考点在哪里？

1.7.3　电路如图 1-37 所示，已知 $E_1=5V$，$E_2=10V$，$R_1=R_2=R_3=R_4=5\Omega$，求 a 点的电位。

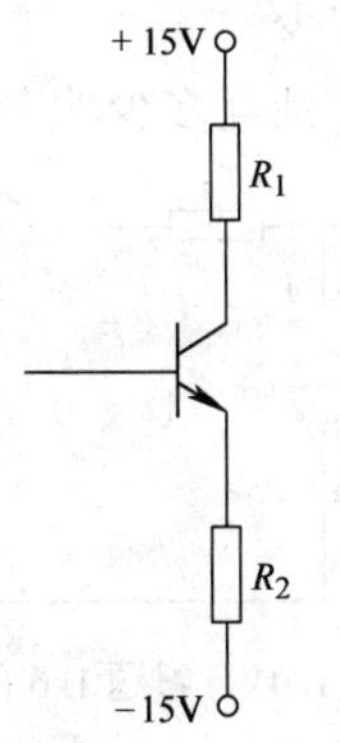

图 1-36　练习与思考 1.7.2 的图

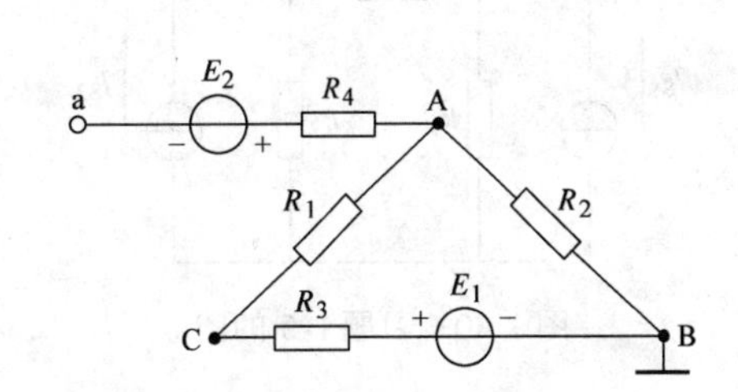

图 1-37　练习与思考 1.7.3 的图

习　题　1

1-1　如图 1-38 所示，从某一电路中取出的一条支路 AB，试问：电流的实际方向如何？

1-2　如图 1-39 所示，从某一电路中的一个元件分析，试问：元件两端电压的实际方向如何？

1-3　有一台直流电动机，经两条电阻为 $R=0.2\Omega$ 的导线接在 220V 的电源上，已知电动机消耗的功率为 30kW，求电动机的端电压 U 和取用的电流 I。

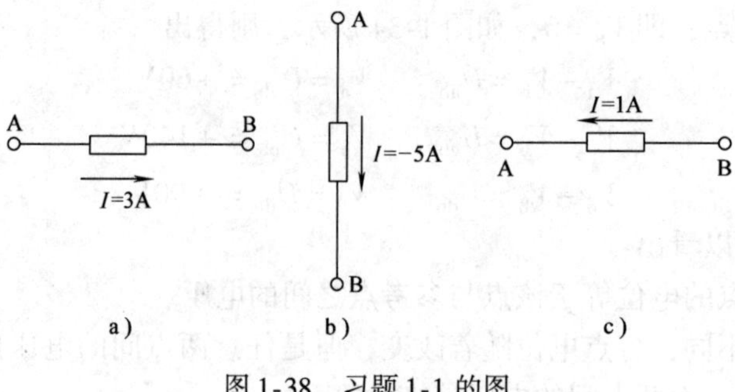

图 1-38　习题 1-1 的图

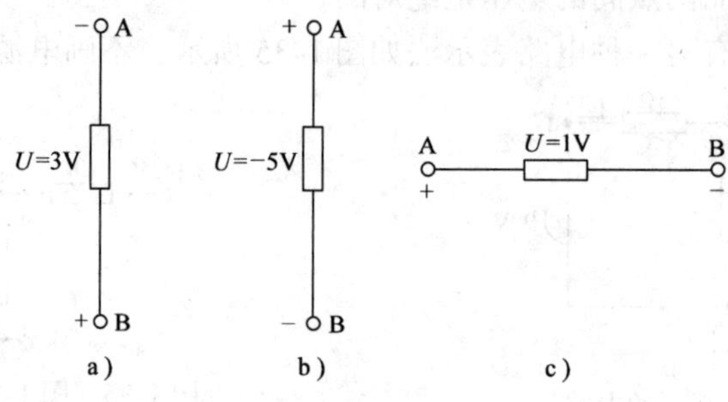

图 1-39　习题 1-2 的图

1-4　现有 100W 和 15W 两盏白炽灯，额定电压均为 220V，它们在额定工作状态下的电阻各是多少？

1-5　电路如图 1-40 所示，已知 $I_{S1}=50A$，$R_1=0.2\Omega$，$I_{S2}=50A$，$R_2=0.1\Omega$，$R_3=0.2\Omega$，求 R_3 上的电流和 R_1、R_2 两端电压各为何值？电阻 R_3 消耗功率为多少？

1-6　电路如图 1-41 所示，已知 $I_{S1}=40A$，$R_1=0.4\Omega$，$E_2=9V$，$R_2=0.15\Omega$，$R_3=2.2\Omega$，求：

（1）R_1、R_2 上的电流和电流源、电阻 R_3 的端电压各为多少？

（2）电流源和电压源输出(或输入)功率为多少？电阻 R_3 消耗多少功率？

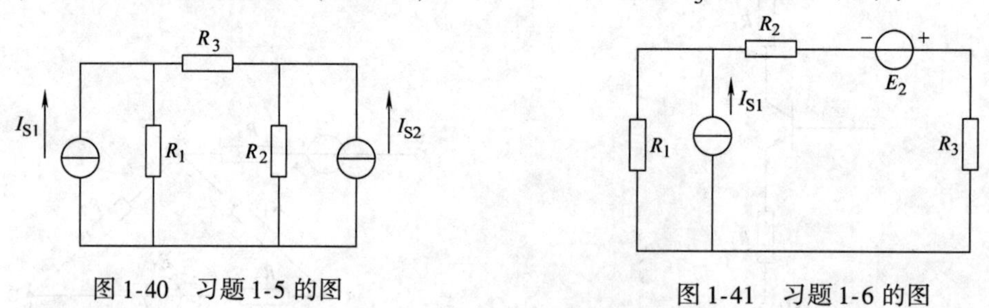

图 1-40　习题 1-5 的图　　图 1-41　习题 1-6 的图

1-7　电路如图 1-42 所示，根据给定的电流，确定其他各电阻中的未知电流。

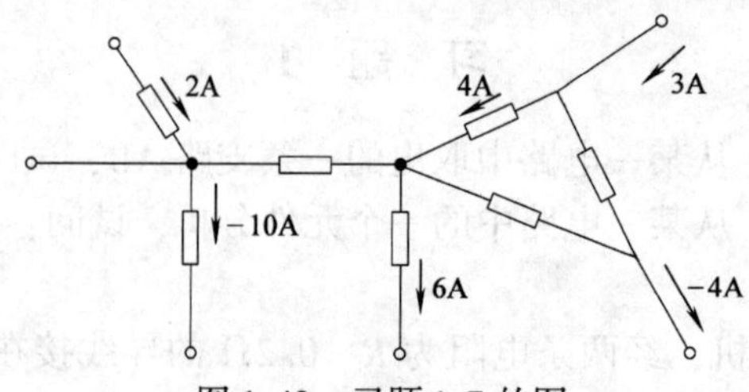

图 1-42　习题 1-7 的图

1-8　求图 1-43 所示电路中各功能框所代表的元件消耗或产生的功率。已知：$U_1=1\text{V}$，$U_2=-3\text{V}$，$U_3=8\text{V}$，$U_4=-4\text{V}$，$U_5=7\text{V}$，$U_6=-3\text{V}$，$I_1=2\text{A}$，$I_2=1\text{A}$，$I_3=-1\text{A}$。

1-9　计算如图 1-44 所示电路各元件的功率。

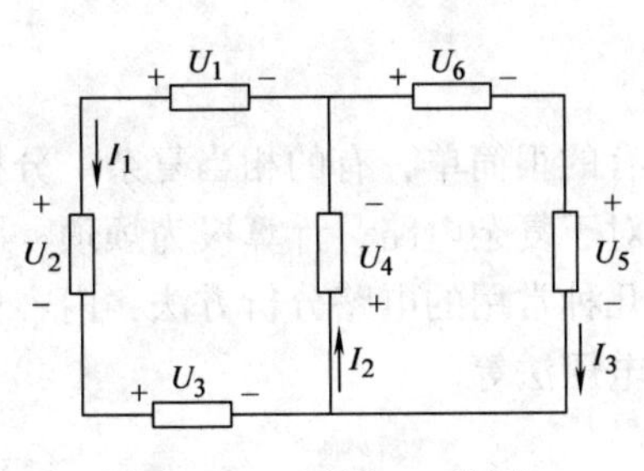

图 1-43　习题 1-8 的图

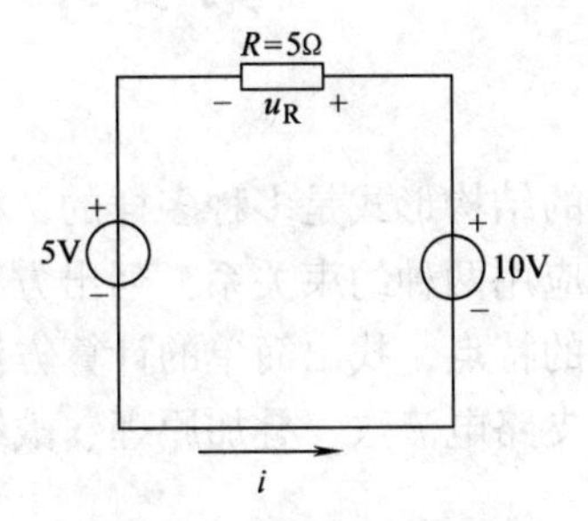

图 1-44　习题 1-9 的图

1-10　电路如图 1-45 所示，求开关 S 断开及接通时 A 点的电位。

1-11　电路如图 1-46 所示，D 点接地，求电路中的电流 I。

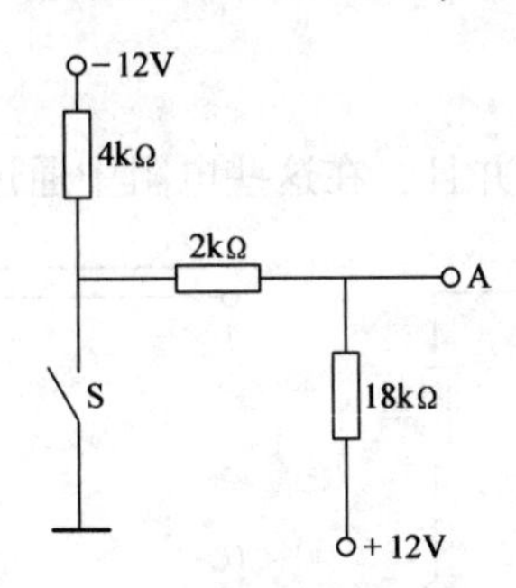

图 1-45　习题 1-10 的图

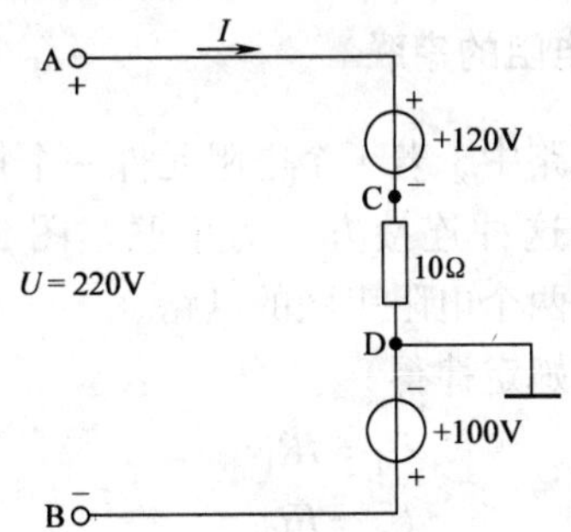

图 1-46　习题 1-11 的图

第2章　电路的分析方法

电路的结构形式是多种多样的，根据实际需要，有的很简单，有的相当复杂。分析与计算电路要应用两种约束关系，列出方程进行求解。但对于复杂电路，计算极为烦琐，因此要根据电路的特点，找出简单的计算方法。本章将介绍几种常用的电路分析方法，内容包括等效变换、支路电流法、叠加原理、戴维南定理和节点电压法等。

2.1　电阻的串联和并联

在电路中，电阻的连接形式是多样的，其中最简单、最常用的是串联和并联。

2.1.1　电阻的串联

在电路中，若干个电阻元件一个接一个的顺序连接，并且，在这些电阻中通过同一个电流，则称这种连接方式为串联。图2-1a所示的是两个电阻串联的电路。

由欧姆定律得

$$U_1 = IR_1$$
$$U_2 = IR_2$$

串联电路总电压，等于各个电阻元件上电压的代数和，即

$$U = U_1 + U_2 = I(R_1 + R_2) = IR$$

其中

$$R = R_1 + R_2 \tag{2-1}$$

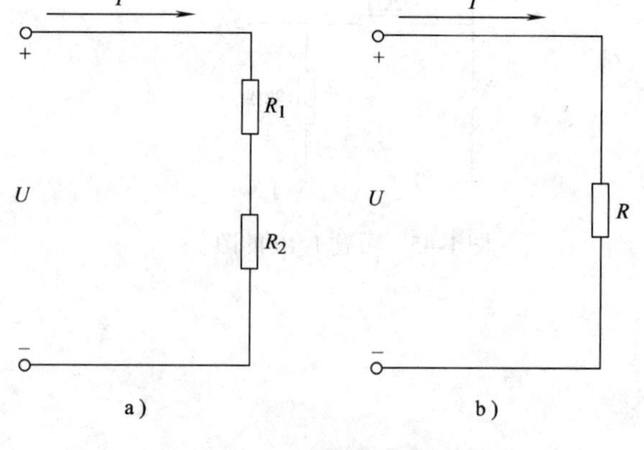

图2-1　电阻的串联

a）电阻串联　b）等效电阻

R是两个电阻串联的等效电阻。也就是说，若干个互相串联的电阻，可以用一个等效电阻来代替。这个等效电阻的阻值，等于各串联电阻的阻值之和，如图2-1b所示。

可见，互相串联的每个电阻，其上所分得的电压与该电阻的阻值成正比。当某个电阻比其他电阻的阻值小得多时，该电阻分得的电压常可以忽略不计。

各电阻消耗的功率为

$$P_1 = I^2 R_1 \qquad P_2 = I^2 R_2 \tag{2-2}$$

这说明电阻串联时，各电阻消耗的功率与电阻的大小成正比。串联等效电阻所消耗的功率等于各个电阻消耗的功率之和。

串联电阻的应用很多。例如，需要调节电路中电流时，一般在电路中串联一个变阻器来进行调节。有时为了限制负载中通过的电流，也可以与负载串联一个限流电阻。另外，改变串联电阻的大小，可以得到不同的输出电压等。

2.1.2 电阻的并联

在电路中，将两个或多个电阻接在两个公共节点之间，这样的连接方式称为电阻的并联。图2-2a是两个电阻并联的电路。并联时，各电阻承受同一电压。

多个并联电阻可以用一个等效电阻代替，等效电阻的倒数，等于各并联电阻的倒数之和，即

$$\frac{1}{R}=\sum_{k=1}^{n}\frac{1}{R_k} \quad (k=1,2,\cdots,n) \tag{2-3}$$

图2-2b中，R为R_1、R_2并联后的等效电阻。

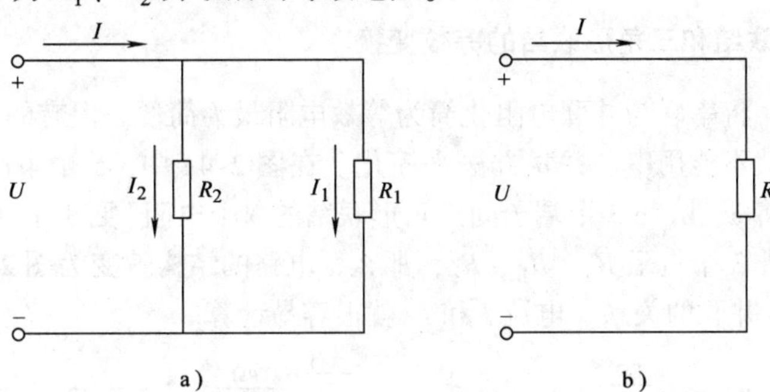

图2-2 电阻的并联

a）电阻并联 b）等效电阻

$$R=\frac{R_1R_2}{R_1+R_2}$$

电阻并联时，各电阻的电流为

$$I_k=\frac{U}{R_k}=\frac{R}{R_k}I$$

显然总电流

$$I=\sum_{k=1}^{n}I_k \tag{2-4}$$

可见，各并联电阻上所分得的电流与其阻值成反比。当某个电阻的阻值比其他电阻的阻值大得多时，该电阻分得的电流常可忽略不计。

有时为了某种需要，可将电路中的某一部分电路和电阻并联，以起到分流或调节电流的作用。

所并联的电阻越多，总电阻越小，总电流及总功率越大，对电源来说，负载越重。但每个负载的工作情况基本不变。

例2-1 在图2-3中，$U=60\text{V}$，$R_1=40\Omega$，$R_2=30\Omega$，$R_3=60\Omega$。求I_1、I_2和I_3。

解：

$$R_{\text{ab}}=\frac{R_2R_3}{R_2+R_3}=\frac{30\times 60}{30+60}\Omega=20\Omega$$

$$R_{\text{eq}}=R_1+R_{\text{ab}}=(40+20)\Omega=60\Omega$$

$$I_1=\frac{U}{R_{\text{eq}}}=1\text{A}$$

由分流公式 $I_2 = \frac{R_3}{R_2 + R_3}I_1 = \frac{60}{30+60} \times 1\,\text{A} = \frac{2}{3}\text{A}$

$$I_3 = \frac{R_2}{R_2 + R_3}I_1 = \frac{30}{30+60} \times 1\,\text{A} = \frac{1}{3}\text{A}$$

或 $I_3 = I_1 - I_2 = \left(1 - \frac{2}{3}\right)\text{A} = \frac{1}{3}\text{A}$

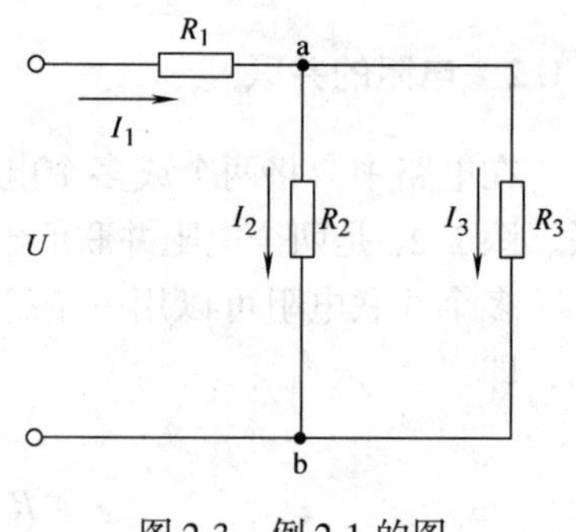

图 2-3　例 2-1 的图

电路中既有电阻的串联，又有电阻的并联时，称为电阻的混联。例 2-1 中电阻 R_2、R_3 先并联，再与 R_1 串联，就是电阻的混联形式。

*2.1.3　电阻星形联结和三角形联结的等效变换

在计算电路时，将串联与并联电阻化简为等效电阻最为简便。但有的电路中，电阻既非串联，又非并联。就不能用串、并联方法来简化。在图 2-4a 中，5 个电阻既不是串联，又不是并联。但如能将 a、b、c 3 个端子间三角形联结的 3 个电阻(见 3 个 8Ω 电阻)，等效变换为星形联结的另外 3 个电阻 R_a、R_b、R_c，那么，电路的结构就变为图 2-4b 所示，该电路中，5 个电阻是串、并联的关系。电流 I 和 I_1 就很容易计算。

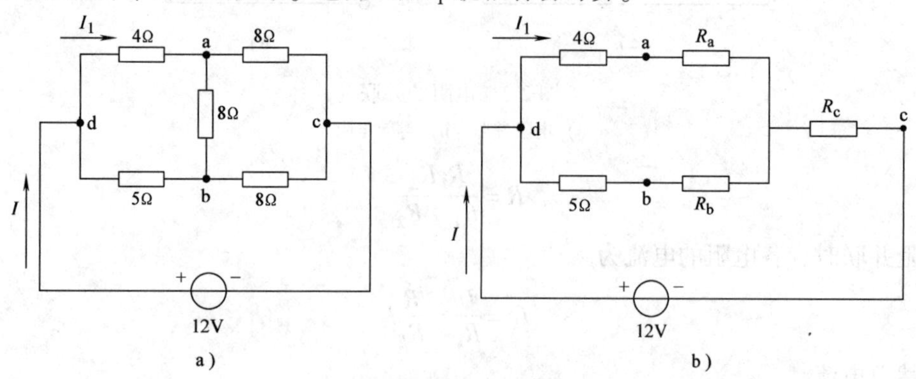

图 2-4　星-三角等效变换的应用

所谓电阻的星形联结，是指将 3 个电阻的一端连接在一起，电阻的另一端分别和外电路连接，如图 2-5a 所示。而电阻的三角形联结是将 3 个电阻连接成环形，从两两相邻电阻的

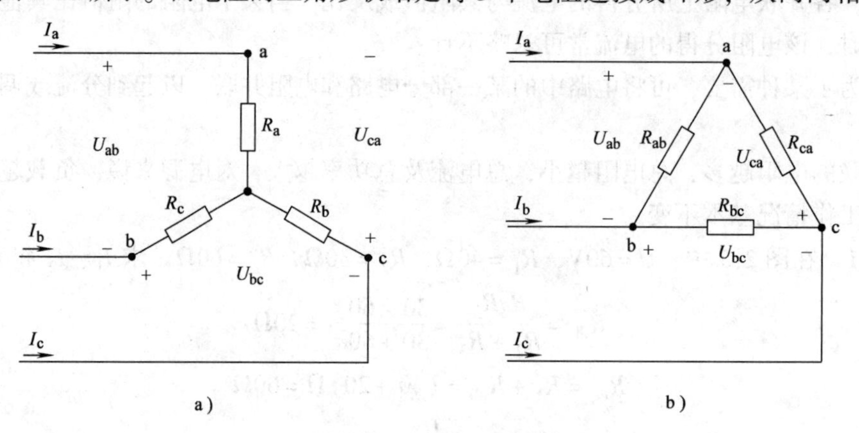

图 2-5　电阻的星-三角等效变换关系

连接点处引出 3 个对外的接线端子，如图 2-5b 所示。

星形联结与三角形联结等效变换的条件是：两图中对应端(见 a、b、c)流入或流出的电流(见 I_a、I_b、I_c)对应相等，对应端间的电压(见 U_{ab}、U_{bc}、U_{ca})也对应相等(见图 2-5)。经过变换后，不影响电路其他部分的电压和电流。

它们之间的转换关系是：

将星形联结等效变换为三角形联结时

$$R_{ab}=\frac{R_aR_b+R_bR_c+R_cR_a}{R_c}$$

$$R_{bc}=\frac{R_aR_b+R_bR_c+R_cR_a}{R_a} \tag{2-5}$$

$$R_{ca}=\frac{R_aR_b+R_bR_c+R_cR_a}{R_b}$$

将三角形联结等效变换为星形联结时

$$R_a=\frac{R_{ab}R_{ca}}{R_{ab}+R_{bc}+R_{ca}}$$

$$R_b=\frac{R_{bc}R_{ab}}{R_{ab}+R_{bc}+R_{ca}} \tag{2-6}$$

$$R_c=\frac{R_{ca}R_{bc}}{R_{ab}+R_{bc}+R_{ca}}$$

由式(2-5)、式(2-6) 可知，当 3 个电阻 $R_a=R_b=R_c=R$ 做对称星形联结时，其三角形等效电路中电阻的值

$$R_{ab}=R_{bc}=R_{ca}=R'=3R \tag{2-7}$$

即变换所得三角形联结也是对称的，但每边电阻是原星形联结的电阻值的 3 倍，反之亦然。

$$R=\frac{1}{3}R' \tag{2-8}$$

2.2 实际电源的两种模型及其等效变换

任何一个实际的电源(或信号源)，都可以用两种不同的电路模型来表示：一种是用电压的形式来表示，称为电压源；另一种是用电流的形式来表示，称为电流源。在一定条件下，两种模型可以等效变换。

2.2.1 电压源模型

一个实际的电源(无论是发电机,还是各种信号源)可以用一个电动势 E 和内阻 R_0 的串联来代替，这种电源的电路模型称为电压源，如图 2-6 左半部分所示。图中，U 是电源端电压，R_L 是负载电阻，I 是负载电流。根据图 2-6 可列方程

$$U=E-IR_0 \tag{2-9}$$

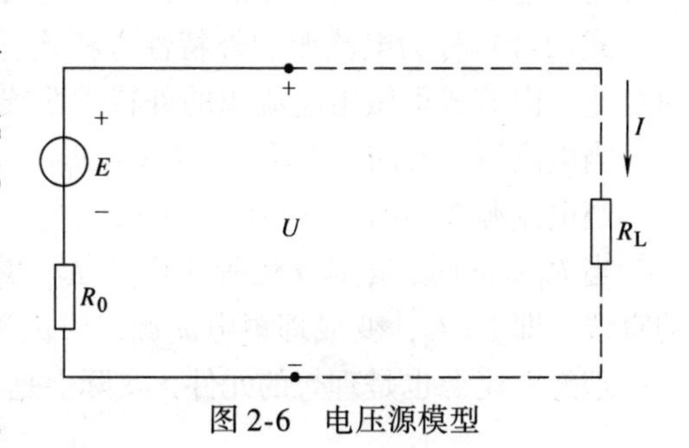

图 2-6 电压源模型

当 E 和 R_0 是常数时，U 和 I 是变量，随 R_L

大小而变化。下面我们研究电源的端电压 U 与输出电流 I 之间的关系，即 $U=f(I)$，这种关系称电源的外特性。由式(2-9)可做出电压源的外特性曲线，如图 2-7 所示。

当电压源开路时　$I=0$　　$U=U_0=E$

当电压源短路时　$U=0$　　$I=I_S=\dfrac{E}{R_0}$

由图 2-7 可见，当输出电流 I 增大时，端电压 U 将下降，R_0 越小，则直线越平。当 $R_0=0$ 时，电压 U 恒等于电动势 E，是一个定值。它的外特性是一条平行于横轴的直线，即 $U=E$，变成理想电压源或恒压源。其符号和电路如图 2-8 所示。理想电压源输出的电流，由负载 R_L 及电压 E 本身确定。

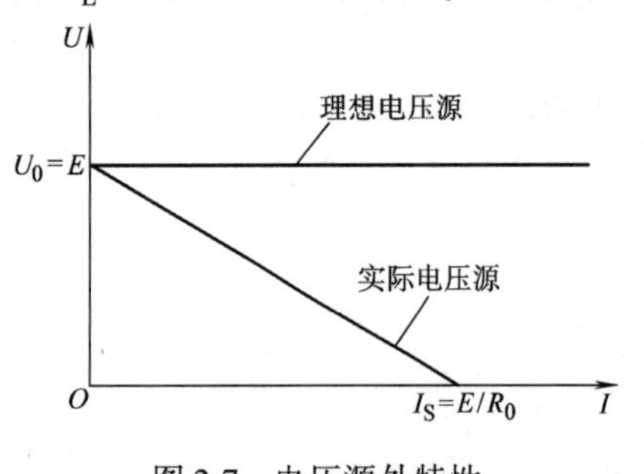

图 2-7　电压源外特性

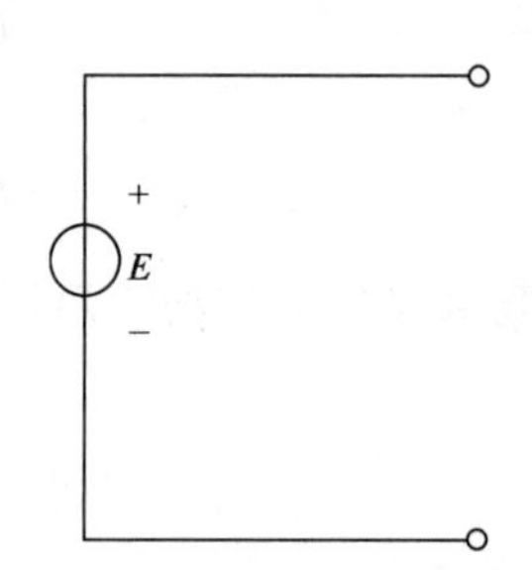

图 2-8　理想电压源模型

理想的电压源是理想元件，实际上是不存在的。但当电压源的内阻远小于负载电阻时，则内阻压降 IR_0 很小，可忽略不计。端电压基本恒定，即 $U=E$，可以认为该电压源是理想的电压源，通常用的稳压电源和新的干电池都可以认为是理想的电压源。

2.2.2　电流源模型

电源除用电动势 E 和内阻 R_0 串联的电路模型表示外，还可以用电流源表示。将式(2-9)两边同除以 R_0，则得

$$\frac{U}{R_0}=\frac{E}{R_0}-I=I_S-I$$

即
$$I_S=\frac{U}{R_0}+I \tag{2-10}$$

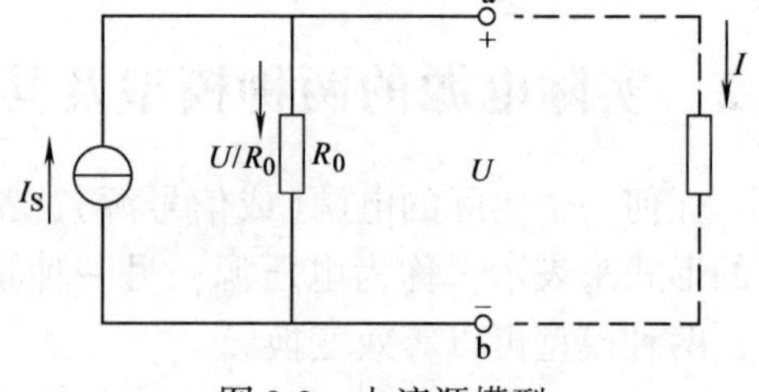

图 2-9　电流源模型

式中，I 为负载电流；I_S 为电源的短路电流；U 为电源端电压；R_0 为电源内阻。图 2-9 的 a、b 左边部分是用电流来表示的电源模型，简称电流源。

式(2-10)称为电流源的外特性方程式。当 I_S 和 R_0 是常数时，U、I 是变量，随 R_L 大小而变化。由该式可做出电流源的外特性曲线，如图 2-10 所示。

当电流源开路时　$I=0$　　$U=I_SR_0$

当电流源短路时　$U=0$　　$I=I_S$

当 $R_0=\infty$ 时，电流 I 恒等于电流 I_S，是一个定值。它的外特性曲线是一条平行于纵轴的直线，即 $I=I_S$，变成理想电流源或恒流源，其符号如图 2-11 所示。

理想电流源也是理想的元件，实际上是不存在的。如果电流源的内阻远大于负载电阻时，

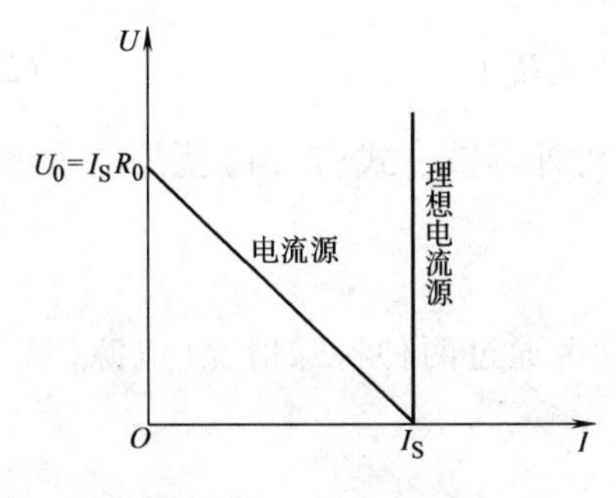

图 2-10　电流源外特性

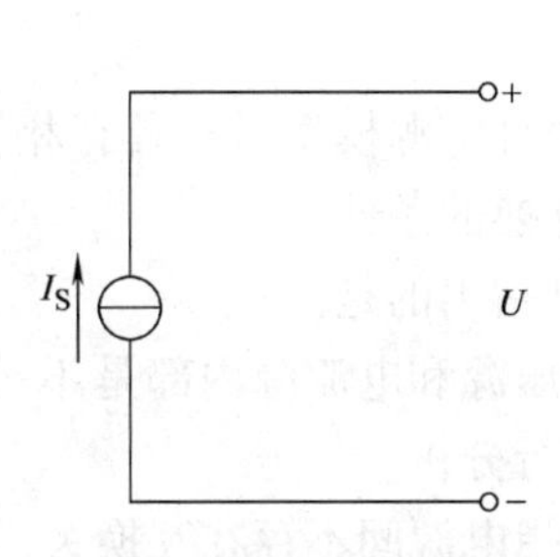

图 2-11　理想电流源模型

则电流源输出的电流基本恒定，$I = I_S$，也可以认为是理想电流源。

例如，晶体管可以近似地看作一个恒流源，因为它的输出特性曲线近似于恒流源特性。当基极电流为某值，且管压降 U_{CE} 大于某一值时，电流 I_C 基本上不随集电极与发射极间的电压 U_{CE} 而变化。可近似看作恒流源。此外，实验室里还使用一种能够提供一定大小电流的电流源，其特性也相当于恒流源。

2.2.3　电压源模型与电流源模型的等效互换

如果一个电压源模型和一个电流源模型对外电路具有相同的伏安特性，亦即它们对任意给定的外电路具有相同的作用效果，对外电路而言，它们是等效的。在满足一定条件时，它们之间可以等效互换。

对图 2-12a、b，我们可以分别得到如下公式：

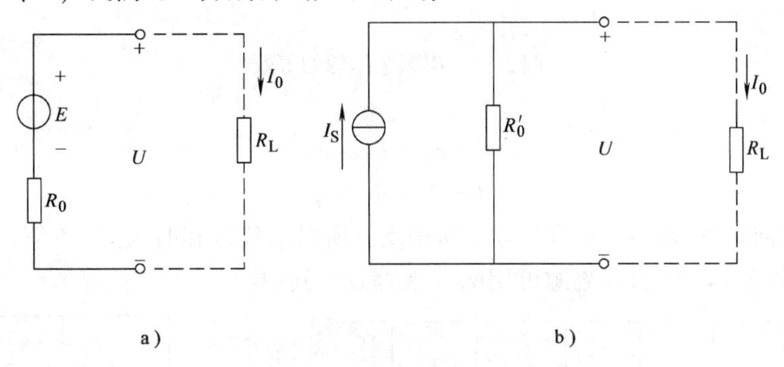

图 2-12　两种电源模型的等效互换

a）电压源模型电路　b）电流源模型电路

对图 a 有

$$U = E - I_0 R_0 \tag{2-11}$$

对图 b 有

$$I = I_S - \frac{U}{R_0'} \tag{2-12}$$

将式(2-12)变形得

$$U = I_S R_0' - I R_0' \tag{2-13}$$

比较式(2-11)和式(2-13)可以看到

当 $$R_0 = R_0' \text{和} I_S = \frac{E}{R_0}(\text{或} E = I_S R_0) \tag{2-14}$$
成立时，两种电源模型对外具有相同的伏安特性，即对外等效。式(2-14)就是电压源与电流源等效互换的条件。

需特别指出的是：

1）电压源和电流源内部是不等效的，这一点请读者通过两种特殊情况（电源在开路和短路时）自行分析。

2）理想电源间不存在互换关系。

3）注意等效互换前后电源方向的关系。

当多个电压源串联时，可用一个等效电压源模型来代替：等效电压源电动势 E 等于各串联电压源电动势的代数和，而等效电压源的内阻 R 等于各电压源内阻之和。

如图 2-13a 可等效为图 b。其中

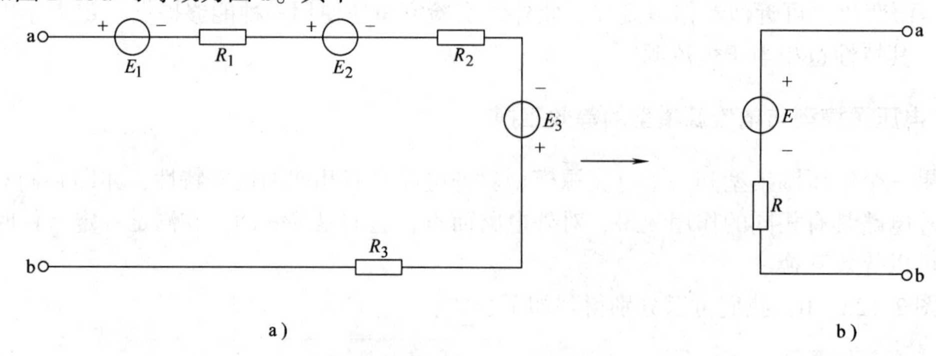

图 2-13　串联电压源的等效

$$E = E_1 + E_2 - E_3$$
$$R = R_1 + R_2 + R_3$$

因为 E_3 参考方向与等效电源 E 的参考方向相反，所以求代数和时 E_3 取负值。

同理，对图 2-14a 所示电流源可用图 b 来等效。其中

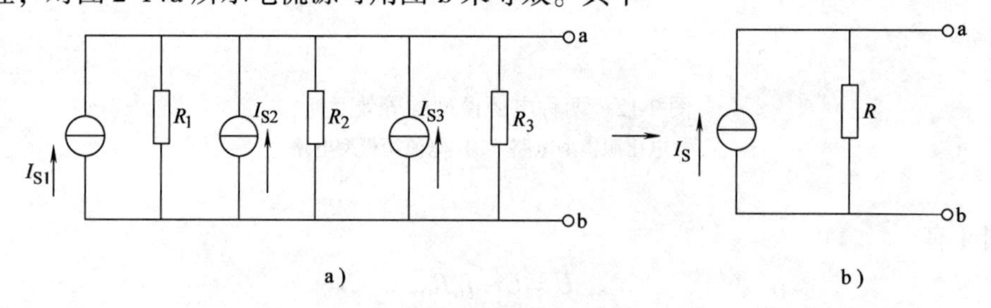

图 2-14　并联电流源的等效

$$I_S = I_{S1} + I_{S2} + I_{S3}$$
$$\frac{1}{R} = \frac{1}{R_1} + \frac{1}{R_2} + \frac{1}{R_3}$$

因为 3 个并联的电流源参考方向均与等效电流源参考方向相同，故求和时都取正值。

利用电源间的等效互换，可简化电路结构，从而简化电路分析过程。通过下面的例题来

分析两种电源互换在电路中的应用。

例 2-2 用两种电源模型等效互换的方法求图 2-15a 中电流 I(若无特殊说明,后面电阻单位均为欧)。

解：图 2-15a 经图 b、c 最后简化成图 d。

由图 d 得

$$I=\frac{9-4}{1+2+7}\text{A}=0.5\text{A}$$

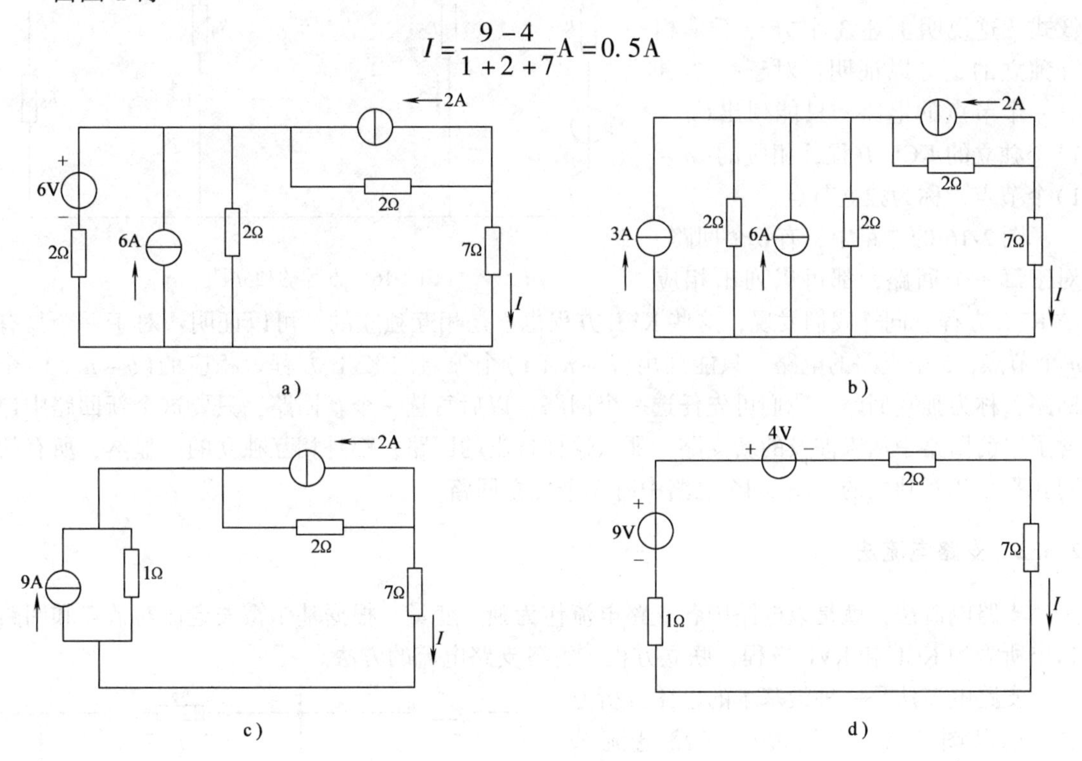

图 2-15　例 2-2 的图

由上述例题可以看出：在简化电路时，是把电压源等效互换成电流源，还是把电流源等效互换成电压源，要看电源模型间的连接情况。如果两个(或多个)电源是串联关系，就需要将电流源变换成电压源，以便下一步将两个(或多个)串联的电压源合并化简成一个电压源。反之，如果两个(或多个)电源是并联关系，就要将其等效互换成电流源，以便下一步简化。

另外，可根据需要，将某个电阻作为电源内阻进行等效变换。如上例中 3 个 2Ω 的电阻可分别视为 3 个电源的内阻，而 7Ω 电阻上的电流为待求参数，所以不再将 7Ω 的电阻作为电压源内阻来处理。

2.3　支路电流法

2.3.1　方程的独立性

图 2-16 电路中共有 3 个节点和 5 条支路，各支路电流参考方向如图 2-16 所示。

对节点①、②、③分别列 KCL 方程

$$I_1=I_2+I_3 \quad ①$$

$$I_3 = I_4 + I_5 \quad ②$$

$$I_1 = I_2 + I_4 + I_5 \quad ③$$

上面3个方程中，任意两个相加，都可以得出第三个方程。如①、②相加后得 $I_2 + I_4 + I_5 = I_1$ 即得到③式。这说明上述3个方程不是相互独立的。可以证明：对于一个具有 n 个节点的电路，只能列出 $(n-1)$ 个独立的KCL方程，相应的 $(n-1)$ 个节点，称为独立节点。

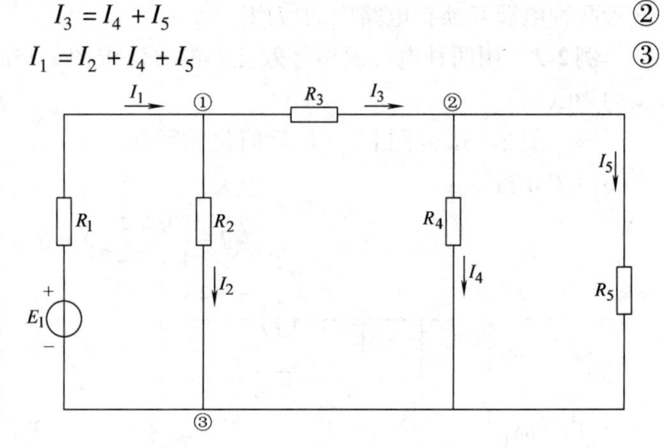

图2-16　方程的独立性

图2-16的电路中，有6个回路。对于每一个回路，都可以列出相应的KVL方程。同样我们发现，这些KVL方程也不是相互独立的。可以证明：对于一个具有 n 个节点，b 条支路的电路，只能列出 $(b-n+1)$ 个独立的KVL方程。相应的 $(b-n+1)$ 个回路，称为独立回路。我们可先任选一个回路，以后每选一个新回路，只要这个新回路中包含了以前回路中从未涉及的新支路。那么这样选出的回路，都是相互独立的。显然，所有的网孔都是相互独立的。图2-16电路中有3个独立回路。

2.3.2　支路电流法

支路电流法，就是以电路中各支路电流作为独立变量，根据基尔霍夫定律对节点和回路列出所需的KCL和KVL方程，联立方程求解各支路电流的方法。

支路电流法是一种最基本的电路分析方法。现以图2-17为例说明支路电流法的应用。

首先，应正确判断电路中所含的节点数和支路数，并标出各支路电流的参考方向。该图中共有1、2两个节点和3条支路，即 $n=2$，$b=3$。电流方向已标明。

其次，按照前面讲到的KCL方程的独立性的原则，先列出 $(n-1)$ 个，即一个独立的KCL方程

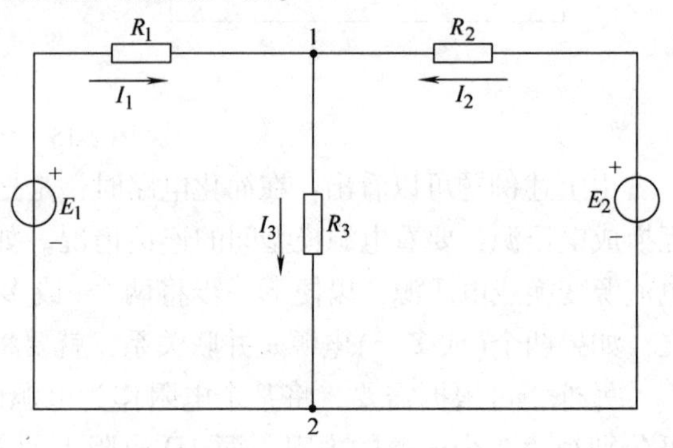

图2-17　支路电流法

$$I_1 + I_2 = I_3 \tag{2-15}$$

因为有 b 条支路(一般等于未知数个数)，所以还需补充 $(b-n+1)$ 个KVL方程。在本电路中，独立KVL方程数为 $(3-2+1)$ 个，即两个。

若选两个网孔为独立回路，且选顺时针方向为回路绕行方向，则有

$$I_1R_1 + I_3R_3 = E_1 \tag{2-16}$$

$$-I_2R_2 - I_3R_3 = -E_2 \tag{2-17}$$

应用基尔霍夫电流定律和电压定律共列出 $(n-1)+(b-n+1)=b$ 个独立方程。

最后，由 b 个方程解得 b 条支路中的电流，并根据结果的正负判断支路电流的实际方向

(结果为正,表明参考方向和实际方向相同;结果为负,表明参考方向和实际方向相反)。

例 2-3 在图 2-17 中，已知 $E_1=140\text{V}$，$E_2=90\text{V}$，$R_1=20\Omega$，$R_2=5\Omega$，$R_3=6\Omega$，求各支路电流。

解：对任一节点列 KCL 方程

$$I_1+I_2=I_3$$

对两个网孔分别列 KVL 方程

左网孔

$$I_1R_1+I_3R_3=E_1$$

右网孔

$$-I_2R_2-I_3R_3=-E_2$$

代入数据后得

$$I_1+I_2=I_3$$

$$20\Omega I_1+6\Omega I_3=140\text{V}$$

$$-6\Omega I_3-5\Omega I_2=-90\text{V}$$

解之得

$$I_1=4\text{A}$$

$$I_2=6\text{A}$$

$$I_3=10\text{A}$$

所得结果全部为正值，说明图中所选支路电流的参考方向与实际电流方向一致。

例 2-4 用支路电流法求图 2-18 中各支路的电流。已知：$R_1=20\Omega$，$R_2=5\Omega$，$R_3=6\Omega$，$I_\text{S}=7\text{A}$，$E_2=90\text{V}$。

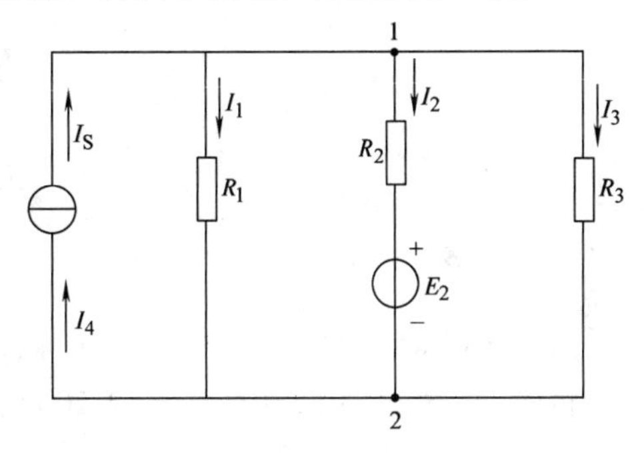

图 2-18 例 2-4 的图

解：该电路中共含 2 个节点、4 个支路，按一般分析方法，可列出一个 KCL 方程和 3 个 KVL 方程，解出 4 条支路的电流。图中，最左边支路中含有理想电流源，所以该支路电流已知：$I_4=I_\text{S}$。未知电流就只剩下 3 个。这种情况，可以列出一个 KCL 方程，再补充两个独立的 KVL 方程即可。但列 KVL 方程时，因理想电流源两端电压为未知量，所以，所选的两个独立回路，均应避开理想电流源所在的支路，以免引入新的未知量。因此可以选择右边两个网孔为独立回路，列 KVL 方程，所以有

对节点 1 列 KCL 方程

$$I_1+I_2+I_3=I_\text{S}$$

对右边两网孔

$$I_1R_1-I_2R_2=E_2$$

$$I_2R_2-I_3R_3=-E_2$$

代入数据

$$I_1+I_2+I_3=7\text{A}$$

$$20\Omega I_1-5\Omega I_2=90\text{V}$$

$$5\Omega I_2-6\Omega I_3=-90\text{V}$$

解得

$$I_1=3\text{A}$$

$$I_2=-6\text{A}$$

$$I_3=10\text{A}$$

I_2 值为负，说明 R_2 上电流的实际方向与参考方向相反。

当电路中所含支路数较多时，若用支路电流法分析，需要列出的方程数目也较多，解方程的过程也变得烦琐，所以后面还要介绍其他的电路分析方法。

2.4 节点电压法

在电路中，选任一节点为参考点，其他各个节点与参考点间的电压，称为节点电压。节点电压的参考极性以参考点为负，其余独立节点为正。

节点电压法，就是以节点电压为独立变量，列出用节点电压表示的独立节点的 KCL 方程，从而求得各节点电压的方法。

这里只介绍最简单的、只含两个节点的电路。

图 2-19 就是一个只含两个节点的电路，设节点 b 为参考点，则 a、b 间的电压就是节点 a 的电压，方向由 a 到 b。下面来讨论节点 a 的电压 U。

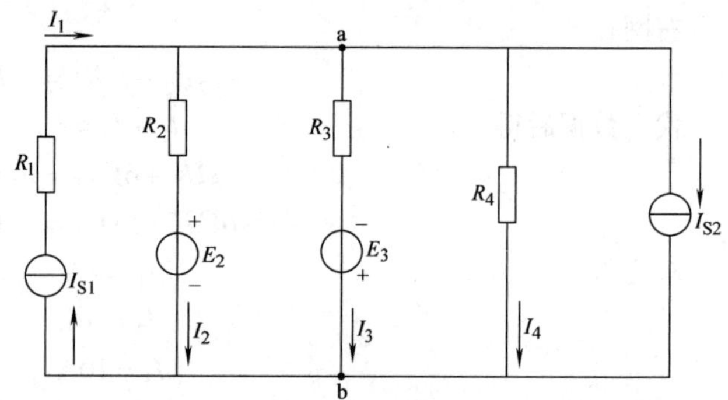

图 2-19　电路中的节点电压

将各支路电流(除已知的 I_S 外)用节点电压表示

$$I_2=\frac{U-E_2}{R_2} \tag{2-18}$$

$$I_3=\frac{U+E_3}{R_3} \tag{2-19}$$

$$I_4=\frac{U}{R_4} \tag{2-20}$$

对 a 点列 KCL 方程

$$I_4+I_2+I_3+I_{S2}=I_{S1} \tag{2-21}$$

将式(2-18)、式(2-19)、式(2-20)代入式(2-21)中，经整理后的节点电压计算公式为

$$U=\frac{\dfrac{E_2}{R_2}-\dfrac{E_3}{R_3}+I_{S1}-I_{S2}}{\dfrac{1}{R_2}+\dfrac{1}{R_3}+\dfrac{1}{R_4}}=\frac{\sum\dfrac{E}{R}+\sum I_S}{\sum\dfrac{1}{R}} \tag{2-22}$$

(式(2-22)分母中的 R 不含与理想电流源串联的电阻)

公式中，分母各项均为正；分子部分中的各项可正、可负。当电动势 E 的正极接到独立节点时，E/R 取正，否则取负。当理想电流源的电流流向独立节点时 I_S 取正，否则取负。但分子中各项的正负与各支路电流参考方向无关。

由式(2-22)求出节点电压 U 以后，根据需要可由式(2-18)、式(2-19)、式(2-20)求出各支路的电流。

例 2-5　利用节点电压法，求图 2-20 中 1Ω 电阻上的电流。

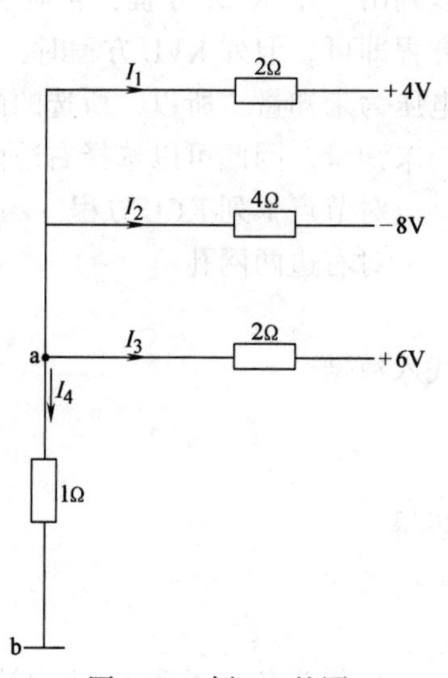

图 2-20　例 2-5 的图

解：图 2-20 的电路中只有两个节点 a、b。其中 b 为参考点，根据节点电压公式，求出 a 点的节点电压

$$U_{ab}=\left(\frac{\frac{4}{2}-\frac{8}{4}+\frac{6}{2}}{\frac{1}{2}+\frac{1}{4}+\frac{1}{2}+1}\right)\text{V}=\frac{4}{3}\text{V}$$

1Ω 电阻上的电流 $$I_4=\frac{U_{ab}}{1\Omega}=\frac{4}{3}\text{A}$$

2.5 叠加原理

2.5.1 叠加原理及其正确性

在具有多个电源共同作用的线性电路中，某一支路中产生的电流(或电压)，等于每个电源单独作用时，在该支路上产生的电流(或电压)的代数和，这就是叠加原理。

应用叠加原理，可以把一个复杂的电路分解成若干个简单的电路。每个简单的电路中，仅有一个电源单独作用。所谓一个电源作用，就是将其他电源除去。除源的方法是：将不作用的各理想电压源短路，即使其电动势为零；将各理想电流源开路，即使其电流为零。但若是实际电源模型，在除源时，它们的内阻必须保留。现以图 2-21 所示电路为例，来说明叠加原理的正确性。

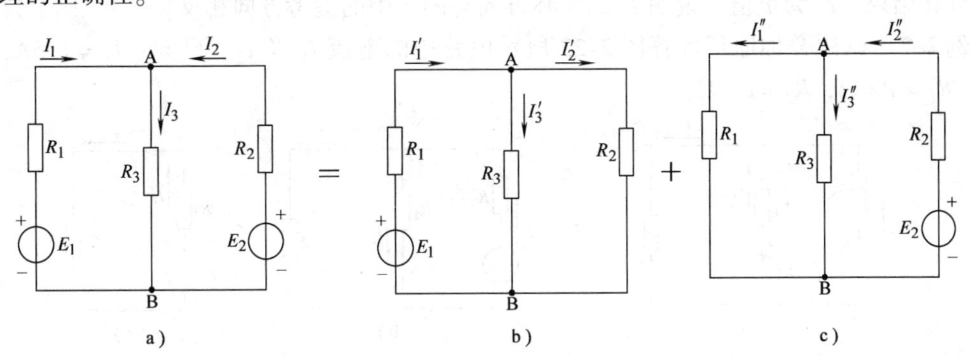

图 2-21 叠加原理图

以图 2-21a 中支路电流 I_1 为例。根据支路电流法可以求出 I_1

$$I_1=\frac{R_2+R_3}{R_1R_2+R_2R_3+R_1R_3}E_1-\frac{R_3}{R_1R_2+R_2R_3+R_1R_3}E_2=I_1'-I_1''$$

其中

$$I_1'=\frac{R_2+R_3}{R_1R_2+R_2R_3+R_1R_3}E_1$$

$$I_1''=\frac{R_3}{R_1R_2+R_2R_3+R_1R_3}E_2$$

显然，I_1'是图 2-21b 中 E_1 单独作用时，在第一条支路中产生的电流。而 I_1''是图 2-21c 中 E_2 单独作用时，在第一条支路中产生的电流。因为 I_1'与图 2-21a 中 I_1 的参考方向相同，故叠加时取正号。而 I_1''的方向与 I_1 的参考方向相反，故取负号。

同理 $$I_2=I_2''-I_2',\ I_3=I_3'+I_3''$$

2.5.2 叠加原理的应用

叠加原理表达了线性电路的基本性质，它是线性电路的重要原理之一。需特别指出，叠加原理只适合于线性电路，并且只限于分析线性电路中的电流和电压，不适用于计算电路的功率。因为电路中的功率是和电流(或电压)的平方成正比，不存在线性关系。

例 2-6 在图 2-21a 中，$E_1 = 4.4\text{V}$，$E_2 = 8.8\text{V}$，$R_1 = 2\Omega$，$R_2 = 4\Omega$，$R_3 = 6\Omega$，试用叠加原理计算电流 I_1。

解：将图 2-21a 分解成图 2-21b 和 c 两部分。它们分别是电源 E_1 和 E_2 单独作用的电路图。

图 b 中

$$I_1' = \frac{E_1}{R_1 + \dfrac{R_2R_3}{R_2+R_3}} = \frac{4.4}{2+\dfrac{4\times6}{4+6}}\text{A} = 1\text{A}$$

图 c 中

$$I_1'' = \frac{E_2}{R_2 + \dfrac{R_1R_3}{R_1+R_3}} \times \frac{R_3}{R_1+R_3} = \frac{8.8}{4+\dfrac{2\times6}{2+6}} \times \frac{6}{2+6}\text{A} = 1.2\text{A}$$

根据叠加原理

$$I_1 = I_1' - I_1'' = (1-1.2)\text{A} = -0.2\text{A}$$

计算结果，I_1 为负值，说明 I_1 的实际方向与图 a 中的参考方向相反。

例 2-7 试用叠加原理计算图 2-22 所示电路中的电流 I_1 及 I_2。已知：$I_S = 1.5\text{A}$，$E = 24\text{V}$，$R_1 = 100\Omega$，$R_2 = 200\Omega$。

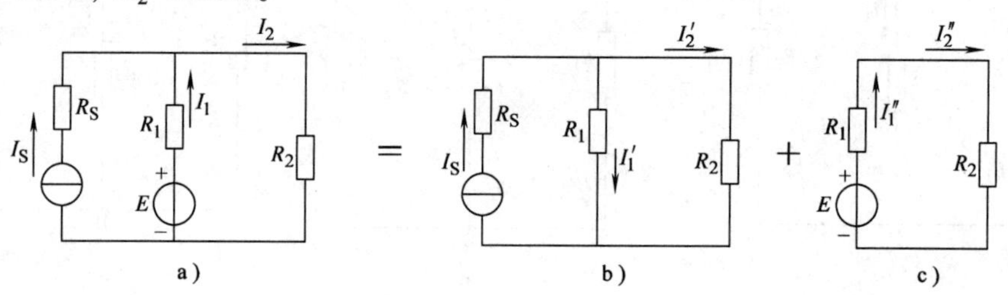

图 2-22 例 2-7 的图

解：先求出电流源 I_S 单独作用时的电流，这时电压源 E 所在处短路，变成图 2-22b。其中 R_1 与 R_2 是并联关系，用分流公式求出 I_1'和 I_2'。

$$I_1' = \frac{R_2}{R_1+R_2}I_S = \frac{200}{100+200}\times1.5\text{A} = 1\text{A}$$

$$I_2' = \frac{R_1}{R_1+R_2}I_S = \frac{100}{100+200}\times1.5\text{A} = 0.5\text{A}$$

再求出电压源 E 单独作用时的电流。这时，电流源 I_S 所在处开路，变成图 2-22c。其中 R_1 和 R_2 是串联关系，用欧姆定律可直接求出 I_1''和 I_2''。

$$I_1'' = I_2'' = \frac{E}{R_1+R_2} = \frac{24}{100+200}\text{A} = 0.08\text{A}$$

根据叠加定理，实际电路中的电流 I_1 及 I_2 应等于上述两个对应电流的代数和。根据所标电流的方向，考虑到每项的正负号，可得出

$$I_1 = -I_1' + I_1'' = (-1 + 0.08)\text{A} = -0.92\text{A}$$

$$I_2 = I_2' + I_2'' = (0.5 + 0.08)\text{A} = 0.58\text{A}$$

2.6 等效电源定理

等效电源定理，包括戴维南定理、诺顿定理两种对偶形式。在介绍两个定理之前，先了解一下二端网络的概念。

如果一个部分电路，对外具有两个接线端子，我们称之为二端网络，如图 2-23 所示。内部含有电源的二端网络，称有源二端网络。内部不含电源的二端网络，称为无源二端网络。有源二端网络可以是简单的理想电压(流)源，也可以是任意复杂的电路，无论有源二端网络的繁简程度如何，对接在其二端间的外电路而言，它只相当于一个电源。所以，该有源二端网络可以化简成一个与它等效的电源模型。而电源模型有电压源和电流源模型两种形式。因而，有两种形式的等效电源存在。下面分别讨论。

2.6.1 戴维南定理

戴维南定理可以叙述如下：任何一个线性有源二端网络，都可以用一个实际的电压源模型来等效代替(见图 2-24)。电压源模型的电动势 E，等于有源二端网络两个端子间的开路电压。而电压源的内阻，等于有源二端网络除源(即将电压源短路,将电流源开路)后所得的无源网络的两个端子间的等效电阻。所得的电压源模型，称为原来有源二端网络的戴维南等效电路。

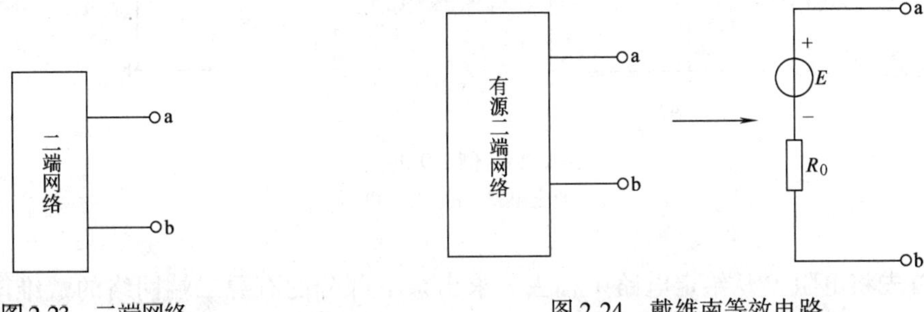

图 2-23　二端网络　　　图 2-24　戴维南等效电路

通过下面的例题，来说明有源二端网络的戴维南等效电路的求法。

例 2-8　求图 2-25a 所示有源二端网络的戴维南等效电路。

解：(1) 戴维南等效电路的形式如图 2-25b 所示，关键在于求等效电路中的 E 和 R_0。

(2) 根据戴维南定理

$$E = U_{\text{ab}} = \left\{-120 + \left[0.8 \times \frac{250}{250 + (50 + 100)}\right] \times 100\right\}\text{V} = -70\text{V}$$

(3) 将给定网络中的电源除去后，a、b 间的等效电阻为

$$R_{\text{ab}} = R_0 = \frac{(50 + 250) \times 100}{(50 + 250) + 100}\Omega = 75\Omega$$

图 2-25b 就是图 2-25a 的戴维南等效电路。

在图 2-25a 的 a、b 两端接一电阻(虚线部分)，如果需要求出 R_{L} 上的电流，可以用前面

讨论的支路电流法、叠加原理和节点电压法等方法。但这样必然引入一些不需要的电压和电流，使问题复杂化。但如果先将待求支路(R_L支路)从电路中去掉，再求出剩余部分的有源二端网络的戴维南等效电路。最后，将待求的支路 R_L 接入戴维南等效电路中，如图 2-25b 所示。应用欧姆定律，可求出 R_L 上的电流。$I=\dfrac{E}{R_0+R_L}$，显然这比用支路电流法简单得多。

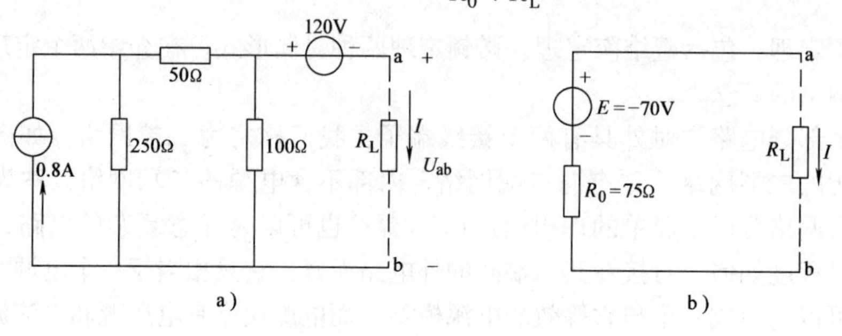

图 2-25　例 2-8 的图

例 2-9　在图 2-26a 所示的电路中，电阻 R 为多大时，可以从电路中吸收最大功率？P_{max}为多少？

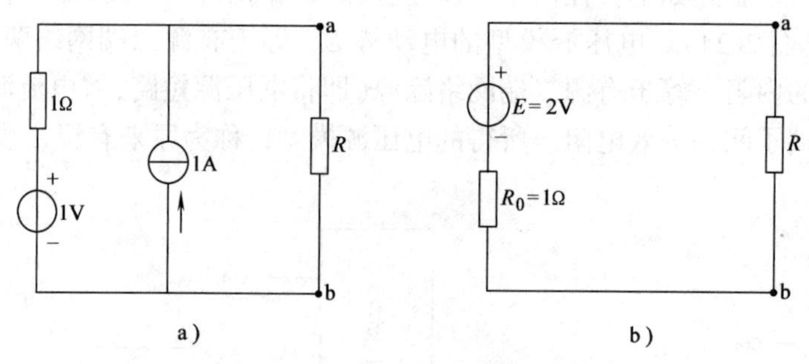

图 2-26　例 2-9 的图
a）给定电路　b）等效电路

解：首先将电阻 R 从给定电路中移去，求出余下部分的有源二端网络的戴维南等效电路，如图 2-26b 所示。图中的 E 和 R_0 分别为

$$E=(1\times1+1)\text{V}=2\text{V}$$

$$R_0=1\Omega$$

再将 R 接入等效电路图 b 中，显然，当 $R=R_0=1\Omega$ 时，R 可从电路中吸收最大功率

$$P=\left(\frac{E}{R+R_0}\right)^2R=\left(\frac{2}{1+1}\right)^2\times1\text{W}=1\text{W}$$

2.6.2　诺顿定理

诺顿定理的内容可叙述如下：任何一个线性有源二端网络，都可以用一个实际的电流源模型等效代替，如图 2-27 所示。电流源模型的电流 I_S 等于给定有源二端网络两个端子 a、b 间的短路电流，等效电流源内阻 R_0 等于给定有源二端网络除源后，两端子 a、b 间的等效电阻。

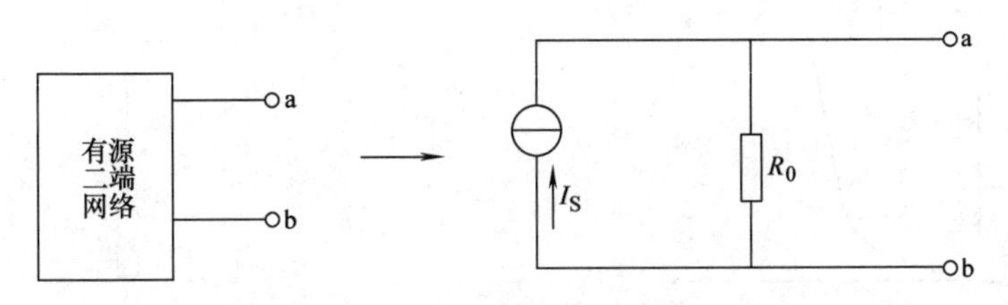

图 2-27　诺顿等效电路

因此，一个有源二端网络，既有一个戴维南等效电路，又有一个诺顿等效电路(也有特殊情况存在,读者可自行思考)，两者对外电路是等效的。

例 2-10　在图 2-28a 所示电路中，已知 $E_1=140\text{V}$，$E_2=90\text{V}$，$R_1=20\Omega$，$R_2=5\Omega$，$R=6\Omega$。试用诺顿定理计算电路中的电流 I。

解：图 2-28a 的电路可根据诺顿定理化简成图 2-28b 所示的等效电路。

等效电源的电流

$$I_S=\left(\frac{140}{20}+\frac{90}{5}\right)\text{A}=25\text{A}$$

等效电源的内阻

$$R_0=\frac{20\times5}{20+5}\Omega=4\Omega$$

所以

$$I=\frac{R_0}{R_0+R}I_S=\frac{4}{10}\times25\text{A}=10\text{A}$$

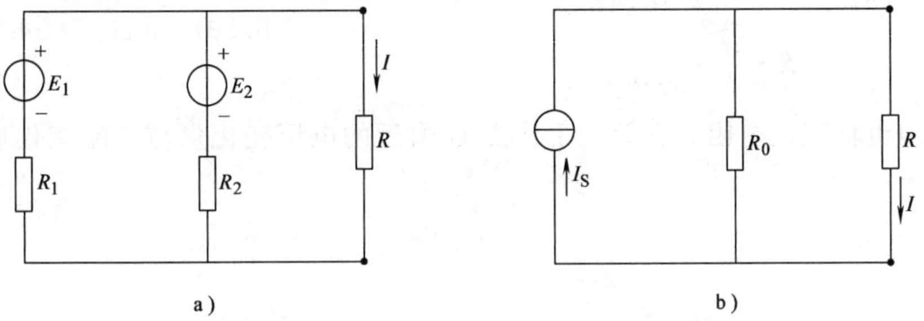

a)　　　　b)

图 2-28　例 2-10 的图

*2.7　非线性电阻电路的分析

2.7.1　非线性电阻的概念

如果一个电阻两端的电压与通过它的电流的比值为一定值，则这种电阻被称为线性电阻。实际上，不存在绝对的线性电阻。但电阻两端电压与通过它的电流间如果能基本上遵循欧姆定律，就可以认为该电阻是线性的。其伏安特性 $U=f(I)$ 是过原点的直线。

如果电阻的阻值不是常数，而是随着电压的变化或电流的变化而变化，就称这种电阻为非线性电阻。非线性电阻的电压和电流的关系，不遵循欧姆定律。所以，一般不能用确定的数学式表示，而常用 $U=f(I)$ 关系曲线表示。非线性电阻的伏安特性 $U=f(I)$ 不是直线。具体形状可通过实验的方法测得。图 2-29 为二极管的伏安特性曲线。图 2-30 则是非线性电阻的表示符号。

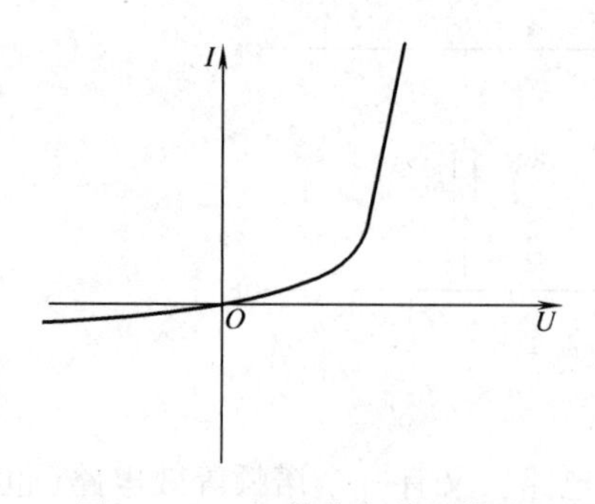

图 2-29　二极管伏安特性曲线

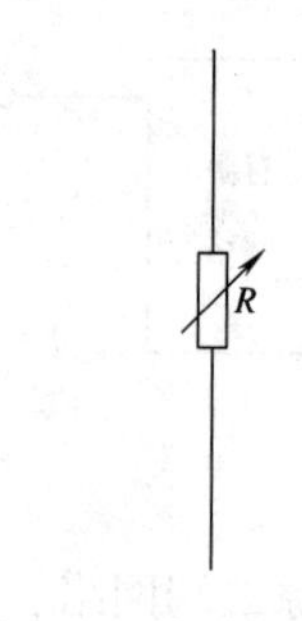

图 2-30　非线性电阻符号

非线性电阻的伏安特性是一曲线，所以它在通过不同数值的电流时，电阻的值也不同。计算电阻时也必须指明它的工作电压或工作电流。非线性电阻的工作电流 I(或工作电压)所确定的工作状态，称为它的工作点，如图 2-31 所示的 Q 点。

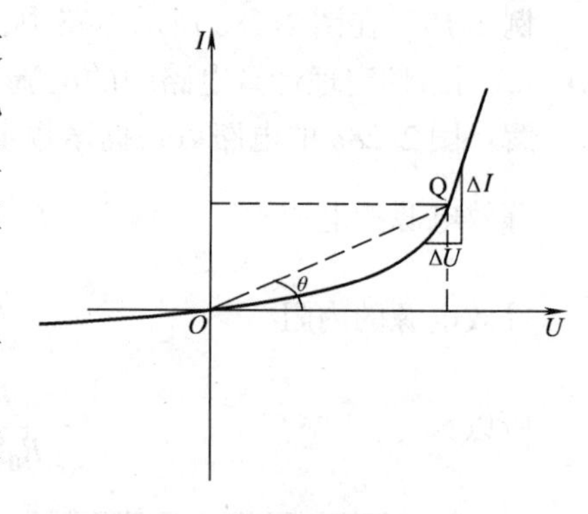

图 2-31　静态、动态电阻求法

计算非线性电阻，要分成两种情况：即静态电阻和动态电阻。

静态电阻也称直流电阻，它等于工作点 Q 处对应的电压与电流的比值，如图 2-31 所示。

$$R=\frac{U}{I}=\frac{1}{\tan\theta}$$

动态电阻也称交流电阻。它等于工作点 Q 附近的电压变化量与电流变化量比值的极限，即

$$r=\lim\frac{\mathrm{d}u}{\mathrm{d}i}$$

2.7.2　非线性电路的分析

含有非线性元件的电路，称为非线性电路，若元件为非线性电阻，则此电路称为非线性电阻电路。分析非线性电阻电路，常用解析法和图解法，这里只讨论图解法。

图 2-32 是一个由线性电阻 R 和非线性电阻 R_0 串联，并由电源 E 供电的非线性电路。

在非线性电阻的伏安特性曲线 $I=f(U)$ (见图 2-33)、电动势 E 和线性电阻 R 已知的情况下，可根据下述方法，求电路中的电流 I。

由基尔霍夫定律列出图 2-32 回路的 KCL 方程

$$U=E-IR$$

或

$$I=\frac{E}{R}-\frac{U}{R} \tag{2-23}$$

式(2-23)表示 I 与 U 的关系，可根据该式做出 U、I 关系曲线。该曲线为一直线 AB，它在横轴和纵轴上的截距分别为 E 和 E/R，和非线性电阻的伏安特性曲线，做在同一坐标系中。如图 2-33 所示，直线 AB 与曲线 $I=f(U)$交于 Q 点。这一交点表示，电路同时满足非线

性电阻的电压和电流关系和电路中电压和电流的关系。Q 点的纵坐标取值，即为电路中电流的值，而横坐标取值为非线性电阻上的电压值。

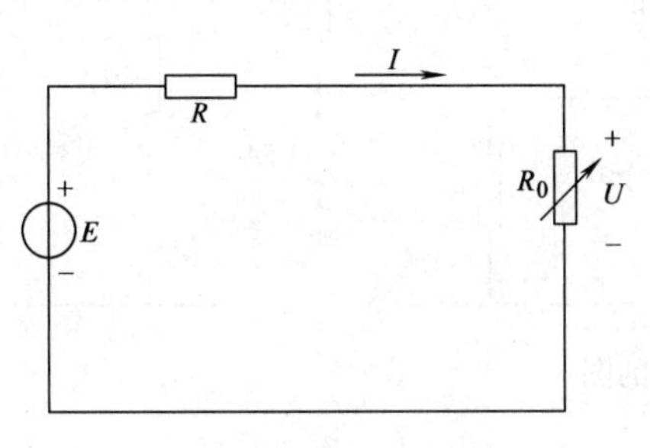

图 2-32　非线性电路

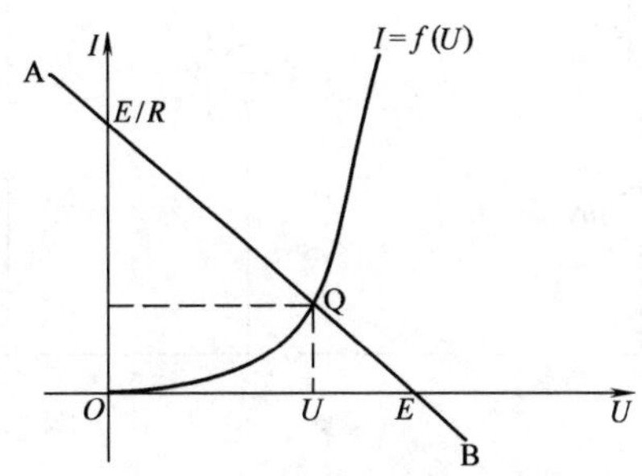

图 2-33　非线性电阻的伏安特性

习　题　2

2-1　在图 2-34 中，$E=6\mathrm{V}$，$R_1=6\Omega$，$R_2=3\Omega$，$R_3=4\Omega$，$R_4=3\Omega$，$R_5=1\Omega$，试求 I_3 和 I_4。

2-2　电阻 $R_1=R_2=R_3=R_4$ 并联在 220V 的直流电源上，共消耗功率 400W。如把 4 个电阻改成串联，接在原电源上，试问：此时电源的负载是增大了，还是减小了？两种情况下，电源输出的功率各为多少？

2-3　计算图 2-35 所示电路 a、b 两端间的等效电阻。

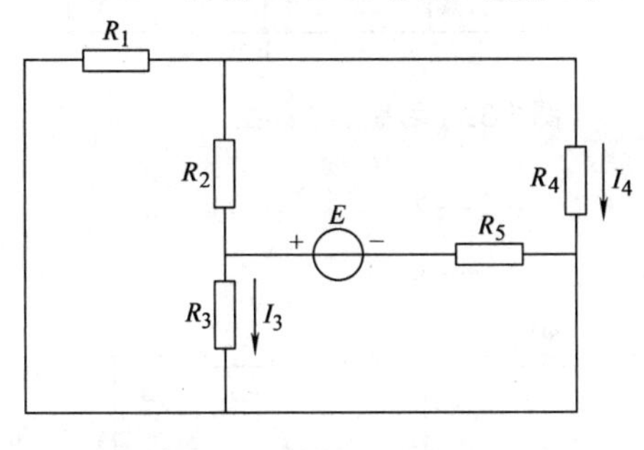

图 2-34　习题 2-1 的图

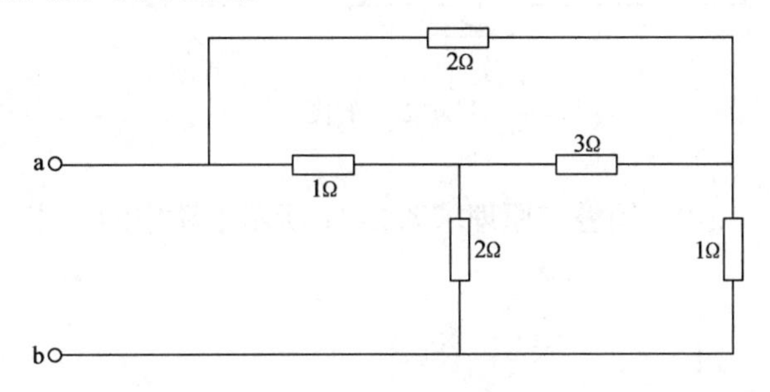

图 2-35　习题 2-3 的图

2-4　将图 2-36 所示的电路等效变换为星形联结，3 个等效电阻各为多少？设图中各电阻均为 R。

2-5　将图 2-37 所示的电压(电流)源等效互换成电流(电压)源。

2-6　用两种电源等效互换的方法，求图 2-38 所示电路中 5Ω 电阻上消耗的功率。

2-7　试用支路电流法和节点电压法求图 2-39 所示电路中各支路的电流，并求 4Ω 电阻消耗的功率。

2-8　试用支路电流法和节点电压法求图 2-40 所示电路中的各支路电流。

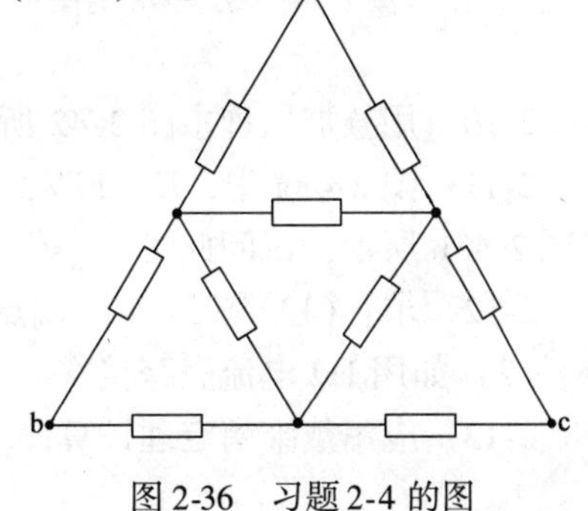

图 2-36　习题 2-4 的图

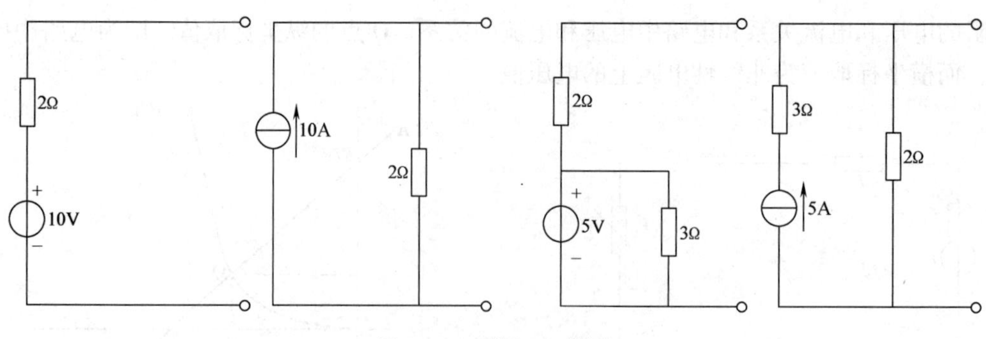

图 2-37　习题 2-5 的图

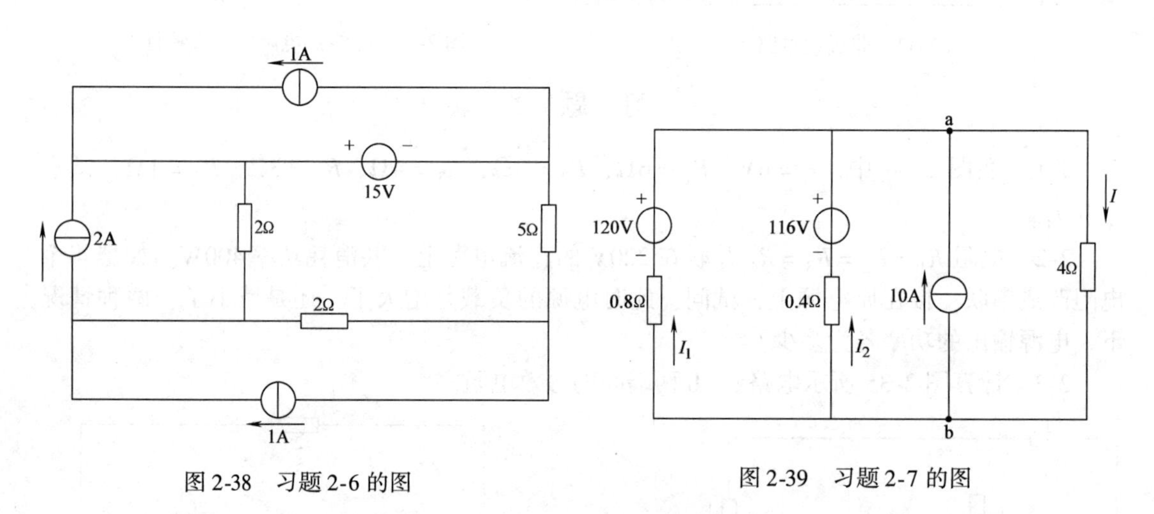

图 2-38　习题 2-6 的图

图 2-39　习题 2-7 的图

2-9　用叠加原理求图 2-41 所示电路中的电流 I。

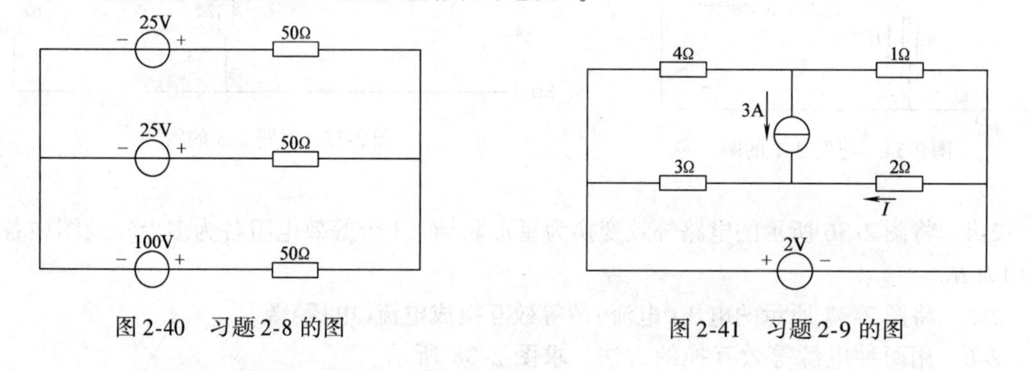

图 2-40　习题 2-8 的图

图 2-41　习题 2-9 的图

2-10　用叠加原理求图 2-42 所示电路中的电压 U_{ab} 及 ab 间 6Ω 电阻消耗的功率。

2-11　图 2-43a 中，$E = 12\text{V}$，$R_1 = R_2 = R_3 = R_4$，$U_{ab} = 10\text{V}$。若将理想电压源除去后，如图 2-43b 所示，试问此时 U_{ab} 等于多少？

2-12　求：(1) 图 2-44 中端点 a、b 处的戴维南和诺顿等效电路。

(2) 如用 1Ω 电流表跨接在 a、b 处，将通过多大电流？

2-13　应用戴维南定理计算图 2-45 中 1Ω 电阻的电流。

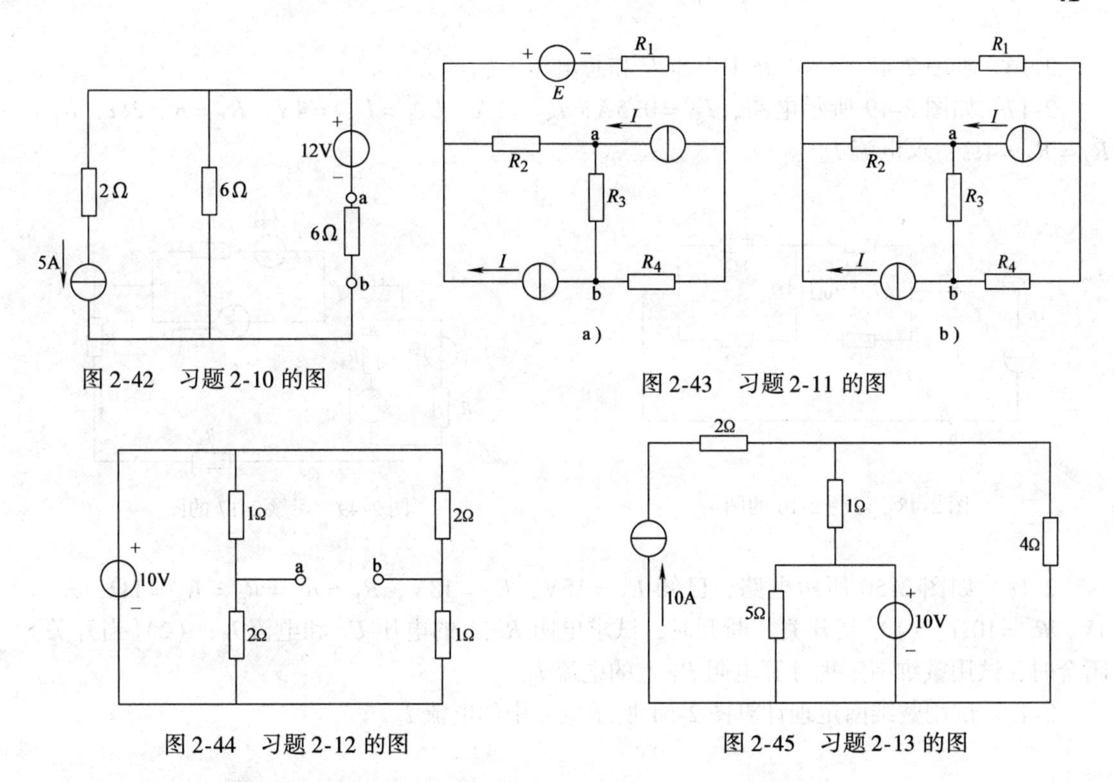

图 2-42　习题 2-10 的图

图 2-43　习题 2-11 的图

图 2-44　习题 2-12 的图

图 2-45　习题 2-13 的图

2-14　试用戴维南定理和诺顿定理求图 2-46 中负载 R_L 上的电流。

2-15　试用图解法计算图 2-47a 所示电路中非线性电阻 R 中的电流 I 及其两端电压 U。图 2-47b 是非线性电阻的伏安特性曲线。

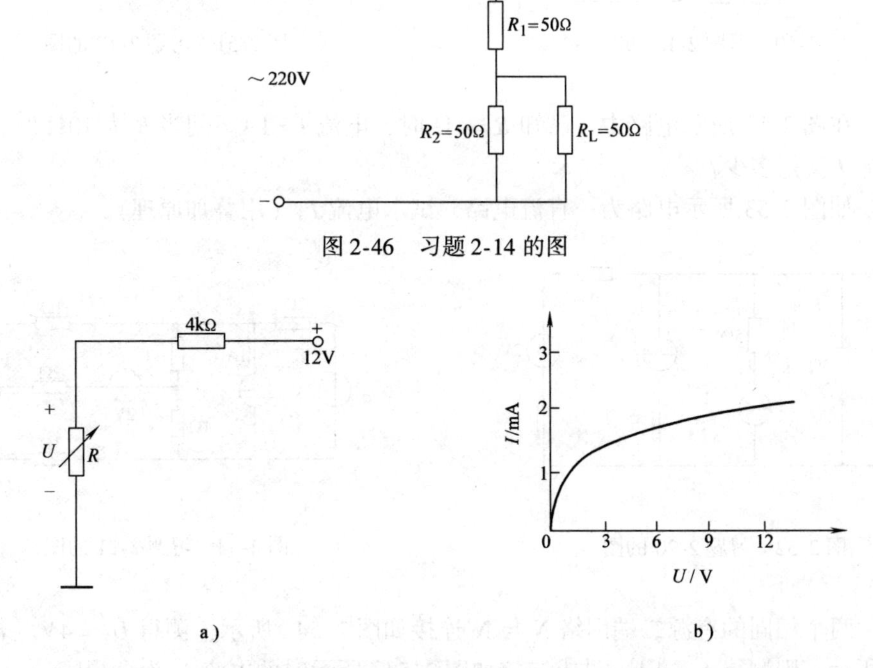

图 2-46　习题 2-14 的图

图 2-47　习题 2-15 的图

2-16　求图 2-48 所示电路中电压 U 和总电压 U_{ab}。

2-17　如图 2-49 所示电路，$I_{S1}=0.5\text{A}$，$I_{S2}=1\text{A}$，$U_{S1}=U_{S2}=4\text{V}$，$R_3=R=2\Omega$，$R_1=R_2=R_4=4\Omega$，求电流 I。

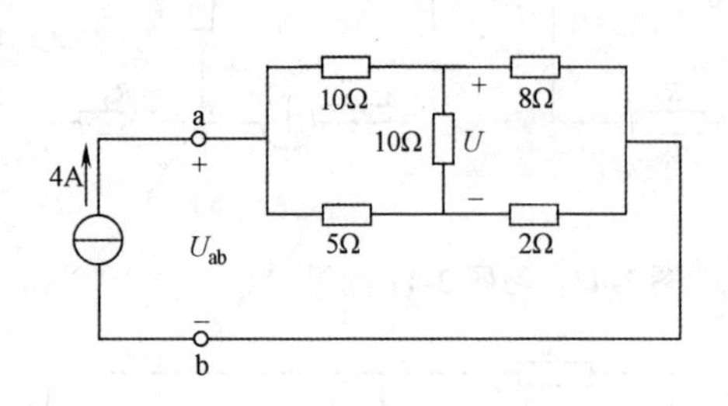

图 2-48　习题 2-16 的图

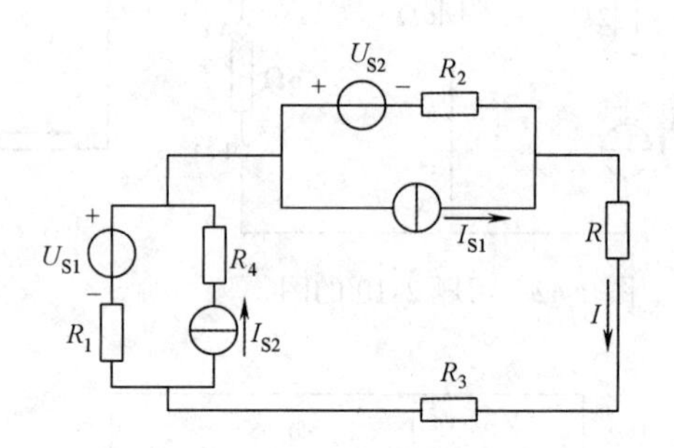

图 2-49　习题 2-17 的图

2-18　如图 2-50 所示电路，已知 $E_1=15\text{V}$，$E_2=13\text{V}$，$R_1=R_2=R_3=R_4=1\Omega$，$E_3=4\text{V}$，$R_5=10\Omega$。(1) 当开关 S 断开时，试求电阻 R_5 上的电压 U_5 和电流 I_5；(2) 当开关 S 闭合时，试用戴维南定理计算电阻 R_5 上的电流 I_5。

2-19　试用戴维南定理计算图 2-51 所示电路中的电流 I。

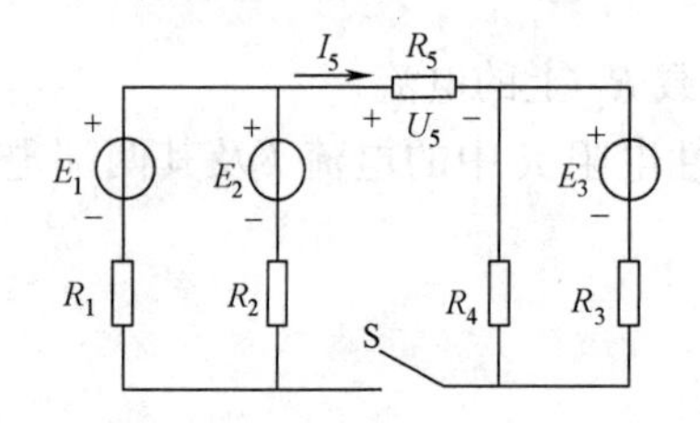

图 2-50　习题 2-18 的图

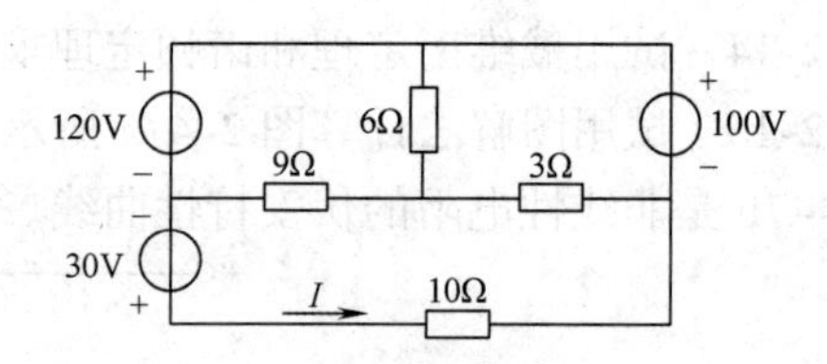

图 2-51　习题 2-19 的图

2-20　在图 2-52 所示电路中，已知 $R=4\Omega$ 时，电流 $I=1\text{A}$。问当 R 为 10Ω 时，流过该电阻的电流 I 又是多少？

2-21　如图 2-53 所示电路为一直流电路，试求电流 I。(用叠加原理)

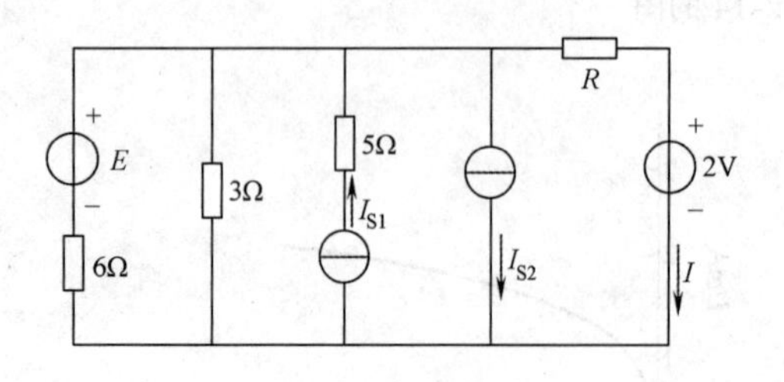

图 2-52　习题 2-20 的图

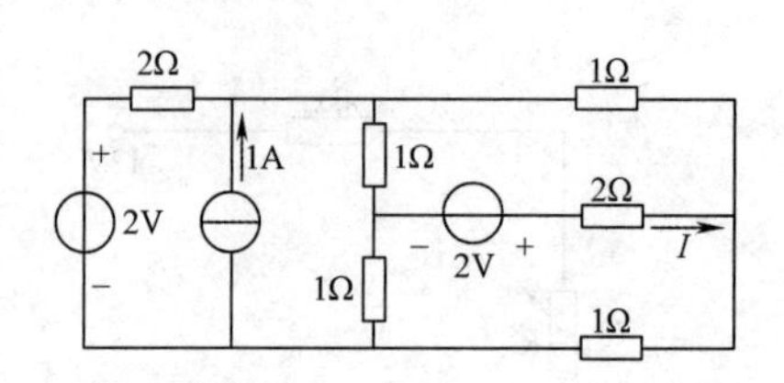

图 2-53　习题 2-21 的图

2-22　两个相同的有源二端网络 N 与 N′连接如图 2-54a 所示，测得 $U_1=4\text{V}$。若连接如图 2-54b 所示，则测得 $I_1=1\text{A}$。试求连接如图 2-54c 所示时的电流 I_2 为多少？

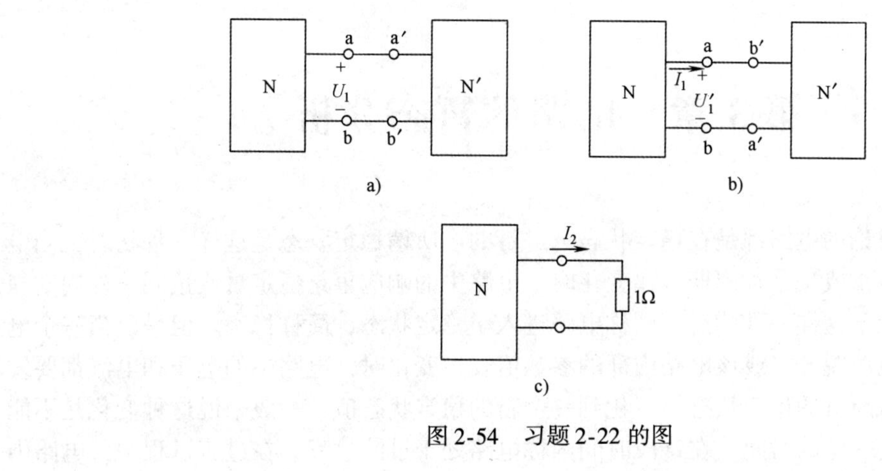

图 2-54　习题 2-22 的图

第 3 章　电路的暂态分析

前面两章所讨论的电路都是在稳定状态下进行的。所谓稳定状态是这样一种状态，当电路中的激励为恒定量或按某种周期规律变化时，电路中的响应也是恒定量或按同一种周期规律变化。若电路处于这样一种状态，则称电路进入了稳定状态，简称稳态。但是，当一个电路接入电源或与电源脱开，或该电路内部的参数值发生变化时，电路中的电压和电流都要发生变化，它们要从原有的稳定状态值变化到一个新的稳定状态值。一般来说这种变化是不能瞬间完成的，需要一定的时间，在这段时间内称电路处于过渡过程。在过渡过程中，电路中电压和电流是处于暂时不稳定的状态，因此相对于稳定状态而言，过渡过程又称为电路的暂态过程。对过渡过程的研究又称为电路的暂态分析。

电路中的暂态过程经过的时间虽然是短暂的，但在暂态过程中会产生许多新问题、新现象，因此，对暂态过程的讨论，具有重要的工程实际意义。

本章主要分析 RC 和 RL 一阶线性电路在直流激励下的暂态过程，即根据激励的时间函数，通过求解电路的微分方程，以获得电路响应的时间函数，分析电路在暂态中电压和电流随时间变化的规律，并介绍工程上经常使用的分析计算方法：分析直流一阶电路的三要素法。

3.1　暂态过程的产生和初始值的确定

3.1.1　产生暂态过程的条件和换路

电路中暂态过程的出现，是因为电路中存在电容或电感元件，如果电路是电阻电路，就不会产生暂态过程。如图 3-1a 所示，RC 电路接入直流电源，开关 S 闭合前电容端电压 $u_C=0$，电路处于稳定状态，当开关 S 闭合后电容充电，电压由零增至 $u_C=U$ 时，电路又处于一种新的稳定状态。电路由于电源的接通、断开，或元件参数、电路结构等发生变化而引起电路状态的改变称之为换路。在换路中，电路这种状态的变化不是立刻完成的，需要有一个暂态过程。如果不是这样，开关 S 闭合后电容电压有跃变，那么电容电流 $i_C=C\dfrac{du_C}{dt}$将为无穷大，则电阻电压 $U_R=Ri$ 也为无穷大，这在客观上是不存在的，因为电源电压是有限值。因此，电容电压 u_C 只能是逐渐地、连续地从零稳态值到达 $u_C=U$ 的稳态值，曲线如图 3-1b 所示。

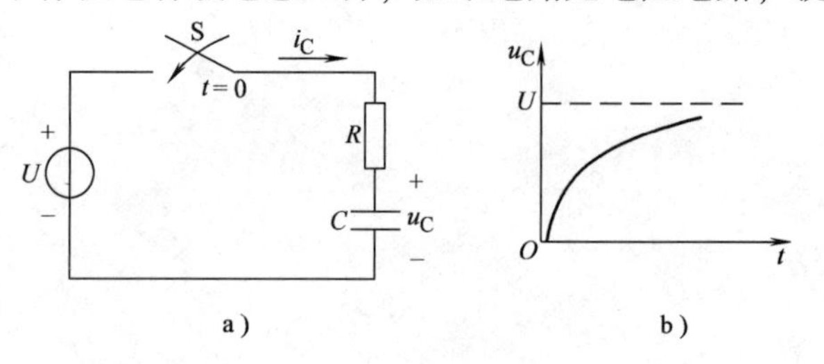

图 3-1　电容元件的稳态与暂态

当电路中存在电感元件时，仍具有类似的情况。如图 3-2a 所示的电路，当开关 S 处于打开位置时，电流 $i_L=0$，只要开关S的位置不变，电流 i_L 的值总是零，这是一种稳态，若将开关S闭合，当电流 $i=U/R$ 时，电路也是一种稳态。显然，电路电流不可能瞬间从零跃变到 $i_L=U/R$。因为电感电压 $u_L=L\dfrac{di_L}{dt}$，当电路电流跃变时，电感电压趋于无穷大，电源必须提供无穷大的电压，这也是不可能的。所以，电流不会产生跃变，只能是逐渐地、连续地从零变化到 $i_L=U/R$。变化过程如图3-2b所示。

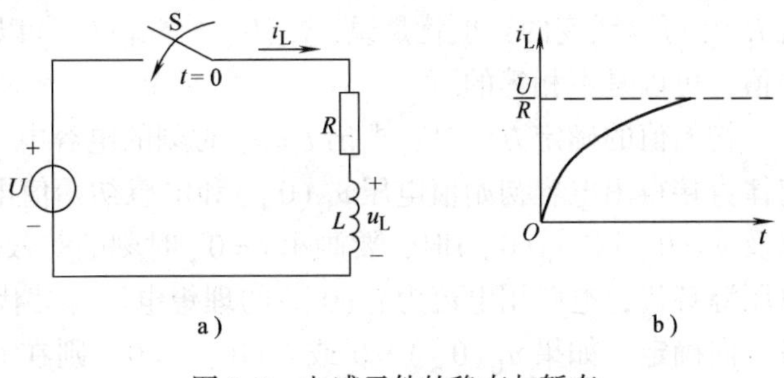

图 3-2　电感元件的稳态与暂态

电容元件的电压 u_C 和电感元件的电流 i_L 不能跃变，实际上是能量守恒在电路中的具体体现。电感和电容是储能元件，电容元件的储能为 $W_C=\dfrac{1}{2}Cu_C{}^2$，电感元件的储能为 $W_L=\dfrac{1}{2}Li_L^2$。一般情况下，u_C 和 i_L 分别与电容和电感的储能直接相关，它们共同反映了电路的能量状态，也就是说电路的状态是通过 u_C 和 i_L 来表示的。能量变化是需要时间的，是不能跃变的。否则，$p=dw/dt$ 将为无穷大，实际上这是不可能的。因此，电感和电容储能元件的储能不会发生跃变，这就意味着电容元件的电压 u_C 和电感元件的电流 i_L 是连续的，也不会发生跃变。要完成能量的变化需要有一个过渡过程的时间，只有在这个时间内才能完成能量的转化而重新分配。

3.1.2　换路定律

前面已指出，当电路换路时，电路状态会随时发生改变，即电路中的能量发生变化。这种变化通常情况下不会跃变，反映在描述其电路能量状态的电容电压 u_C 或电感电流 i_L 不能发生跃变，只能逐渐地、连续地变化。这也说明了暂态过程是储能元件的能量不能跃变而产生的。假定换路不需要时间，是瞬间完成的。把 $t=0$ 规定为换路瞬间，用 $t=0_-$ 表示换路前的终了瞬间，$t=0_+$ 表示换路后的初始瞬间，0_- 和 0_+ 的极限值都是零，只是从不同的方向趋近于零。从 $t=0_-$ 到 $t=0_+$ 瞬间，电容元件中的电压 u_C 和电感元件中的电流 i_L 不能跃变，即换路后的瞬间，电容电压 u_C 或电感电流 i_L 都将保持换路前瞬间原有数值不变，换路之后将以此为初始值而连续变化。这一结论称之为换路定律或换路定则。用数学关系式表示，则为

$$u_C(0_+)=u_C(0_-) \tag{3-1a}$$

$$i_L(0_+)=i_L(0_-) \tag{3-1b}$$

分析电路的暂态过程时，一般要根据式(3-1)求出电容电压 u_C 和电感电流 i_L 的初始值。

3.1.3　电压和电流初始值的确定

换路定律表明：电容上的电压 u_C 和电感上的电流 i_L 在换路后的瞬间和换路前的瞬间数值相等，而电路换路后，u_C 或 i_L 以此为起点，开始连续地向新的稳态值变化。

若设 $t=0$ 为换路瞬间，则把 $t=0_+$ 时电路的电压和电流的值称为暂态过程的初始值。初始值的确定主要是通过换路定律来进行，它是电路暂态分析中要解决的首要问题。

换路定律反映了电容电压 u_C 和电感电流 i_L 不能跃变，但并不意味着电容电流 i_C 和电感电压 u_L 也不能跃变。从能量的角度考虑，电容电流 i_C 和电感电压 u_L 以及电阻电压 u_R、电流 i_R 是可以跃变的，也就是说，$i_C(0_+)$、$u_L(0_+)$ 以及 $u_R(0_+)$、$i_R(0_+)$ 换路前后瞬间的数值，可以是不相等的。

初始值的确定方法是：求出 $t=0_-$ 时刻的电容电压 $u_C(0_-)$ 和电感电流 $i_L(0_-)$，由换路定律直接得出电容初始值电压 $u_C(0_+)$ 和电感初始值电流 $i_L(0_+)$；在确定 $u_L(0_+)$、$i_C(0_+)$ 以及 $u_R(0_+)$ 和 $i_R(0_+)$ 时，要画出 $t=0_+$ 时刻的等效电路，即电容用电压为 $u_C(0_+)$ 的理想电压源替代，电感用电流为 $i_L(0_+)$ 的理想电流源替代，其方向均由 $u_C(0_+)$ 和 $i_L(0_+)$ 的参考方向确定。如果 $u_C(0_+)=0$ 或 $i_L(0_+)=0$，则在 $t=0_+$ 时刻的等效电路中，电容元件相当于短路，电感元件相当于开路。这样画出的电路，显然是直流稳态电路。电路中其他各量的初始值均可由这一直流稳态电路计算求得。下面举例来说明换路定律的应用和电压电流初始值的计算。

例 3-1 在图 3-3a 所示的电路中，$R_1=2\text{k}\Omega$，$R_2=1\text{k}\Omega$，$R_3=2\text{k}\Omega$，$I_S=10\text{mA}$，换路前电路处于稳态，在 $t=0$ 时开关 S 闭合。求换路后，$t=0_+$ 时的电阻、电感和电容各支路的电流。

解：先由 $t=0_-$ 时的电路图 3-3b 得知

$$u_C(0_-)=\frac{R_1R_3}{R_1+R_3}I_S=\frac{2\times2}{2+2}\times10\text{V}=10\text{V}$$

$$i_L(0_-)=\frac{R_1}{R_1+R_3}I_S=\frac{2}{2+2}\times10\text{mA}=5\text{mA}$$

根据换路定律，得

$$u_C(0_+)=u_C(0_-)=10\text{V}$$
$$i_L(0_+)=i_L(0_-)=5\text{mA}$$

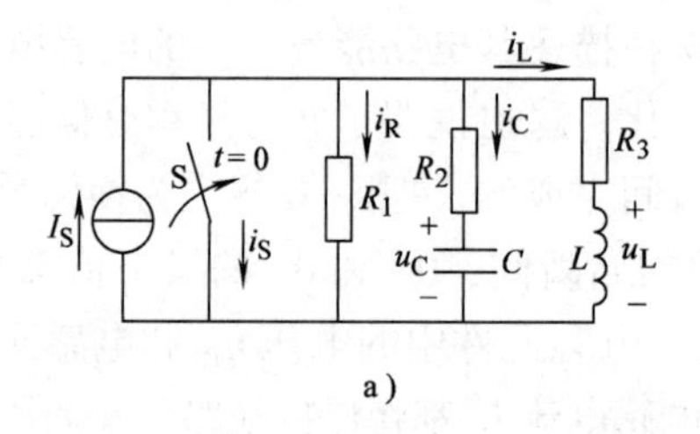

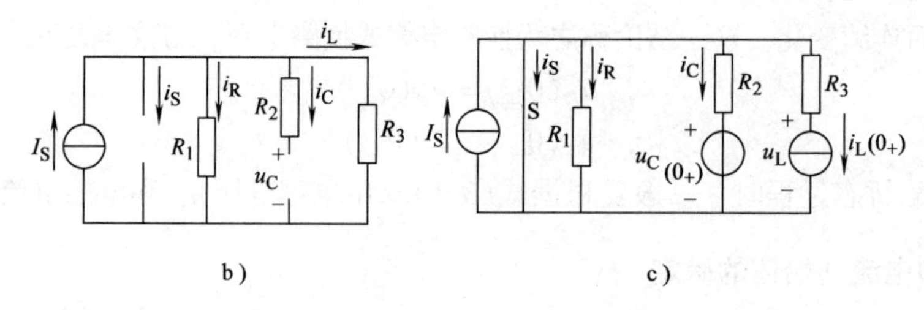

图 3-3 例 3-1 的图

画出 $t=0_+$ 时刻的等效电路，如图 3-3c 所示。电容元件用电压为 10V 的电压源代替，电感元件用电流为 5mA 的电流源代替。于是，电路中其他各物理量的初始值为

$$i_R(0_+)=0\text{A}$$

$$i_{C}(0_{+}) = -\frac{u_{C}(0_{+})}{R_{2}} = -10\text{mA}$$

$$u_{L}(0_{+}) = -R_{3}i_{L}(0_{+}) = -2\times5\text{V} = -10\text{V}$$

$$i_{S}(0_{+}) = I_{S} - i_{R}(0_{+}) - i_{C}(0_{+}) - i_{L}(0_{+}) = [10-0-(-10)-5]\text{mA} = 15\text{mA}$$

练习与思考

3.1.1　电路中产生暂态过程的实质是什么？

3.1.2　电路在换路的瞬间，为什么电容电压和电感电流不发生跃变？而电感电压、电容电流和电阻支路中的电压、电流则均可以发生跃变？

3.1.3　在图3-4中，试确定S闭合后的初始瞬间u_C、i_C、i_1、i_2的值。假设S闭合前电路已处于稳态。

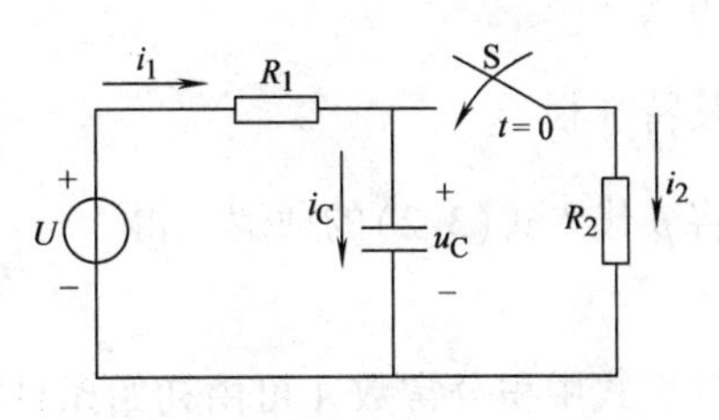

图3-4　练习与思考3.1.3的图

3.2　一阶电路的零输入响应

对电路进行暂态过程的分析，可以通过换路之后的电路，依据基尔霍夫定律列写方程，求得所需未知量的时间函数式。

本节所讨论的是只含有一个储能元件(电容或电感)的简单线性电路。描述这类电路的方程是一阶线性常微分方程。

在电路暂态分析中，通常把电源电压或电流称为激励，利用已知的初始条件求解电路微分方程得出的电路电压和电流称为响应。因为电路的激励和响应都是时间的函数，所以这种分析属于时域分析。

如果换路前，储能元件就储有能量，则即使电路中没有外加电源，换路后，电路中仍可能出现电压和电流。这是因为，储能元件储存的能量会通过电阻以热能的形式释放。这种电路在无外加激励，而仅有储能元件的初始状态(电容电压$u_C(0_+)$或电感电流$i_L(0_+)$)所引起的响应称为零输入响应。

3.2.1　*RC*电路的零输入响应

图3-5是一*RC*串联电路，换路前开关S合在位置1，对电容充电，并且已达到稳态，此时电容元件储有能量，电容电压的初始值$u_C(0_-)=U_0$。在$t=0$时将开关S由位置1合到位置2，换路后无电源激励，电路只在电容初始储能的作用下通过电阻放电，下面分析它的放电规律。

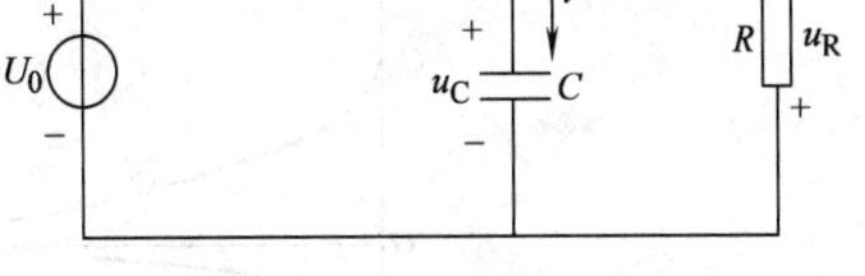

图3-5　*RC*电路的零输入响应

根据图示电路中的电压电流的参考方向，由KVL列出$t\geqslant0$时电路的电压方程

$$Ri + u_C = 0$$

因为

$$i = C\frac{\mathrm{d}u_C}{\mathrm{d}t}$$

由以上两式得

$$RC\frac{\mathrm{d}u_{\mathrm{C}}}{\mathrm{d}t}+u_{\mathrm{C}}=0 \tag{3-2}$$

式(3-2)是一个一阶线性常系数齐次微分方程，由高等数学知识可知，该方程的通解形式为

$$u_{\mathrm{C}}=A\mathrm{e}^{pt}$$

式中A为积分常数，将其代入式(3-2)并消去公因子$A\mathrm{e}^{pt}$，得出该微分方程的特征方程

$$RCp+1=0$$

其特征根

$$p=-\frac{1}{RC}$$

将p代入式(3-2)的通解，得

$$u_{\mathrm{C}}=A\mathrm{e}^{-\frac{t}{RC}}$$

式中积分常数A可由初始条件求出。根据换路定律，在$t=0_{+}$时，$u_{\mathrm{C}}(0_{+})=u_{\mathrm{C}}(0_{-})=U_0$，将其代入式$u_{\mathrm{C}}=A\mathrm{e}^{-\frac{t}{RC}}$，得$A=U_0$，所以，微分方程的解为

$$u_{\mathrm{C}}=U_0\mathrm{e}^{-\frac{t}{RC}} \tag{3-3}$$

这是一个随时间按指数规律衰减的指数函数式。从而可求出电路中的电流和电阻元件R上的电压

$$i=C\frac{\mathrm{d}u_{\mathrm{C}}}{\mathrm{d}t}=-\frac{U_0}{R}\mathrm{e}^{-\frac{t}{RC}} \tag{3-4}$$

$$u_{\mathrm{R}}=Ri=-U_0\mathrm{e}^{-\frac{t}{RC}} \tag{3-5}$$

由以上表达式可知，电压u_{C}、u_{R}及电流i都是按同样的指数规律变化，是由初始值单调衰减到零的。其衰减速度取决于RC的大小。RC用τ表示，即$\tau=RC$。当R以Ω为单位，C以F为单位，则τ的单位是s。因为τ具有时间的量纲，所以称τ为电路的时间常数。将τ代入u_{C}、i和u_{R}可得

$$u_{\mathrm{C}}=U_0\mathrm{e}^{-\frac{t}{\tau}} \tag{3-6}$$

$$i=-\frac{U_0}{R}\mathrm{e}^{-\frac{t}{\tau}} \tag{3-7}$$

$$u_{\mathrm{R}}=-U_0\mathrm{e}^{-\frac{t}{\tau}} \tag{3-8}$$

i和u_{R}的负号表示电流电压的实际方向与其参考方向相反，u_{C}、u_{R}和i随时间变化的曲线如图3-6a所示。

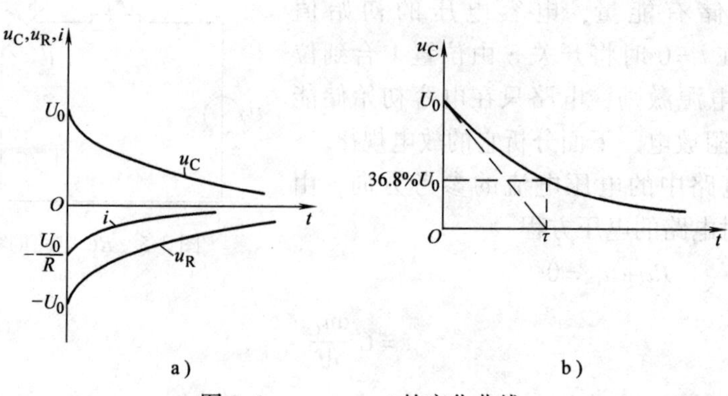

图3-6　u_{C}、u_{R}、i的变化曲线

时间常数 τ 的大小决定了电路暂态过程持续时间的长短，即指数函数衰减的速度。现在计算出 $t=0$、τ、2τ、…各时刻电压 u_C 随时间而衰减的变化值如表 3-1 所示。

表 3-1　电压 u_C 随时间而衰减的变化值

0	τ	2τ	3τ	4τ	5τ	…	∞
e^0	e^{-1}	e^{-2}	e^{-3}	e^{-4}	e^{-5}	…	$e^{-\infty}$
U_0	$0.368U_0$	$0.135U_0$	$0.050U_0$	$0.018U_0$	$0.007U_0$	…	0

从理论上讲，指数函数 $e^{-\frac{t}{\tau}}$ 只有在 $t=\infty$ 时才衰减到零，由表中的数据可以看出，实际上经过 $t=3\tau\sim5\tau$ 的时间后，指数函数就已衰减到初始值的 5% 以下，一般就可以认为已衰减到接近于零，即暂态过程结束，电路已经达到稳定状态。因此，时间常数 τ 越小，暂态过程越短；反之则越长。

时间常数 τ 的大小取决于电路的结构和参数，和初始电压的大小无关。τ 越大，电容放电越慢，这一点从物理概念上也不难理解。当初始电压一定，电容 C 不变时，电阻 R 越大，则放电电流的初始值就越小，放电过程就越长；如果电阻 R 不变，电容 C 越大，则储存的电荷就越多，放电时间也越长。

时间常数 τ，还可以通过数学证明，它是指数曲线上任意点的次切距的长度。以初始点为例，如图 3-6b 所示，则有

$$\left.\frac{du_C}{dt}\right|_{t=0} = -\frac{U_0}{\tau}$$

即过初始点的切线与横轴相交于 τ。

例 3-2　电路如图 3-7 所示，开关 S 长期处于闭合状态，在 $t=0$ 时，将开关 S 打开，试求 $t\geqslant0$ 时的电压 u_C 和电流 i_C、i_1、i_2。

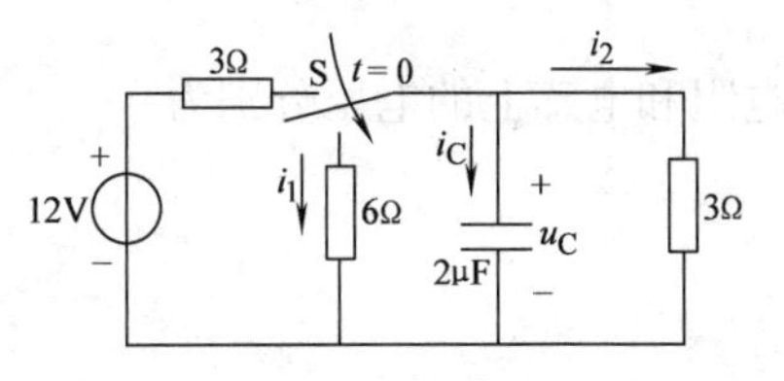

图 3-7　例 3-2 的图

解：在 $t=0_-$ 时

$$u_C(0_-)=\frac{12}{3+3}\times3V=6V$$

由换路定律得

$$u_C(0_+)=u_C(0_-)=6V$$

时间常数

$$\tau=\frac{6\times3}{6+3}\times2\times10^{-6}s=4\times10^{-6}s$$

根据 RC 电路零输入响应 u_C 的表达式，得

$$u_C=6e^{-\frac{t}{4\times10^{-6}}}=6e^{-250\times10^3t}V$$

并由此得

$$i_C=C\frac{du_C}{dt}=3e^{-250\times10^3t}A;\ i_1=\frac{u_C}{6}=e^{-250\times10^3t}A;\ i_2=\frac{u_C}{3}=2e^{-250\times10^3t}A$$

3.2.2　*RL* 电路的零输入响应

在图 3-8 所示的电路中，换路前开关 S 合在位置 1 且已达到稳态，电感元件中通有电流

I_0。在 $t=0$ 时将开关 S 由位置 1 合到位置 2，电路切断电源，此时，电路变成了一个具有初始值电流为 I_0 的电感元件和电阻构成的 RL 串联电路。换路后电流将继续沿原来的参考方向流动，并逐渐减小，最后衰减到零。这就是电感元件通过电阻的放电过程。

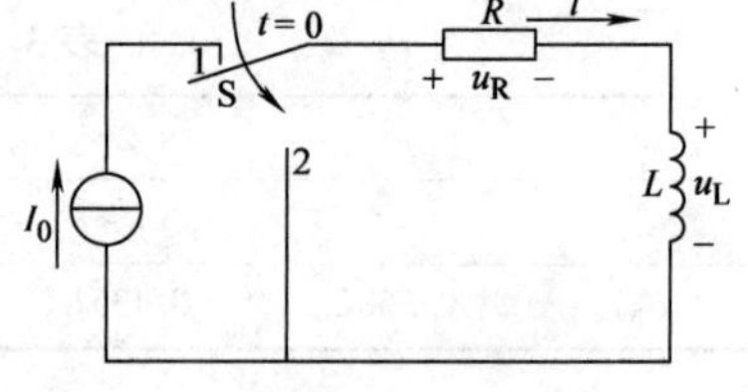

图 3-8　RL 放电电路

根据基尔霍夫电压定律可得

$$u_R + u_L = 0$$

因为 $u_L = L\frac{di}{dt}$，$u_R = Ri$，代入上式并整理得

$$L\frac{di}{dt} + Ri = 0 \tag{3-9}$$

这也是一个一阶线性齐次常微分方程，令 $i = Ae^{pt}$，其特征方程为

$$Lp + R = 0$$

解出特征方程的根是

$$p = -\frac{R}{L}$$

故得，式(3-9)的通解为　$i = Ae^{-\frac{R}{L}t}$

由初始条件 $i(0_+) = i(0_-) = I_0$ 得 $A = I_0$，且令 $\tau = \frac{L}{R}$

则解得电流为

$$i = I_0 e^{-\frac{t}{\tau}} \tag{3-10}$$

电阻和电感上的电压分别为

$$u_R = Ri = RI_0 e^{-\frac{t}{\tau}} \tag{3-11}$$

$$u_L = L\frac{di}{dt} = -RI_0 e^{-\frac{t}{\tau}} \tag{3-12}$$

式(3-12)中的“-”号表示电感电压的实际方向与参考方向相反。由此可见，i、u_R、u_L 均以同一时间常数按指数规律衰减到零，其变化曲线如图 3-9 所示。

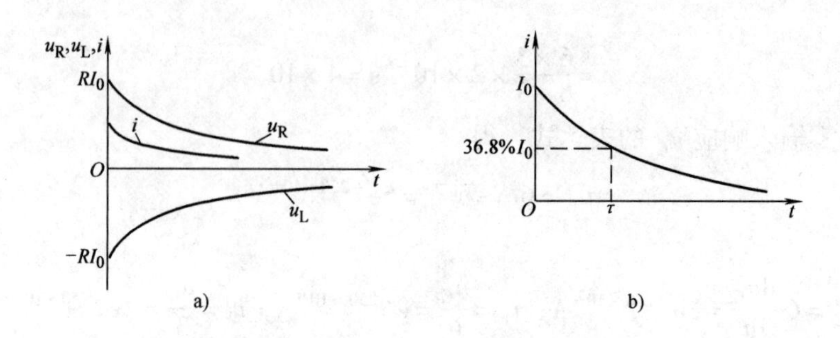

图 3-9　i、u_R、u_L 及 i 的变化曲线

a）i、u_R、u_L 的变化曲线　b）i 的变化曲线

$\tau=\dfrac{L}{R}$也具有时间的量纲，故为RL电路的时间常数。τ与L成正比，与R成反比，τ越大(L越大或R越小)，电流i衰减得越慢，反之越快。因为，电感中储存的磁场能量$W_L=\dfrac{1}{2}Li^2$，L越大，说明磁能越大，R越小，说明能量消耗得越慢，所以，都能使暂态过程延长。因此，暂态过程的变化速度，取决于电路的参数。

值得注意的是，在图3-8中，开关S断开的瞬间，电感两端因电流被切断，可能会出现过电压而造成设备损坏。为避免这种现象的出现，可采取在电感两端并联一个二极管，即“续流二极管”，如所图3-10所示。

电路换路之前，二极管反向截止，因反向电流很小，对电路工作没有影响。换路后的瞬间，二极管正向导通，其正向电阻很小，则避免了电感两端出现高电压。除去采取该措施之外，为了加速线圈放电的过程，还可以用一低值泄放电阻R'与线圈连接，如图3-11所示。泄放电阻阻值不宜过大，否则在线圈两端会出现高电压。因为在换路前，当电路处于稳态时，$I_0=U/R$。换路后线圈两端的电压为

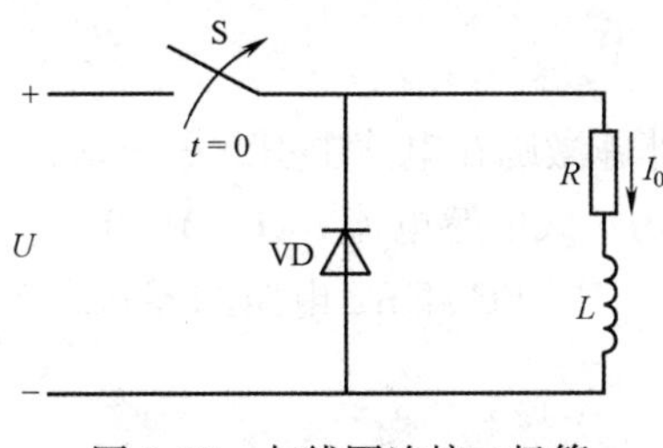

图3-10　与线圈连接二极管

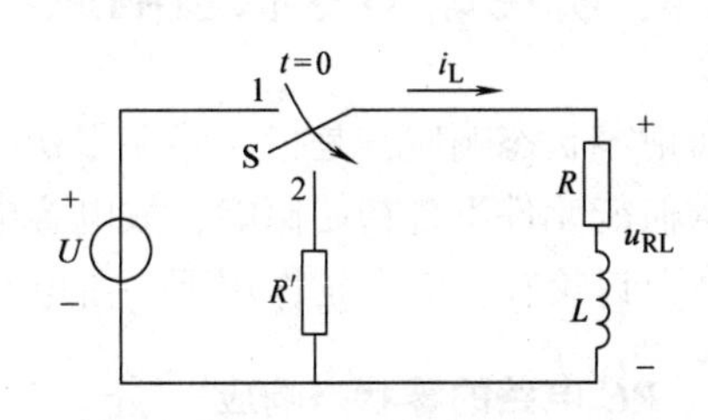

图3-11　与线圈连接泄放电阻

$$u_{RL}(t)=-R'i_L=-\frac{R'}{R}Ue^{-\frac{R'+R}{L}t}$$

在$t=0$时，其绝对值为
$$u_{RL}(0)=\frac{R'}{R}U$$

可见当$R'>R$时，$u_{RL}(0)>U$。

例3-3　电路如图3-12所示，$U=12\text{V}$，$R_1=6\Omega$，$R_2=R_3=4\Omega$，$L=2\text{H}$，在稳定状态下断开开关S，求$t\geqslant0$时的电流i_L和电压u_L。

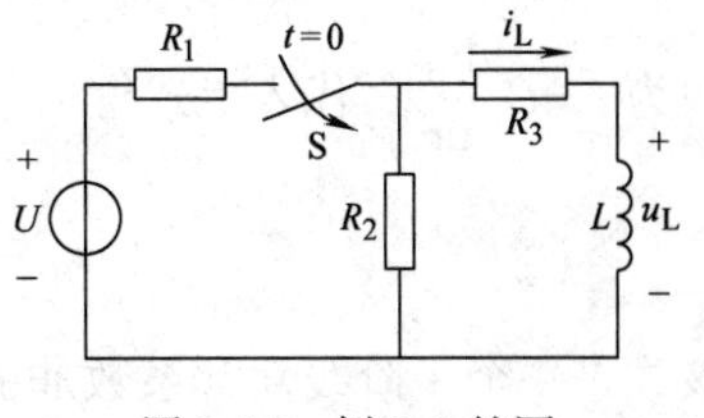

图3-12　例3-3的图

解：$t=0_-$时

$$i_L(0_-)=\frac{U}{R_1+\dfrac{R_2R_3}{R_2+R_3}}\times\frac{1}{2}\text{A}=0.75\text{A}$$

$t\geqslant0$时，根据换路定则　$i_L(0_+)=i_L(0_-)=0.75\text{A}$，$\tau=\dfrac{L}{R_2+R_3}=\dfrac{1}{4}\text{s}$

故由式(3-10)得
$$i_L=0.75e^{-4t}\text{A}$$

从而求得
$$u_L=L\frac{di_L}{dt}=-6e^{-4t}\text{V}$$

练习与思考

3.2.1　试从物理概念上来说明为什么 RC 电路电容放电过程的快慢与 R 和 C 的大小有关。

3.2.2　在一 RC 电容放电电路中，如果电容初始储能的数值分别为两种不同的值，问这两种情况下，电容放电过程中电容电压下降到各自初始电压值的50%时，所需要的时间是否相等?

3.2.3　在图3-5所示的电路中，在 $t=0$ 时，电容电压为10V，放电电流为1mA，经过0.1s(约 5τ)后电流趋近于零。试求电阻 R 和电容 C 的数值，并写出放电电流 i 的表达式。

3.2.4　电路如图3-13所示，开关闭合前处于稳态，试求 $t \geqslant 0$ 时 i_C、u_C 和时间常数 τ。

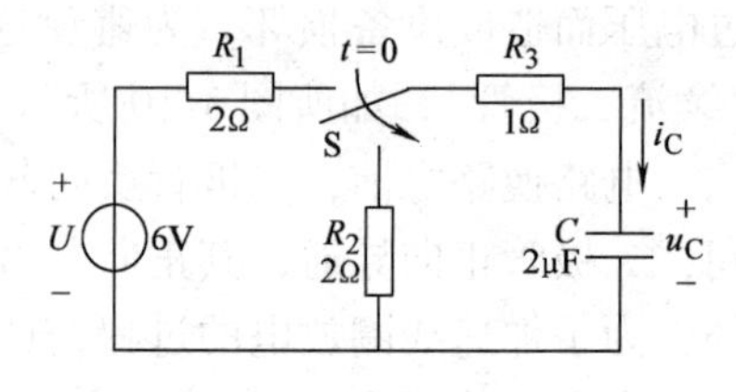

图3-13　练习与思考3.2.4的图

3.3　一阶电路的零状态响应

所谓零状态响应，是指电路在零初始状态下，由外施激励在电路中引起的响应。由于电路中的储能元件不含初始储能，故电容电压 $u_C(0_-)=0$，或电感电流 $i_L(0_-)=0$。

本节讨论在直流激励作用下一阶电路的零状态响应，即 RC 和 RL 电路的零状态响应。

3.3.1　*RC* 电路的零状态响应

如图3-14所示的 RC 串联电路，若开关S闭合前电容元件无初始储能，即电容电压 $u_C(0_-)=0$。当 $t=0$ 时开关S闭合，接通直流电压源 U_S，对电容充电，则充电电压、电流等变量即为 RC 电路的零状态响应。对这一问题的研究，实际上是分析 RC 电路的充电过程。

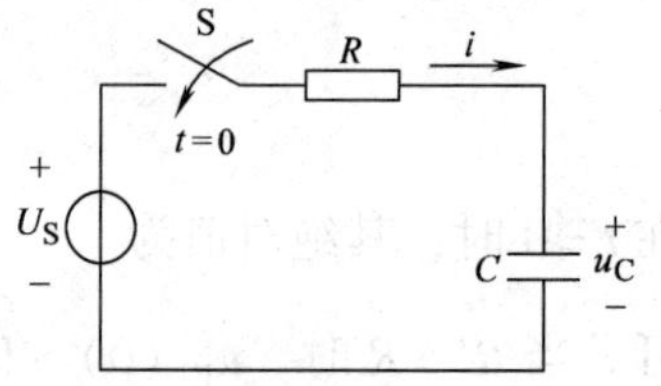

图3-14　*RC* 充电电路

由基尔霍夫定律，列出电压方程

$$Ri+u_C=U_S$$

因为 $i=C\dfrac{\mathrm{d}u_C}{\mathrm{d}t}$，代入上式得

$$RC\frac{\mathrm{d}u_C}{\mathrm{d}t}+u_C=U_S \tag{3-13}$$

该式是一个一阶线性常系数非齐次微分方程。由高等数学知识可知，它的通解由两部分组成，即

$$u_C=u'_C+u''_C$$

u'_C为微分方程的任一特解，它是由电路的外施激励作用所产生的响应，因此，u'_C称为 u_C 的强制分量或稳态分量(稳态值)，其大小和变化规律与外施激励有关。通常情况下，取换路后的电容电压 u_C 或电感电流 i_L 的新的稳态值作为这个特解，所以，电路的稳态解满足非齐次微分方程，但不满足初始条件。另一个解 u''_C为微分方程所对应的齐次方程的通解，称为补函数或余函数。其大小与外施激励有关，变化规律与外施激励无关，总是按指数规律

衰减，仅存在于暂态过程中，所以，称为暂态分量或暂态值。

非齐次方程所对应的齐次方程 $RC\dfrac{\mathrm{d}u_C}{\mathrm{d}t}+u_C=0$ 的通解为 $u''_C=A\mathrm{e}^{-\frac{t}{RC}}$，而特解 u'_C与外加激励具有相同的形式。当激励为一直流电源时，U_S 为一恒量，则 u'_C必为一恒量。将其代入式(3-13)，可得 $u'_C=U_S$，于是方程的解

$$u_C=u'_C+u''_C=U_S+A\mathrm{e}^{-\frac{t}{RC}}$$

由 u_C 的初始值确定积分常数 A。由于开关闭合前 $u_C(0_-)=0$，根据换路定律，得

$$u_C(0_+)=u_C(0_-)=0$$

$$u_C(0_+)=U_S+A \qquad A=-U_S$$

所以，RC 电路零状态微分方程的完全解为

$$u_C=U_S-U_S\mathrm{e}^{-\frac{t}{\tau}}=U_S\left(1-\mathrm{e}^{-\frac{t}{\tau}}\right) \tag{3-14}$$

式中，$\tau=RC$。所求电容电压 u_C 是随时间按指数规律变化的。其中 u'_C不随时间变化，u''_C随时间按指数规律衰减而趋于零。两者相加的结果是电压 u_C 按指数规律随时间增长而趋于稳态值。u_C 的变化曲线如图 3-15 所示。

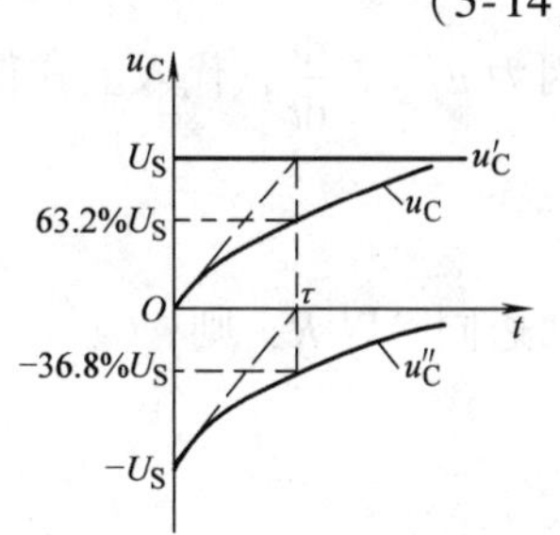

图 3-15　u_C 的变化曲线

求出 u_C 后，即可求出电流 i 和电阻电压 u_R

$$i=C\frac{\mathrm{d}u_C}{\mathrm{d}t}=\frac{U_S}{R}\mathrm{e}^{-\frac{t}{\tau}} \tag{3-15}$$

$$u_R=Ri=U_S\mathrm{e}^{-\frac{t}{\tau}} \tag{3-16}$$

i、u_R、u_C 的变化曲线如图 3-16 所示。由此可见，电容在充电过程中，电容电压由初始值 $u_C(0)=0$ 开始，逐渐上升到稳态值 U_S，而电流 i 在初始瞬间有最大值 U_S/R，随着 u_C 的上升，电流 i 逐渐减小为零；至于电流 i 从零突然变化到 U_S/R 而发生了跃变，其原因就是电路处于零状态(电容无初始储能)，在电源接通瞬间，电容相当于短路，即 $i=U_S/R$。由 $i=C(\mathrm{d}u_C/\mathrm{d}t)$可知，当充电电流越大时，即 u_C 上升越快，$\mathrm{d}u_C/\mathrm{d}t$ 变化率越大；当 i 越小时，u_C 上升越慢，$\mathrm{d}u_C/\mathrm{d}t$ 变化率越小；随着 u_C 按指数规律逐渐增长，变化到电源电压 U_S 时，$\mathrm{d}u_C/\mathrm{d}t=0$，即 $i=0$，曲线趋于平坦，暂态过程结束。

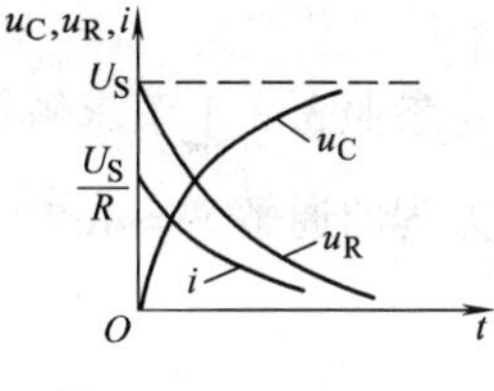

图 3-16　i、u_R、u_C 的变化曲线

当 $t=\tau$ 时，$u_C=U_S(1-\mathrm{e}^{-1})=U_S\left(1-\dfrac{1}{2.718}\right)=63.2\%\,U_S$；当 $t=5\tau$ 时，$u_C=U_S(1-\mathrm{e}^{-5})=U_S(1-0.007)\approx U_S$，可以认为，电容的充电过程已基本结束，电容电压已达到了稳态值。

对于较复杂的电路，换路后可用戴维南定理将电路进行化简，使其转化为一个 RC 的串联电路，再按经典法分析计算。

现在来分析能量关系。在充电过程中，除了电容储能不断增加，直到$\frac{1}{2}CU_S^2$之外，电阻上所消耗的能量为

$$W_R=\int_0^\infty i^2R\mathrm{d}t=\int_0^\infty\left(\frac{U_S}{R}\mathrm{e}^{-\frac{t}{\tau}}\right)^2R\mathrm{d}t=\frac{1}{2}CU_S^2 \tag{3-17}$$

上式表明，不论 R、C 为何值，在充电过程中，电源供给的总能量的一半转化为电容储能，另一半则消耗在电阻上。

3.3.2 *RL* 电路的零状态响应

对于 RL 电路零状态响应的分析方法与零状态的 RC 电路相同。即根据换路后的电路列出微分方程，求出它的解，从而得到 RL 电路的电压、电流暂态过程中的变化规律。

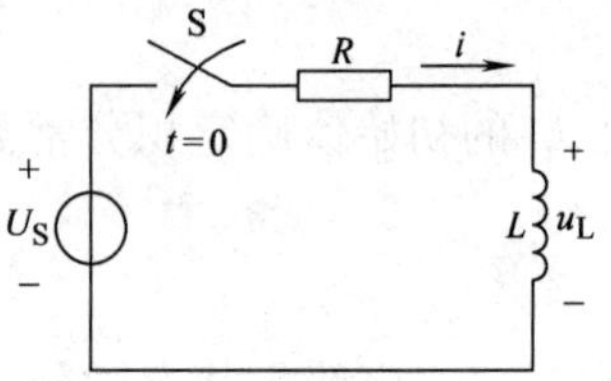

电路如图 3-17 所示，$i_L(0_-)=0$，在 $t=0$ 时，开关 S 闭合，接入直流电压源 U_S，根据基尔霍夫电压定律列出 $t\geqslant 0$ 时的电路电压方程

图 3-17 *RL* 电路接入恒定电压源

$$u_L+Ri=U_S$$

因为 $u_L=L\dfrac{di}{dt}$，代入上式得

$$L\frac{di}{dt}+Ri=U_S$$

两边同除以 R，则

$$\frac{L}{R}\frac{di}{dt}+i=\frac{U_S}{R} \tag{3-18}$$

该式仍然是一个一阶线性常系数非齐次微分方程，其完全解也分为两部分，即特解和补通解。

$$i=i'+i''$$

参照 3.3.1 节求解微分方程的方法，可知其特解 $i'=U_S/R$，非齐次微分方程所对应的齐次方程的通解 $i''=Ae^{-\frac{t}{\tau}}$，于是方程的完全解为

$$i=i'+i''=\frac{U_S}{R}+Ae^{-\frac{t}{\tau}}$$

式中的积分常数 A 可由电路的初始条件确定。

当 $t=0_+$ 时，$i(0_+)=\dfrac{U_S}{R}+A$，得 $A=-\dfrac{U_S}{R}$

所以

$$i=\frac{U_S}{R}-\frac{U_S}{R}e^{-\frac{t}{\tau}}=\frac{U_S}{R}(1-e^{-\frac{t}{\tau}}) \tag{3-19}$$

式中，τ 为电路的时间常数，$\tau=L/R$。

由上式可进一步求得 $t\geqslant 0$ 时，电感元件与电阻元件上的电压

$$u_L=L\frac{di}{dt}=U_Se^{-\frac{t}{\tau}} \tag{3-20}$$

$$u_R=Ri=U_S(1-e^{-\frac{t}{\tau}}) \tag{3-21}$$

由电感元件中的电流表达式(3-19)可看出，电流也是由稳态分量和暂态分量叠加而得出的。RL 串联电路接入恒定直流电压源后，电感电流、电感电压和电阻电压随时间变化的曲线如图 3-18 和图 3-19 所示。

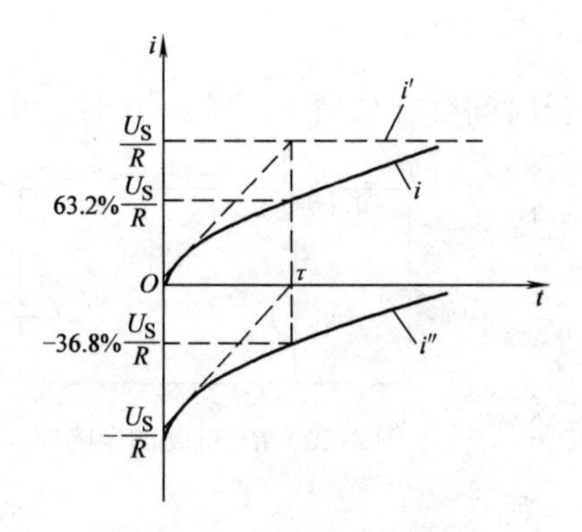

图 3-18　电感电流变化曲线

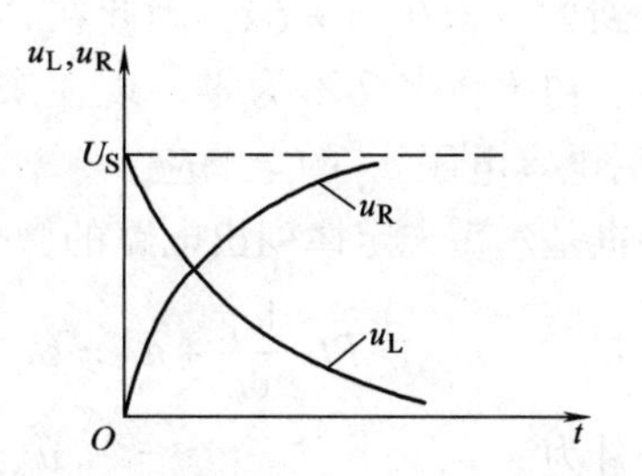

图 3-19　电感电压、电阻电压变化曲线

由图 3-18 可知，因换路前 $i_L(0_-)=0$，所以 i 在换路后从零逐渐增大到 $i(\infty)=U_S/R$ 这一稳态值。当电流达到稳态值后就不再变化，因此电感电压等于零，电感元件相当于短路，而电阻元件上的电压即为电源电压。根据电路的时间常数，暂态过程时间的长短与电感 L 成正比，与电路中的电阻 R 成反比。这是因为电感元件的储能 $W_L=\frac{1}{2}Li^2$，在电源电压一定的情况下，电路中的电阻越小，稳定电流 $i=U_S/R$ 就越大，因此电感储能就越多。又因为 $W_L \propto L$，L 越大，W_L 也越大，所以，调节电路参数，即改变 τ 的大小，就可以改变暂态过程的时间。

练习与思考

3.3.1　在 RC 电路电容充电的过程中，电容电压的暂态分量或自由分量，是由什么原因引起的？为什么说它反映了电路本身的固有性质？

3.3.2　常用万用表的“$R\times1000$”档来检查电容器(电容量应较大)的质量。如果出现下列现象，试说明电容器的好坏和原因。

（1）表针不动；

（2）表针满偏转；

（3）表针很快偏转后又返回原刻度(∞)处；

（4）表针偏转后不能返回到原刻度处；

（5）表针偏转后慢慢返回到原刻度处。

3.3.3　电路如图 3-14 所示，$U_S=20\text{V}$，$R=7\text{k}\Omega$，$C=0.47\mu\text{F}$。假设 $u_C(0_-)=0$，试求 $t\geqslant0$时的 u_C、u_R 和 i。问时间 t 为多少时电容电压 $u_C=12.64\text{V}$？

3.4　一阶电路的全响应

一个具有非零初始状态的电路，在受到外施激励时所引起的响应称为电路的全响应。下面分别对 RC 电路和 RL 电路进行讨论。

3.4.1 *RC* 电路的全响应

在图3-20所示的电路中，设在 $t=0$ 之前开关S长时间合在位置1，当 $t=0$ 时，开关S由1合到2，$u_C(0_-)=U_0$，因此在 $t\geqslant 0$ 时，电路既有外施激励，初始状态又不为零。现在来分析接入直流电压源 U_S 后电容电压 u_C 的全响应。

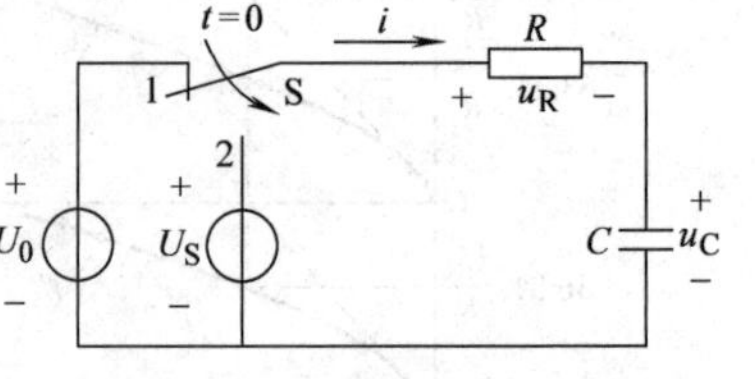

图3-20 *RC* 电路的全响应

根据基尔霍夫定律列出电路的微分方程

$$RC\frac{du_C}{dt}+u_C=U_S \tag{3-22}$$

初始条件为 $$u_C(0_+)=u_C(0_-)=U_0$$

式(3-22) 和零状态响应的微分方程式(3-13)相同，仍为一阶常系数线性非齐次微分方程，只是现在的初始条件不为零而已。由求解微分方程的经典方法，可得出该方程的完全解为

$$u_C=u_C'+u_C''$$

因电路的外部激励为常量，所以其特解为

$$u_C'=U_S$$

非齐次微分方程所对应的齐次方程的通解为

$$u_C''=Ae^{-\frac{t}{\tau}}$$

其中，$\tau=RC$ 为电路的时间常数。故有

$$u_C=U_S+Ae^{-\frac{t}{\tau}}$$

根据初始条件 $u_C(0_+)=u_C(0_-)=U_0$，得积分常数为

$$A=U_0-U_S$$

所以，电容电压在 $t\geqslant 0$ 时的全响应为

$$u_C=U_S+(U_0-U_S)e^{-\frac{t}{\tau}} \tag{3-23}$$

式中，$(U_0-U_S)e^{-\frac{t}{\tau}}$ 随时间按指数规律衰减，是解的暂态或自由分量；U_S 为稳态或强制分量。由此可得

全响应 = 稳态分量 + 暂态分量。

若将全响应 u_C 中的各量重新组合，即

$$u_C=\underbrace{U_0e^{-\frac{t}{\tau}}}_{u_{Cf}}+\underbrace{U_S(1-e^{-\frac{t}{\tau}})}_{u_{Ce}} \tag{3-24}$$

式中第一项和第二项分别为电路的零输入响应和零状态响应。于是

全响应 = 零输入响应 + 零状态响应

式(3-24)表明了线性电路的一个重要性质：体现了线性动态电路的可叠加性，为我们应用叠加定理来分析电路暂态过程的问题提供了方便。电容电压的变化曲线如图3-21所示。

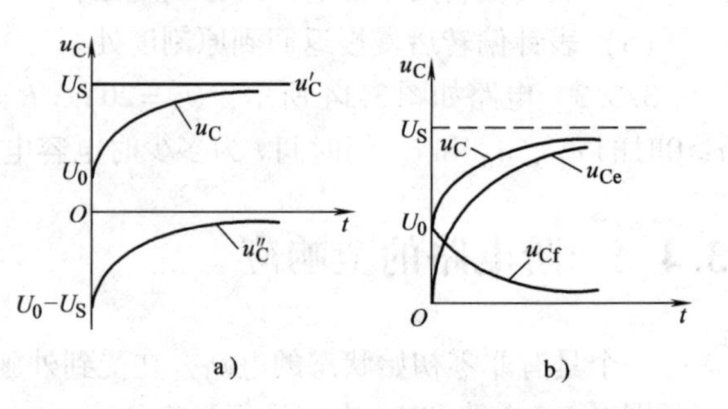

图3-21 电容电压的变化曲线

a) $u_C=u_C'+u_C''$ b) $u_C=u_{Ce}+u_{Cf}$

由全响应电容电压 u_C 的表达式可求得电路的全响应电流

$$i = C\frac{\mathrm{d}u_C}{\mathrm{d}t} = \frac{U_S - U_0}{R}\mathrm{e}^{-\frac{t}{\tau}} \tag{3-25}$$

将全响应分解为零输入响应和零状态响应之和，体现了线性电路的可叠加性，便于我们应用叠加原理分析动态电路问题。因为零输入响应与初始值(电容电压或电感电流)成正比；零状态响应与外加激励成正比。而在外部激励和初始状态都不为零时，电路的全响应与输入和初始状态的关系都不满足齐次性和可叠加性，因此，全响应与输入和初始状态不存在正比关系。在电路暂态分析中，可以分别计算出零状态响应和零输入响应，然后将它们叠加得出全响应。

将全响应分解为稳态分量和暂态分量之和，强调了电路的响应与其工作状态的关系。当外部激励为恒定(直流)量时，由于其强制作用，电路的响应最终要达到稳定状态。而暂态分量是按指数规律衰减，最终趋于零，反映了动态电路由原来的工作状态向新的工作状态的过渡。稳态分量取决于外加激励的性质，故又称为强制分量，与电路的初始状态无关。暂态分量与电路的初始状态以及输入有关，故又称之为自由分量。

由此可见，全响应有两种分解方式，需要强调的是，无论把全响应分解为零输入响应和零状态响应之和，还是分解为稳态分量和暂态分量之和，都不过是分法不同而已，而真正的响应则是全响应。在分析电路时，到底采用哪种分解方式，可以根据问题的要求和解决问题是否方便做出选择。

在此指出，稳态分量的含义比较狭窄，例如，当激励是衰减的指数函数时，电路由于受到外部激励的强制作用，这时的强制分量就不能称为稳态分量。

3.4.2 *RL* 电路的全响应

对于 *RL* 电路全响应的讨论，与 *RC* 电路完全相同，在此做一简要论述。在图 3-22 所示的电路中，开关 S 闭合前，电路已处于稳定状态，换路后电路的微分方程同式(3-18)。

参照其解可得出 *RL* 电路的全响应

$$i = \frac{U}{R} + \left(I_0 - \frac{U}{R}\right)\mathrm{e}^{-\frac{t}{\tau}} \tag{3-26}$$

式中，τ 为电路的时间常数，$\tau = \frac{L}{R}$。

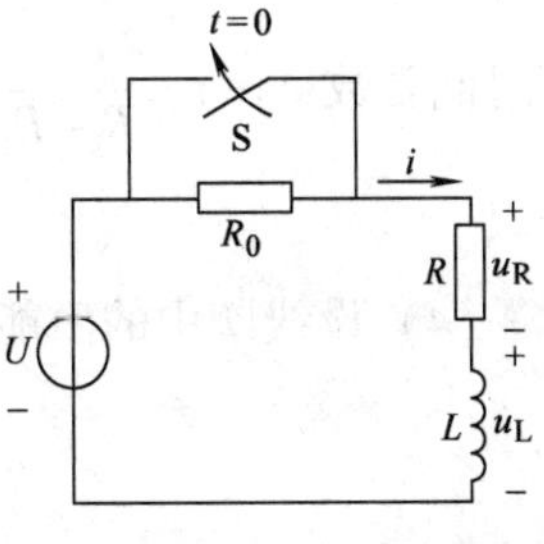

图 3-22　*RL* 电路的全响应

式(3-26)即为 *RL* 电路的全响应。其响应的各种曲线，请读者参照 *RC* 电路的响应曲线予以画出。

例 3-4　在如图 3-23 所示的电路中，开关 S 长期合在位置 1 上，在 $t=0$ 时把它合到位置 2，试求 $t \geqslant 0$ 时电容元件上的电压 u_C。已知 $R_1 = 1\text{k}\Omega$，$R_2 = 2\text{k}\Omega$，$C = 3\mu\text{F}$，电压源电压 $U_1 = 3\text{V}$，$U_2 = 5\text{V}$。

解：在 $t=0_-$ 时，$u_C(0_-) = \frac{R_2}{R_1+R_2}U_1 = \frac{2}{1+2}\times 3\text{V} = 2\text{V}$。

在 $t \geqslant 0$ 时，根据 KCL 有

$$i_1 - i_2 - i_C = 0$$

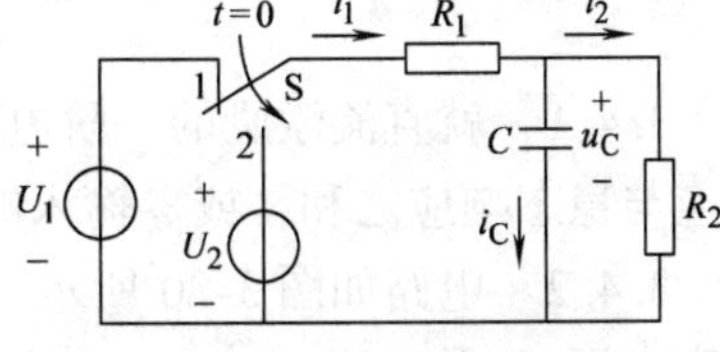

图 3-23　例 3-4 的图

即
$$\frac{U_2-u_C}{R_1}-\frac{u_C}{R_2}-C\frac{du_C}{dt}=0$$

经整理且代入电阻、电容等参数值后，得

$$2\times10^{-3}\frac{du_C}{dt}+u_C=\frac{10}{3}V$$

解之得
$$u_C=u_C'+u_C''=\left(\frac{10}{3}+Ae^{-\frac{t}{2\times10^{-3}}}\right)V$$

因为$t=0_+$时，$u_C(0_+)=2V$

所以
$$A=-\frac{4}{3}$$

故
$$u_C=\left(\frac{10}{3}-\frac{4}{3}e^{-500t}\right)V$$

例 3-5 在图 3-24 所示的电路中，已知 $U=220V$，$L=10H$，$R=80\Omega$，$R_f=30\Omega$，换路前电路已处于稳态。试求 $t\geqslant0$ 时：(1) $R'=1k\Omega$，负载两端的电压 $u_{RL}(0_+)$；(2) R' 多大时，能保证 $u_{RL}(0_+)$ 不超额定电压 220V？(3) 写出 $t\geqslant0$ 时 i_L 的表达式；(4) 根据(2)中所选的 R'，换路后多长时间，线圈才能将所储存的能量释放掉 95%？

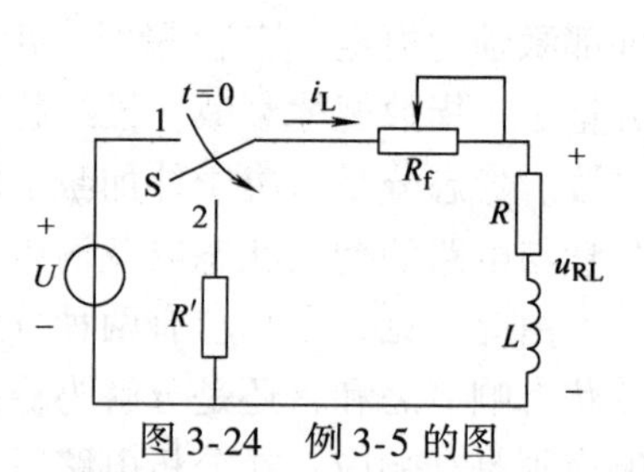

图 3-24 例 3-5 的图

解：(1) 当 $t\geqslant0$ 时 $i_L(0_+)=i_L(0_-)=\dfrac{U}{R+R_f}=\dfrac{220}{80+30}A=2A$

所以
$$u_{RL}(0_+)=-i_L(0_+)(R_f+R')=-2\times(30+1000)V=-2060V$$

(2) $220V\geqslant i_L(0_+)(R_f+R')=2A\times(30\Omega+R')$

由此得 $R'\leqslant80\Omega$。选 $R'=80\Omega$。

(3) 因为 $i_L(0_+)=2A$，换路后电路达到稳定状态时，$i_L(\infty)=0A$。

而时间常数 $\tau=\dfrac{L}{R+R_f+R'}=\dfrac{1}{19}s$

所以
$$i_L=2e^{-19t}A$$

(4) 设线圈中的磁能泄放掉 95% 时的 i_L 为 i，则有

$$\frac{1}{2}Li^2=(1-95\%)\times\frac{1}{2}Li_L^2(0_+)$$

解得
$$i=0.447A$$

将其代入 i_L 的表达式，得 $0.447=2e^{-19t}$

所以，得
$$t=0.079s$$

练习与思考

3.4.1 就直流激励的一阶电路而言，是否任何情况下电路的全响应都可以分解为暂态响应与稳态响应之和，或零输入响应与零状态响应之和。

3.4.2 电路如图 3-20 所示，已知 $U_0=4V$，$U_S=12V$，$R=1\Omega$，$C=5F$。试求 $t\geqslant0$ 时的电容电压 u_C 及电流 i。

3.5 一阶电路的三要素法

直流一阶线性电路是在实际应用中经常遇到的电路。例如，电容通过电阻的充、放电电路在脉冲电路中就是多见的。在分析这类电路时可以根据一阶线性电路的规律，迅速地判断出电路中各处的电压或电流的变化趋势，画出它的波形并写出相应的表达式。

通过前面的分析可知，在恒定激励下的一阶线性电路中，其电压和电流都是按指数规律，从初时值开始，单调的增加或减小，最终达到稳态值，并且在同一电路中各支路电压和电流具有相同的时间常数。所以，将电路的响应写成一般的表达式，则为

$$f(t)=f'(t)+f''(t)=f(\infty)+A\mathrm{e}^{-\frac{t}{\tau}}$$

它是稳态分量(包括零值)和暂态分量两部分的叠加。式中，$f(t)$表示电压或电流，$f(\infty)$表示电压或电流的稳态分量(稳态值)，$A\mathrm{e}^{-\frac{t}{\tau}}$表示暂态分量。若初始值为$f(0_+)$，则得$A=f(0_+)-f(\infty)$。于是可得一阶线性电路暂态过程中任意响应的一般公式为

$$f(t)=f(\infty)+[f(0_+)-f(\infty)]\mathrm{e}^{-\frac{t}{\tau}} \tag{3-27}$$

这种不需要求解电路微分方程而只需求出三个特征量(初始值、稳态值和时间常数)，就可以获得一阶线性电路响应的方法称为三要素法。在此强调的是，三要素法只适用于在直流电源作用下的 RC 或 RL 一阶线性电路。

用三要素法求解一阶线性电路的步骤简述如下：

1）求初始值$f(0_+)$。由$t=0_+$时刻的等效电路，根据换路定律计算出电路的电压或电流值。

2）求稳态值$f(\infty)$。根据$t=\infty$时新的稳态电路(电容视为开路,电感视为短路)计算出各电压或电流值。

3）求时间常数τ。同一电路中只有一个时间常数，则$\tau=R_0C$或$\tau=L/R_0$，R_0是从储能元件两端看进去的戴维南电路的等效电阻。

下面通过例题来阐明如何应用三要素法分析一阶线性电路的暂态过程。

例 3-6 电路如图 3-25 所示，$t=0$ 时开关闭合，开关闭合前电路处于稳态。求$t\geqslant0$时的u_C。

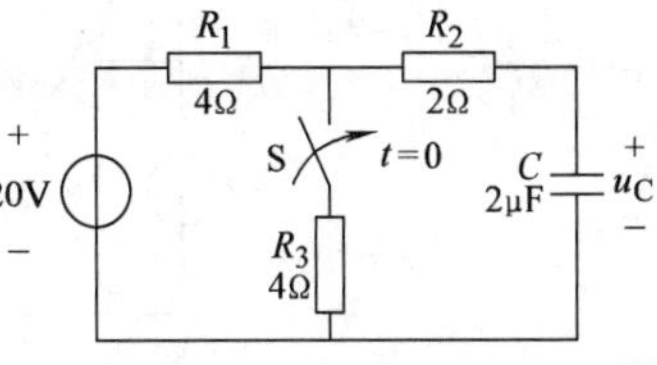

图 3-25 例 3-6 的图

解：(1) 确定初始值。

由换路定律 $u_C(0_+)=u_C(0_-)=20\text{V}$

(2) 确定稳态值。

电路达到稳态时，电容元件相当于开路，故

$$u_C(\infty)=\frac{R_3}{R_1+R_3}U=\frac{4}{4+4}\times20\text{V}=10\text{V}$$

(3) 确定时间常数τ。

电路换路后由电容两端看进去的等效电阻为

$$R_0=R_2+\frac{R_1R_3}{R_1+R_3}=(2+2)\Omega=4\Omega$$

$$\tau=R_0C=4\times2\times10^{-6}\text{s}=8\times10^{-6}\text{s}$$

将三要素代入式(3-27)得

$$u_C=[10+(20-10)e^{-\frac{t}{8\times10^{-6}}}]\,V=10(1+e^{-125\times10^3t})\,V$$

例 3-7 在图 3-26 所示的电路中，开关闭合前已处于稳态，求 $t\geqslant0$ 时的电流 i_L、i_1 和 i_2。

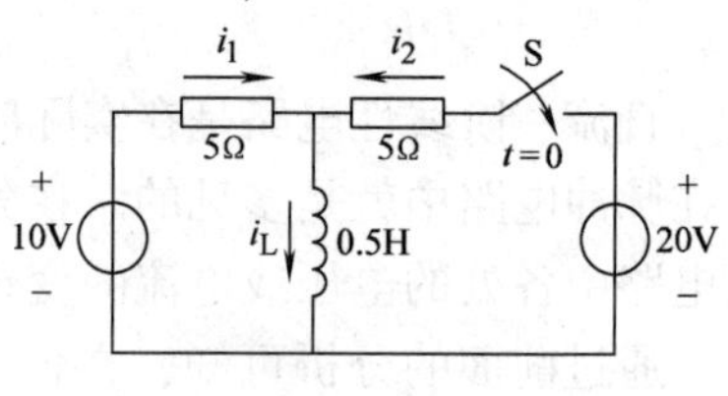

图 3-26 例 3-7 的图

解：(1) 初始值。换路前电路已处于稳态，电感相当于短路，故

$$i_L(0_+)=i_L(0_-)=\frac{10}{5}A=2A$$

在 $t=0_+$ 的瞬间，根据支路电流法列出方程

$$i_1(0_+)+i_2(0_+)=i_L(0_+)$$
$$5i_1(0_+)-5i_2(0_+)=(10-20)A=-10A$$

由以上两式解得

$$i_1(0_+)=0,\ i_2(0_+)=2A$$

(2) 稳态值。当 $t=\infty$ 时，电路达到新的稳态，电感元件相当于短路，所以

$$i_1(\infty)=\frac{10}{5}A=2A;\ i_2(\infty)=\frac{20}{5}A=4A;\ i_L(\infty)=6A$$

(3) 时间常数。当电路中的独立源置零后，从电感两端视进的戴维南等效电阻为

$$R_0=\frac{5\times5}{5+5}\Omega=2.5\Omega,\ \tau=\frac{L}{R_0}=\frac{0.5}{2.5}s=\frac{1}{5}s$$

于是可写出

$$i_L=[6+(2-6)e^{-5t}]A=(6-4e^{-5t})A$$
$$i_1=[2+(0-2)e^{-5t}]A=2(1-e^{-5t})A$$
$$i_2=[4+(2-4)e^{-5t}]A=(4-2e^{-5t})A$$

例 3-8 在图 3-27a 所示的电路中，开关 S 闭合前电容元件无初始储能，求 $t\geqslant0$ 时的 u_C 和 u。

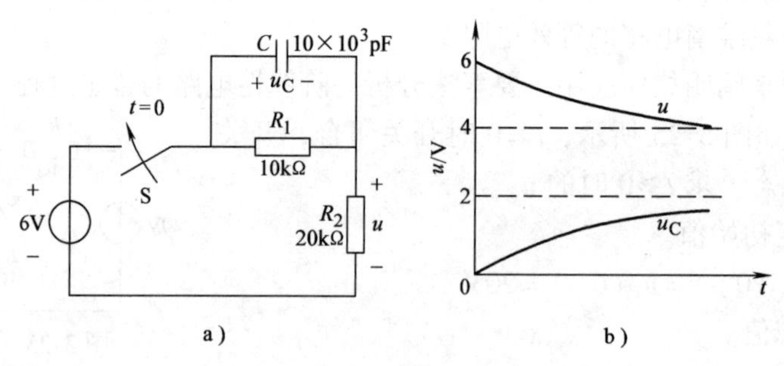

图 3-27 例 3-8 的图

解：(1) 求 $u_C(0_+)$、$u(0_+)$。

根据题意，$t\geqslant0$ 时，$u_C(0_+)=0$，电容元件相当于短路，故 $u(0_+)=6V$。

(2) 求稳态值。当 $t=\infty$ 时，电容元件相当于开路，故

$$u_C(\infty)=\frac{R_1}{R_1+R_2}U_S=\frac{10}{10+20}\times6V=2V;\ u(\infty)=(6-2)V=4V$$

(3) 求时间常数 τ。

$$\tau = R_0 C = \frac{R_1 R_2}{R_1 + R_2} C = \frac{20}{3} \times 10^3 \times 10^4 \times 10^{-12} \mathrm{s} = \frac{2}{3} \times 10^{-4} \mathrm{s}$$

于是可写出

$$u_C = [2 + (0 - 2) e^{-1.5 \times 10^4 t}] \mathrm{V} = 2(1 - e^{-1.5 \times 10^4 t}) \mathrm{V}$$

$$u = [4 + (6 - 4) e^{-1.5 \times 10^4 t}] \mathrm{V} = (4 + 2e^{-1.5 \times 10^4 t}) \mathrm{V}$$

u_C、u 的变化曲线如图 3-27b 所示。

例 3-9 在图 3-28 所示的电路中，在 $t = 0$ 时闭合 S_1，在 $t = 4\mathrm{s}$ 时闭合 S_2，求 $t \geqslant 4\mathrm{s}$ 时的电流 i。设 $i(0_-) = 0$。

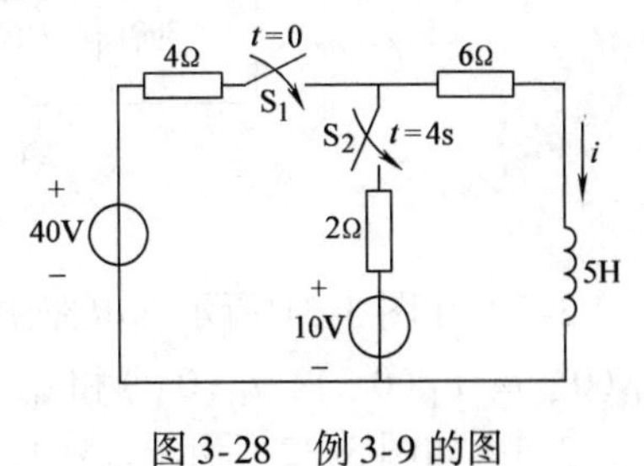

图 3-28 例 3-9 的图

解：根据题意可考虑两个时间段：

$0 \leqslant t \leqslant 4\mathrm{s}$，假定 S_1 一直是闭合的，则

$$i(\infty) = \frac{40}{4 + 6} \mathrm{A} = 4\mathrm{A}$$

$$R_0 = (4 + 6)\Omega = 10\Omega$$

$$\tau = \frac{L}{R_0} = \frac{5}{10} \mathrm{s} = \frac{1}{2} \mathrm{s}$$

于是得 $$i = 4(1 - e^{-2t}) \mathrm{A} \qquad (0 \leqslant t \leqslant 4\mathrm{s})$$

$t \geqslant 4\mathrm{s}$，S_2 闭合，用三要素法求 i。

（1）求初始值。在 $t = 4\mathrm{s}$ 时，$i(4) = 4(1 - e^{-8}) \mathrm{A} = 4\mathrm{A}$

（2）求稳态值。由节点电压法可得

$$\left(\frac{1}{4} + \frac{1}{2} + \frac{1}{6}\right) U = \left(\frac{40}{4} + \frac{10}{2}\right) \mathrm{V}, \quad U = \frac{180}{11} \mathrm{V}$$

$$i(\infty) = \frac{U}{6\Omega} = 2.73\mathrm{A}$$

（3）求时间常数。 $$R_0' = \left(6 + \frac{4 \times 2}{4 + 2}\right)\Omega = \frac{22}{3}\Omega, \quad \tau = \frac{L}{R_0'} = \frac{15}{22} \mathrm{s}$$

所以 $$i = [2.73 + (4 - 2.73) e^{-\frac{(t-4)}{\tau}}] \mathrm{A} = [2.73 + 1.27 e^{-1.47(t-4)}] \mathrm{A} \qquad (t \geqslant 4\mathrm{s})$$

练习与思考

3.5.1 试说明分析一阶线性电路暂态过程中电压和电流的三要素公式的应用条件。如果在 $t = t_0$ 时刻换路的 RC 或 RL 电路，如何应用公式来计算暂态过程中的电压和电流？

3.5.2 试用三要素法写出图 3-29 所示指数曲线的表达式 u_C。

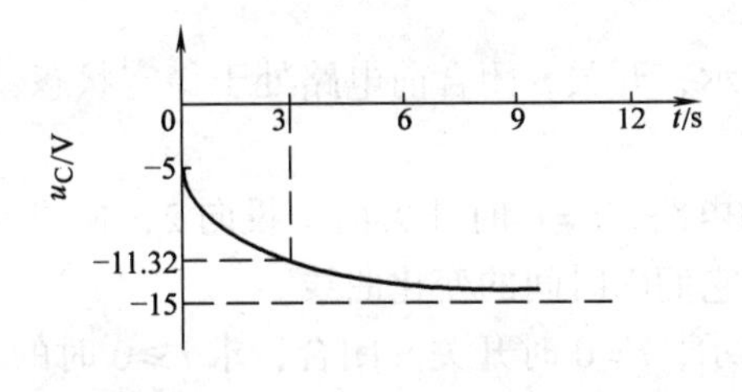

图 3-29 练习与思考 3.5.2 的图

习 题 3

3-1 如图3-30a、b所示的电路换路前已处于稳态，试求换路后电路中所标出的电流、电压初始值和稳态值。

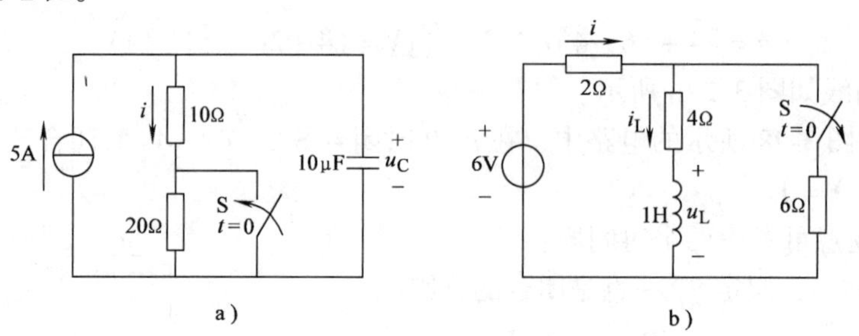

图3-30 习题3-1的图

3-2 在图3-31所示的电路中，开关S动作前，电路已达到稳态，$t=0$时打开开关，求$u_C(0_+)$、$u_L(0_+)$、$i_C(0_+)$和$i_L(0_+)$以及上述各量电路换路后的稳态值。

3-3 如图3-32所示电路中，换路前已处于稳态。求$t \geqslant 0$时u_C和i_C，并画出它们的波形。

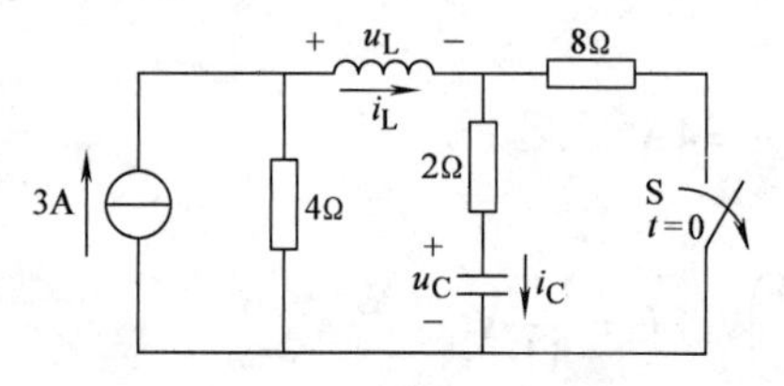

图3-31 习题3-2的图

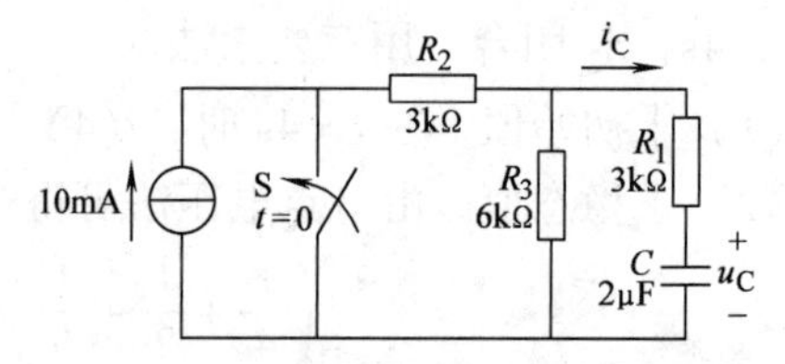

图3-32 习题3-3的图

3-4 在图3-33所示的电路中，已知$U_S=20V$，$C_1=C_2=10\mu F$，$R_1=12k\Omega$，$R_2=6k\Omega$，$t=0$时开关S闭合，电容元件换路前未充电，求$t \geqslant 0$时的u_C，并画出其随时间变化的曲线。

3-5 如图3-34所示的电路中，在$t=0$时开关S闭合，试求$t \geqslant 0$时的i_L、i。

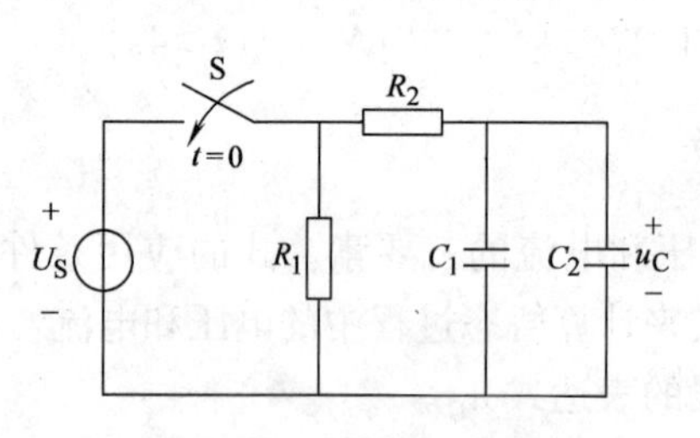

图3-33 习题3-4的图

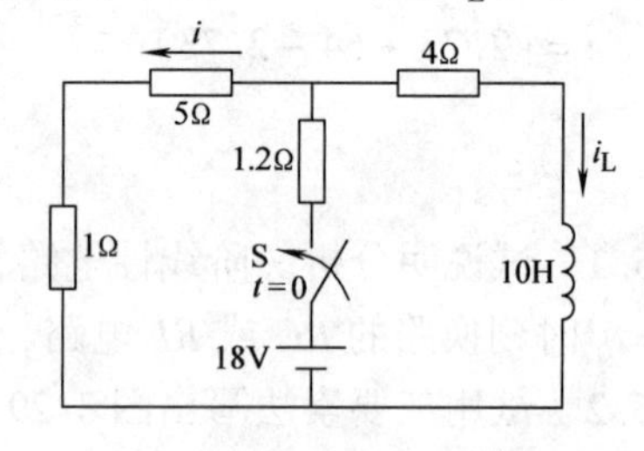

图3-34 习题3-5的图

3-6 电路如图3-35所示，开关S闭合前电路处于稳定状态，在$t=0$时开关S闭合。试求$t \geqslant 0$时的i_C和u。

3-7 如图3-36所示的电路，$t=0$时开关由1投向2，换路前电路处于稳态，试写出i_L和i的解析表达式，并绘出它们随时间的变化曲线。

3-8 电路如图3-37所示，$t=0$时开关S闭合，求$t \geqslant 0$时的$i_L(t)$。假定开关闭合前电路已处于稳态。

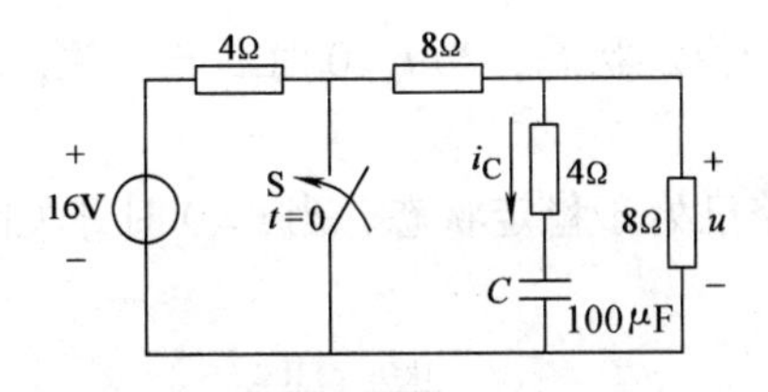

图 3-35　习题 3-6 的图

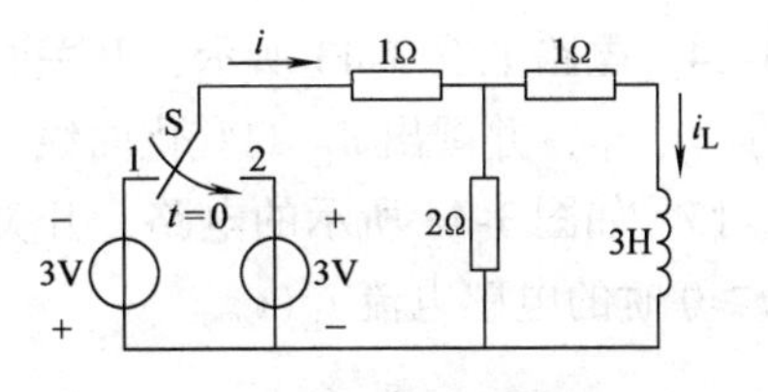

图 3-36　习题 3-7 的图

3-9　如图 3-38 所示的电路中，$t=0$ 时开关 S 闭合，试求 $t \geqslant 0$ 时：(1) 电容电压 u_C；(2) B 点的电位 V_B 和 A 点的电位 V_A 的变化规律。假设开关闭合前电路已处于稳态。

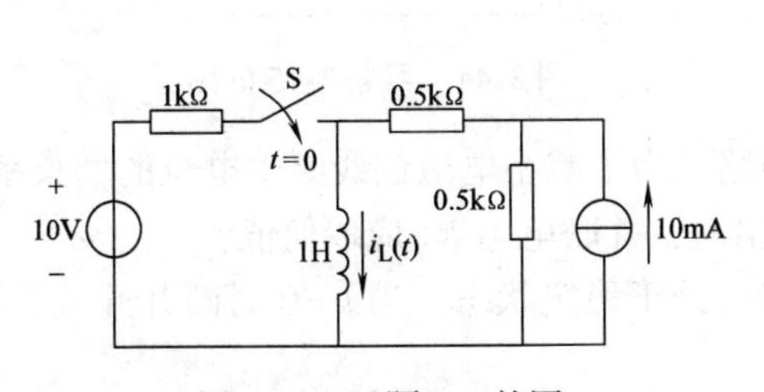

图 3-37　习题 3-8 的图

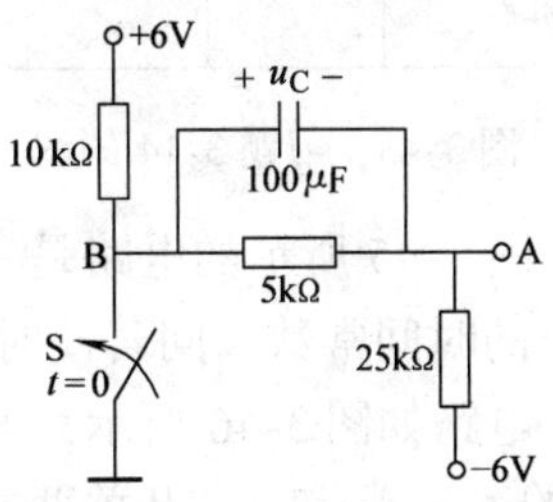

图 3-38　习题 3-9 的图

3-10　电路如图 3-39 所示，$t=0$ 时合上开关 S_1，在 $t=1s$ 时合上开关 S_2，求 S_2 闭合后的电压 u_C，并画出其波形图。

3-11　图 3-40 是一发电机的励磁回路，L 是励磁绕组的电感，正常运行时开关断开，当发电机外部线路发生短路故障时，使发电机端电压下降，为了不破坏发电机在电力系统中的稳定性，必须立即提高发电机的端电压，这时借助继电保护装置将开关 S 闭合，进行强行励磁，问开关 S 闭合后 0.1s 时间，励磁电流增加多少？

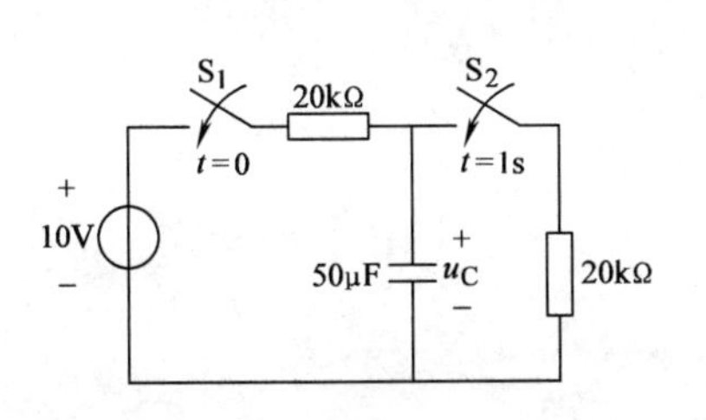

图 3-39　习题 3-10 的图

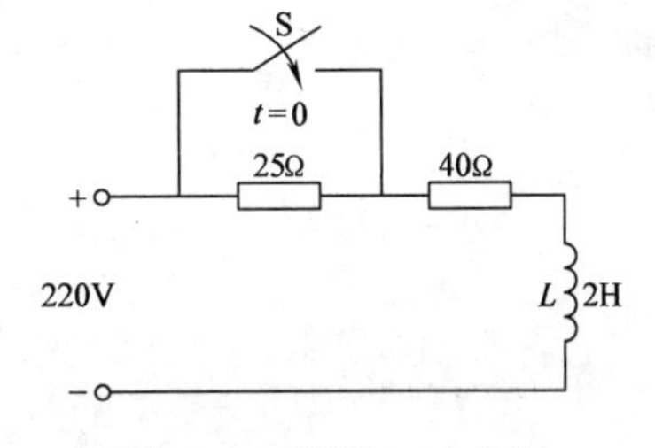

图 3-40　习题 3-11 的图

3-12　在图 3-41 所示的电路中，$u_C(0)=3V$，$t=0$ 时换路，求 $t \geqslant 0$ 时的 u_C。

3-13　如图 3-42 所示，试求：(1) S_1 闭合后电路中的电流 i_1、i_2 的变化规律；(2) 当 S_1 闭合后电路达到稳态时再闭合 S_2，求 i_1、i_2 的变化规律。

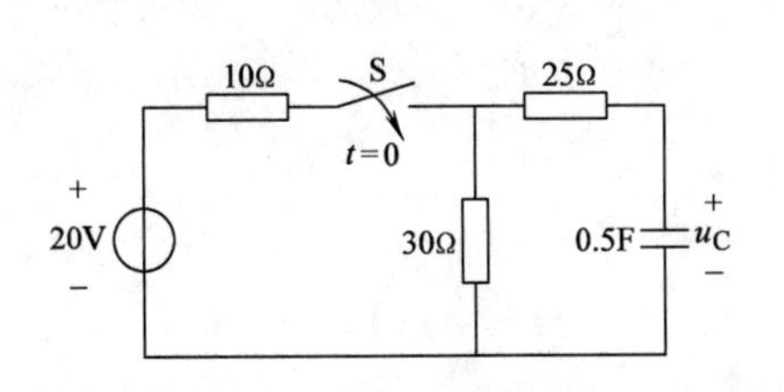

图 3-41　习题 3-12 的图

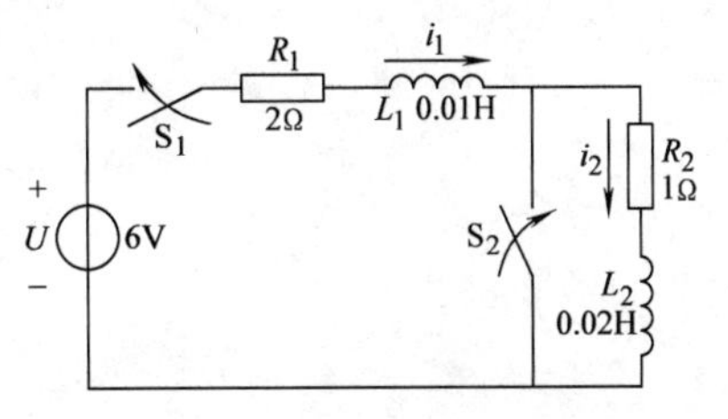

图 3-42　习题 3-13 的图

3-14　电路如图 3-43 所示，开关断开前电路处于稳定状态，当 $t=0$ 时断开开关，求 $t\geqslant 0$ 时的 u_C、i_C，并画出 u_C 的变化曲线。

3-15　如图 3-44 所示的电路，开关 S 闭合前电路已处于稳定状态，当 $t=0$ 时开关闭合，试求 $t\geqslant 0$ 时的电感电流 $i_L(t)$。

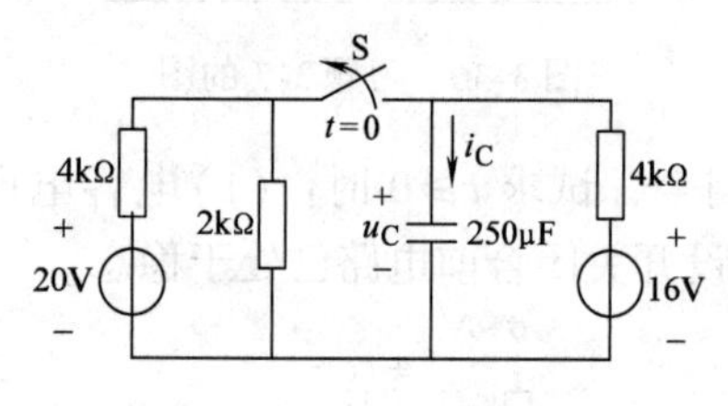

图 3-43　习题 3-14 的图

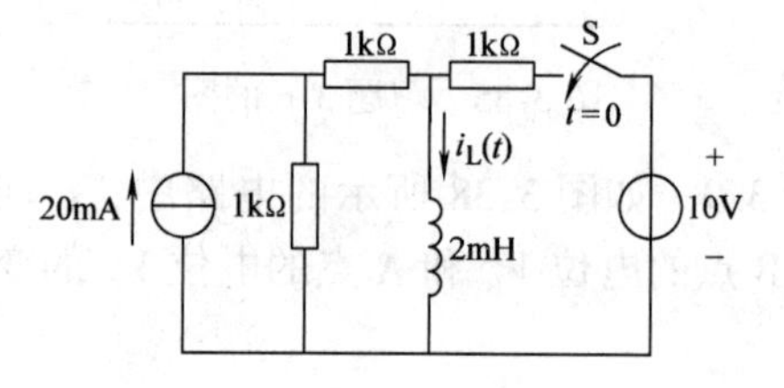

图 3-44　习题 3-15 的图

3-16　图 3-45 所示的电路是一电磁铁线圈回路。为了减小电磁铁线圈中电流的增长率，需增大电路的时间常数。问若使时间常数增加一倍时，并联电阻 R_2 应取何值？

3-17　电路如图 3-46 所示，开关断开前电路已处于稳定状态，当 $t=0$ 时断开开关，试求 $t\geqslant 0$ 时的 u_C、i_L 和 u_S（开关两端的电压）。

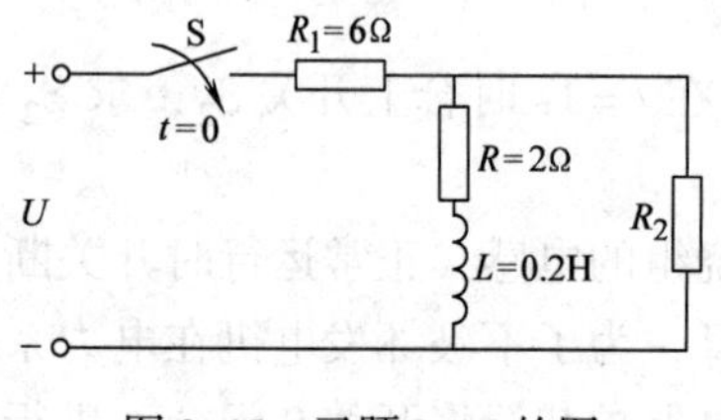

图 3-45　习题 3-16 的图

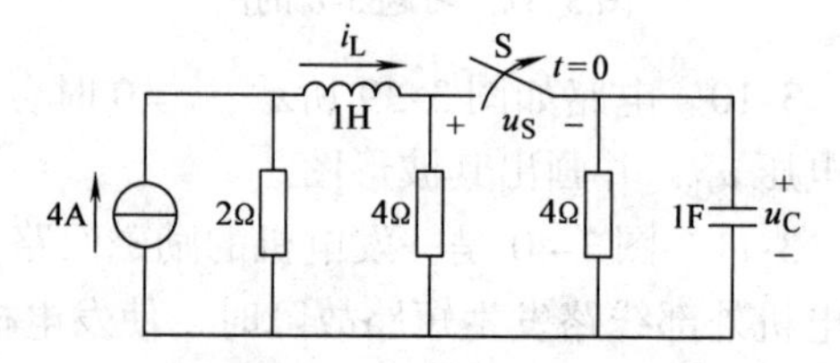

图 3-46　习题 3-17 的图

第 4 章　正弦交流电路

大小和方向随时间按一定规律作周期性变化的电动势、电压、电流均称为交流电。在交流电作用下的电路称为交流电路。交流电具有输配电容易、电力设备价格便宜等优点，其中尤其以正弦电源供电的交流用电设备性能好、效率高，因而电力供电网供应的都是正弦交流电。

学习正弦交流电的基本知识，正弦交流电路的分析方法，对学习电工技术和电子技术是十分重要的。在交流电路中，电压、电流的大小和方向是变化的，所以会产生许多在直流电路不会发生的特殊现象，因此在学习时应特别注意。

4.1　正弦交流电

按正弦规律变化的电动势、电压、电流总体称为正弦交流电。由正弦交流电源激励的电路称为正弦交流电路。而正弦量的特征由振幅、角频率和初相位(简称三要素)来确定，下面针对交流电的三个基本物理量来简要说明，正弦交流电压波形图如图 4-1 所示。

$$\begin{cases} e = E_{\mathrm{m}}\sin(\omega t + \varphi_{\mathrm{e}}) \\ u = U_{\mathrm{m}}\sin(\omega t + \varphi_{\mathrm{u}}) \\ i = I_{\mathrm{m}}\sin(\omega t + \varphi_{\mathrm{i}}) \end{cases} \tag{4-1}$$

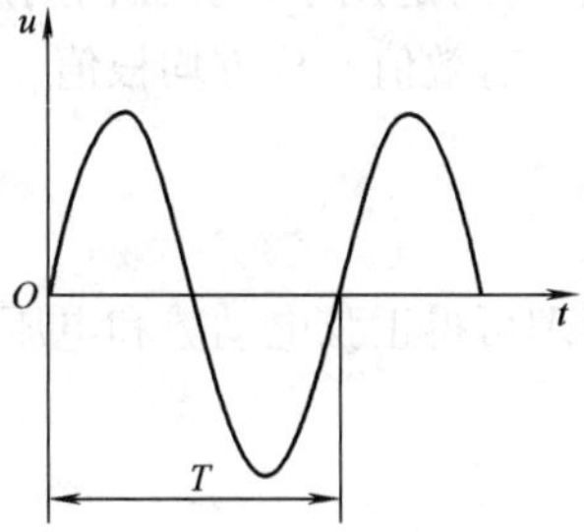

图 4-1　正弦交流电压波形图

4.1.1　周期和频率

正弦量变化一周所需要的时间称为周期，用字母 T 表示。它的单位是 s(秒)。每秒钟内变化的次数称为频率，用字母 f 来表示。它的单位是 Hz(赫兹)。显然 T 和 f 满足以下关系式：

$$f = \frac{1}{T} \tag{4-2}$$

如果电流或电压每经过一定时间(T)就重复变化一次，则此种电流、电压称为周期性交流电流或电压，如正弦波、方波、三角波、锯齿波等，记作

$$u(t) = u(t + T) \tag{4-3}$$

我国和大多数国家供电网提供的正弦交流电频率是 50Hz(工频)；有少数国家如美国、日本等采用 60Hz。但不同的设备、不同的领域有不同的频率：如人耳能听的语音信号频率范围约是 20～20000Hz，称为音频；在无线工程上使用的电波频率范围是 10kHz～300GHz，在光通信中频率则更高。

实践和理论上经常用正弦量每秒钟的弧度——角频率来表示该正弦量变化的快慢。角频率用字母 ω 来表示。它的单位是 rad/s(弧度/秒)。正弦量每变化一周为 2πrad(弧度)，所以 ω 和 f 的关系为

$$\omega = 2\pi f = \frac{2\pi}{T} \tag{4-4}$$

T、f、ω 是同一个概念的 3 种不同表达方式，都是用来描述正弦量变化快慢的物理量。

4.1.2 瞬时值、幅值

正弦交流电每个瞬间所对应的值称为正弦量的瞬时值或即时值，用小写字母表示(e、u、i)。最大的瞬时值称为振幅，用大写字母加下标 m 来表示(E_m、U_m、I_m)。既然正弦量是随时间变化的，因此在工程中常采用有效值。

4.1.3 有效值

交流电的有效值是根据热效应来确定的。它是用来衡量正弦量做功能力的物理量。如果一个正弦交流电流 i 和一个直流电流 I 在一个周期 T 内通过某一个电阻 R 产生的热量相同，那么就将这个直流电流 I 的大小定义为该正弦交流电流 i 的有效值，用大写字母 I 来表示。

$$\int_0^T Ri^2 \mathrm{d}t = RI^2 T$$

故

$$I = \sqrt{\frac{1}{T}\int_0^T i^2 \mathrm{d}t} \tag{4-5}$$

式(4-5)适用于计算任何周期性交流电流的有效值，但不能用于非周期量的计算。

有效值又称方均根值。用 $i = I_m \sin(\omega t + \varphi_i)$ 正弦量代入式(4-5)，得

$$I = \sqrt{\frac{1}{T}\int_0^T I_m^2 \sin^2 \omega t \mathrm{d}t} = \frac{I_m}{\sqrt{2}} \tag{4-6}$$

同理可得正弦电动势和电压的有效值为

$$E = \frac{E_m}{\sqrt{2}},\ U = \frac{U_m}{\sqrt{2}} \tag{4-7}$$

工程上通常所说的交流电压、电流值、仪表所测得的数值，如电表的读数为 220V 或 10A，均是指相应的有效值。但是，当涉及器件的耐压时，就必须按最大值来考虑。

4.1.4 初相位、相位、相位差

式(4-1)正弦交流电表达式中的($\omega t + \varphi$)称为相位或相位角。它反映了正弦交流电变化的进程。$t=0$ 时的相位称为初相位或初相角。它决定了计时开始时刻的正弦量的初始值。初相角与所选的计时起点有关。

两个同频率正弦量之间的初相角之差称为相位差，用字母 φ 表示。

设两个正弦量分别是

$$u = U_m \sin(\omega t + \varphi_u)$$

$$i = I_m \sin(\omega t + \varphi_i)$$

其波形图如图 4-2 所示。u 和 i 的相位差是

$$\varphi = \varphi_u - \varphi_i \tag{4-8}$$

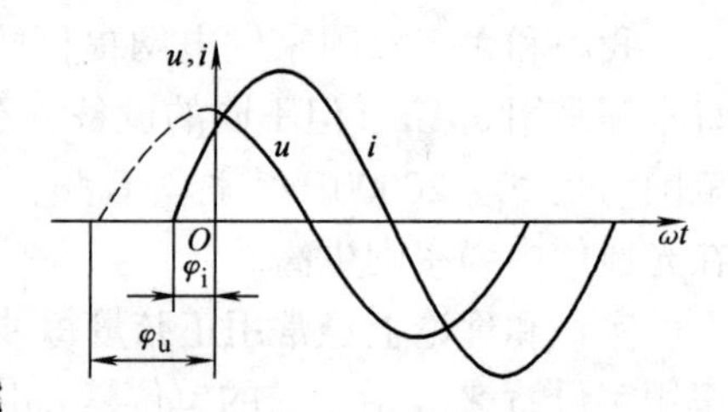

图 4-2　u 和 i 的波形图

图 4-2 中，明显看出 u 与 i 的初相位不同，即不能同时到达幅值或零值。但每个周期在水平线上角度差不

变。也就是说式(4-8)的 $\varphi>0$。选取不同的计时起点，可以改变的是它们的初相，但相位差仍保持不变。

当 $\varphi>0$ 时，u 比 i 先经过零值或最大值，故在相位上 u 比 i 超前 φ 角，或者讲 i 在相位上比 u 滞后 φ 角，如图 4-2 所示。

当 $\varphi<0$ 时，i 比 u 先经过零值或最大值，故在相位上 i 比 u 超前 φ 角，或者讲 u 在相位上比 i 滞后 φ 角。

当 $\varphi=0$ 时，u 和 i 的相位关系由式(4-8)可知为 $\varphi_u=\varphi_i$，则称 u 和 i 同相，如图 4-3a 所示。

当 $\varphi=\pm\pi$ 时，u 和 i 的相位关系由式(4-8)可知为 $\varphi_u=\varphi_i\pm\pi$，则称 u 和 i 反相，如图 4-3b 所示。

综上所述，振幅、频率和初相位是正弦量的三个要素。只要三要素确定了，正弦量也就被唯一地确定了。

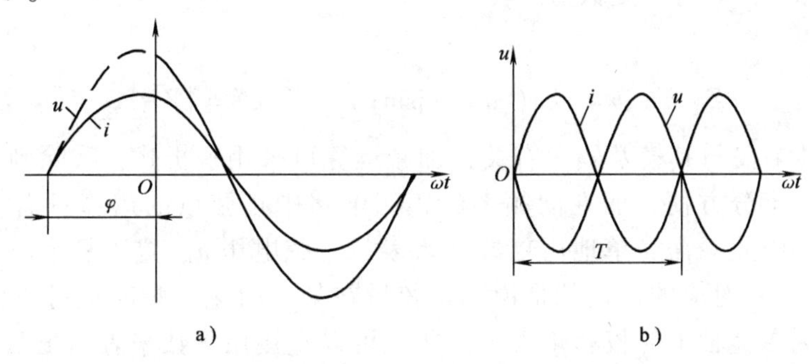

图 4-3　u 与 i 的相位关系

a) $\varphi=0$　b) $\varphi=\pm\pi$

总之，正弦量在电工技术中应用是十分广泛的，主要在于它获取方便、经济且安全。例如在强电方面，发电厂发出的电为正弦交流电，电压值不高，但通过变压器的作用，能满足实际的需求，非常灵活、方便。另外，理论计算方面，较为容易，如正弦量的加、减、微分、积分，计算结果仍为正弦量，且频率不变，这在工程技术分析与应用方面有重要意义。

练习与思考

4.1.1　已知 $e=220\sqrt{2}\sin(314t-30°)\mathrm{V}$，试问其有效值、频率和初相角各为多少？

4.1.2　试求 $u_1=100\sin(\omega t+30°)\mathrm{V}$ 和 $u_2=200\sin(\omega t-30°)\mathrm{V}$ 的相位差是多少？

4.1.3　试分别画出 $i=I_m\sin(\omega t+\varphi_i)$ 中 $\varphi_i>0$、$\varphi_i=0$、$\varphi_i<0$ 的波形图。

4.1.4　若一台耐压为 300V 的家用电器，是否可用于 220V 的交流电路上？

4.2　正弦量的相量表示法

正弦交流电的物理量可以用三角函数式或波形图来表示。但这两种方法只是分析正弦交流电路的一种工具，如果运算起来，无论采用三角函数式还是波形图都十分烦琐，通常大都采用相量法。相量表示法实质就是借用复数的形式来表示正弦量。

4.2.1 复数

图4-4中的有向线段OA，它代表复数Z，当它的长度等于正弦电压的幅值U_m，它与横轴的夹角为正弦量的初相角φ_u，并以正弦量的角频率ω为角速度作逆时针旋转时，该有向线段每一时刻在纵轴上的投影就是这一正弦电压，表示为

$$u(t)=U_m\sin(\omega t+\varphi_u)$$

也就是说，以角速度ω逆时针旋转的有向线段OA和正弦电压$u(t)$之间是一一对应的，$u(t)$可以用这一旋转的有向线段来表示。

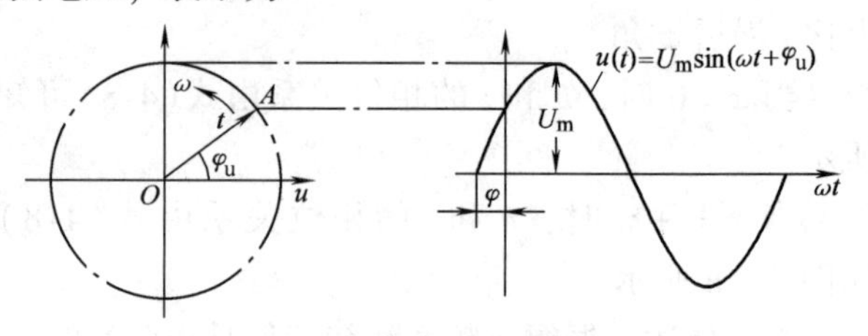

图4-4 用旋转有向线段表示正弦量

复数的表示形式有解析式、三角式、指数式和极坐标式，如有一复数Z，表示为

$$Z=a+\mathrm{j}b=|Z|(\cos\varphi+\mathrm{j}\sin\varphi)=|Z|\mathrm{e}^{\mathrm{j}\varphi}=|Z|\angle\varphi$$

复数运算结果仅与其模及辐角有关，加减运算可采用解析式，乘除则可以采用指数式或极坐标式，十分方便。而在同频率的正弦电路中正弦量的运算只需考虑大小和初相位两个因素，因此只需简单地用复数Z来表示正弦电压u。置于复平面上的有向线段OA和复数Z是一一对应的，也就是说，正弦量在某一时刻的瞬时值可以由这个旋转有向线段于该时刻在虚轴上的投影来表示。所以可以直接用复数来表示正弦量。

4.2.2 相量法的基础

在线性电路中，用同频率的正弦量作激励，则产生的响应一定为同频率，因此在求解正弦电路时，可以不考虑频率，仅分析振幅和初相位，采用复数的计算方法来求得，即正弦量的相量表示法来求解。为了与一般复数相区别，我们把用来表示正弦量的复数称为相量，用大写的字母上打点来表示。

注意：相量只表示正弦量，而不等于正弦量；不同频率的正弦量的相量不可以置于同一相量图上，它们无法比较与运算。

在表示正弦电流$i(t)=I_m\sin(\omega t+\varphi_i)$时，可以用$\dot{I}_m$和$\dot{I}$两个相量来表示。如图4-5中的复数$\dot{I}$是以正弦电流的有效值$I$为复数的模，称电流有效值相量。而相量$\dot{I}_m$是以正弦电流的幅值$I_m$作为复数的模，称电流幅值相量。它们的辐角均为电流的初相角φ_i。

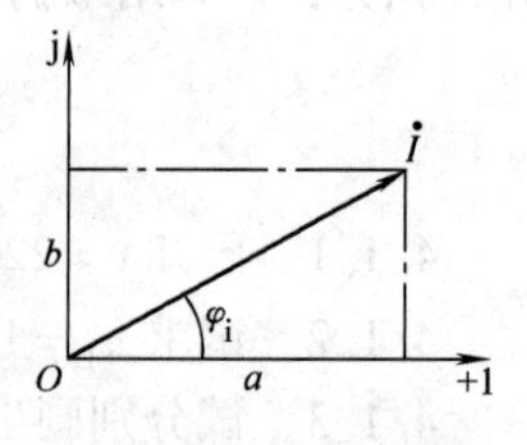

图4-5 相量的复数表示

相量有相量图和复数式两种表示法。

（1）相量图 相量可以用复平面上的有向线段图形来表示，如图4-5中的有向线段$\dot{I}$。若干个同频率的正弦量的相量画在同一个复平面上就构成了相量图。相量图可以很直观地看出各相量之间的数值和相位关系，如图4-5所示的相量图。

注意：只有正弦量可用相量表示，非正弦量则绝对不可用相量表示。

（2）复数式 常用的复数式有直角坐标式和指数式。在直角坐标式中，图4-5中的$\dot{I}$可表示为$\dot{I}=a+\mathrm{j}b$，在指数式中图4-5中的$\dot{I}$可表示为$\dot{I}=I\mathrm{e}^{\mathrm{j}\varphi}$，在工程上常写作极坐标

式$\dot{I}=I\angle\varphi$ A。

由复数的三种表示式可知，当$\varphi=\pm90°$时

$$e^{\pm j90°}=\cos(\pm90°)+j\sin(\pm90°)=\pm j$$

因此，任一相量乘上±j后，表示新的相量的模没改变，只是在复平面中，逆时针或顺时针旋转了90°。

总之，在相量运算中任何一个相量和模为1的复数$e^{j\varphi}$相乘或相除时，只需要将该相量逆时针或顺时针旋转φ角。

4.2.3 正弦量的相量运算

引入了正弦量的相量表示法后，使正弦电路的分析计算变成了复数之间的运算，加、减、乘、除都变得十分简便。式(4-9)表示了两个同频率的电流i_1和i_2。

$$\begin{cases} i_1=100\sin(\omega t+45°)\text{A} \\ i_2=60\sin(\omega t-30°)\text{A} \end{cases} \tag{4-9}$$

若要求式(4-9)中两个电流之和i_1+i_2，由和差化积、积化和差相当麻烦，而由相量的表示法知，分别用相量图和复数式来求解十分简单。

(1) 相量图法　图4-6中的有向线段$\dot{I}_1$和$\dot{I}_2$分别表示了式(4-9)中的两个同频率的电流i_1和i_2。利用平行四边形法则，以i_1和i_2的幅值相量为两个邻边的平行四边形的对角线即为电流之和i的幅值相量。

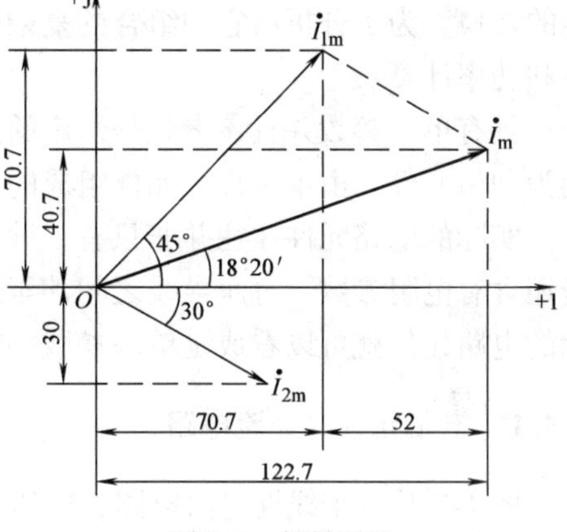

图4-6　相量图法

(2) 复数式法　用复数的直角坐标式$a+jb$来表示式(4-9)中的两个正弦电流i_1和i_2，相量为

$$\begin{cases} \dot{I}_{1m}=100(\cos45°+j\sin45°)\text{A} \\ \dot{I}_{2m}=60(\cos30°-j\sin30°)\text{A} \end{cases} \tag{4-10}$$

式(4-9)中两个电流i_1+i_2之和，则可以由式(4-10)$\dot{I}_{1m}+\dot{I}_{2m}$利用复数运算法则求得

$$\begin{aligned} \dot{I}_m &= \dot{I}_{1m}+\dot{I}_{2m} \\ &= [100\cos45°+60\cos30°+j(100\sin45°-60\sin30°)]\text{A} \\ &= (a+jb)\text{A} \end{aligned}$$

$$I_m=\sqrt{a^2+b^2}\text{A}=129\text{A}$$

$$\varphi=\arctan\frac{b}{a}=\arctan\frac{40.7}{122.7}\approx18.35°$$

故得

$$i=129\sin(\omega t+18.35°)\text{A}$$

显见，当求两个正弦量的和或差时，相量用复数直角坐标表示最有效。但是相量之间的乘除则应采用复数指数式或极坐标式。

值得注意的是：相量只是表示正弦量的一种方式，相量不是正弦量。只有同频率的正弦量之间才可以进行相量运算。为了简便起见，画相量图时，复平面的横轴往往被省略。

练习与思考

4.2.1　当 $u_1=220\sqrt{2}\sin(\omega t+30°)$ V，$u_2=60\sqrt{2}\sin(\omega t+60°)$ V 时，思考下列各式是否错误？

$$\dot{U}_{1m}=220(\cos30°+\mathrm{j}\sin30°)\,\mathrm{V},\ \dot{U}_{2m}=60\angle 60°$$

4.2.2　指出下列各式的错误。

（1）$i=10\cos(\omega t+30°)\,\mathrm{A}=10\mathrm{e}^{\mathrm{j}30°}\,\mathrm{A}$

（2）$U=220\angle 45°\,\mathrm{V}$

（3）$\dot{I}=5\mathrm{e}^{30°}\,\mathrm{A}$

4.3　单一元件的正弦交流电路

在正弦交流电路中含有各种各样的元件，但涉及的无源元件仅仅是电阻元件、电感元件和电容元件，电阻是消耗电能的元件，电感元件和电容元件还存在磁场能量和电场能量与电能的转换。为了分析由它们组合的复杂电路，必须掌握在单一参数电路中，电压和电流的关系和功率计算。

具有单一参数并且该参数是恒定的元件称为理想元件。电阻元件、电感元件、电容元件均为理想元件。由单一理想元件组成的电路称为单一参数电路。

实际的电路元件往往并非只有一种参数，如电感线圈，它除了具有电感参数外，导体本身还含有电阻参数，每匝导线之间甚至还会呈现电容参数。在分析清楚单一参数电路后，实际的电路元件就可以看成是单一参数理想元件串并联而成。

4.3.1　电阻元件的交流电路

图 4-7 是一个线性电阻电路，电压和电流的参考方向如图所示，由欧姆定律可知

$$u=iR \tag{4-11}$$

为分析方便，设 R 两端加的正弦交流电压 $u=U_m\sin\omega t$，由式(4-11)可得

$$i=\frac{u}{R}=\frac{U_m}{R}\sin\omega t=I_m\sin\omega t$$

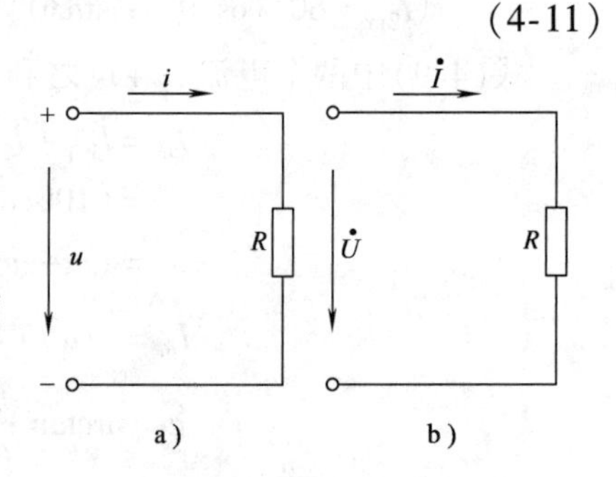

图 4-7　电阻元件电路

a）瞬时电路　b）相量形式

由上式可以看出：电阻元件两端电压和电流是同频率、同相位的。电压和电流的正弦波形图如图 4-8 所示。

$$U_m=RI_m \text{ 或 } U=RI$$

由此可知，在电阻电路中，电压的幅值(或有效值)与电流的幅值(或有效值)之比，就是电阻。

如用相量表示电压与电流的关系，则为

$$\dot{U}=U\mathrm{e}^{\mathrm{j}0°}\quad \dot{I}=I\mathrm{e}^{\mathrm{j}0°}$$

$$\frac{\dot{U}}{\dot{I}}=R\quad\text{或}\quad\dot{U}=R\dot{I}$$

此式即为欧姆定律的相量形式。电压与电流的相量图如图 4-9 所示。

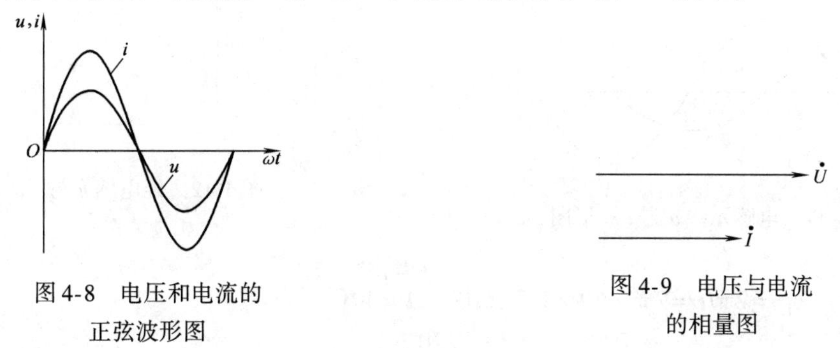

图 4-8　电压和电流的正弦波形图

图 4-9　电压与电流的相量图

例 4-1　如果把一个 50Ω 电阻分别接在频率为 50Hz 和 500Hz、电压均为 220V 的电源上，通过的电流各是多少？

解：由于有效值与频率无关，电压的有效值及电阻的阻值没有改变，则两种情况下电流的有效值也没有改变，即

$$I = \frac{U}{R} = \frac{220}{50}\text{A} = 4.4\text{A}$$

4.3.2　电感元件的交流电路

如图 4-10 中流过 L 的电流为正弦电流 $i = I_m \sin\omega t$ 时，由电磁感应定律可知

$$\begin{aligned} u &= L\frac{\mathrm{d}i}{\mathrm{d}t} = \omega L I_m \sin(\omega t + 90°) \\ &= U_m \sin(\omega t + 90°) \end{aligned} \tag{4-12}$$

式中，ωL 称为感抗，记作 X_L，$\omega L = U_m / I_m$，X_L 是频率的函数，它的单位为 Ω。

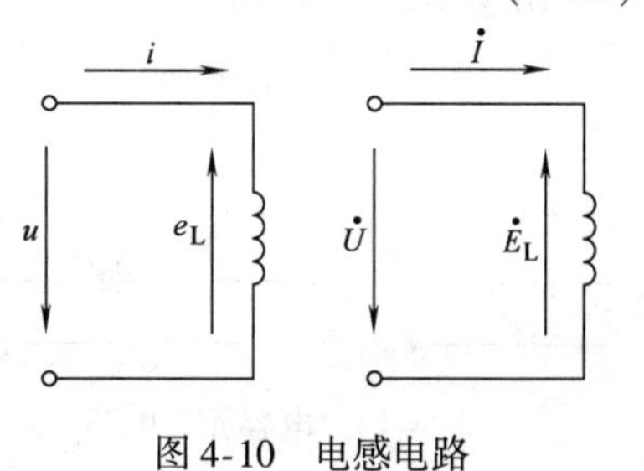

图 4-10　电感电路

必须注意，感抗不仅与电感量有关，而且还与频率有关。频率越高，电感越大，感抗就越大，对直流电路而言，可认为 $f = 0$，所以 $X_L = 0$，即电感对直流相当短路。此外，X_L 只代表电压的有效值(或幅值)与电流的有效值(或幅值)之比，不能代表瞬时值之比。这是因为在电感电路中，电压不再与电流成正比(而是与电流的变化率成正比)。由式(4-12)可以看出：

1）正弦交流电路中电感元件两端电压和电流同频率，电压相位超前电流相位 90°，即

$$\dot{U} = U\mathrm{e}^{\mathrm{j}90°}, \ \dot{I} = I\mathrm{e}^{\mathrm{j}0°}$$

2）$\dot{U}_m = \dot{I}_m(\mathrm{j}X_L) = \mathrm{j}\omega L\dot{I}_m$，$\dot{U} = \dot{I}(\mathrm{j}X_L) = \mathrm{j}\omega L\dot{I}$

3）$U_m = X_L I_m$，$U = X_L I$

其电压与电流的波形图如图 4-11 所示。相量关系如图 4-12 所示。

例 4-2　有一 $L = 127\text{mH}$ 的电感线圈，线圈本身电阻很小，可忽略不计，试求下列两种情况下，通过线圈的电流各为多少？

（1）$U = 220\text{V}$，$f = 50\text{Hz}$ 的电源上；（2）$U = 220\text{V}$，$f = 1000\text{Hz}$ 的电源上。

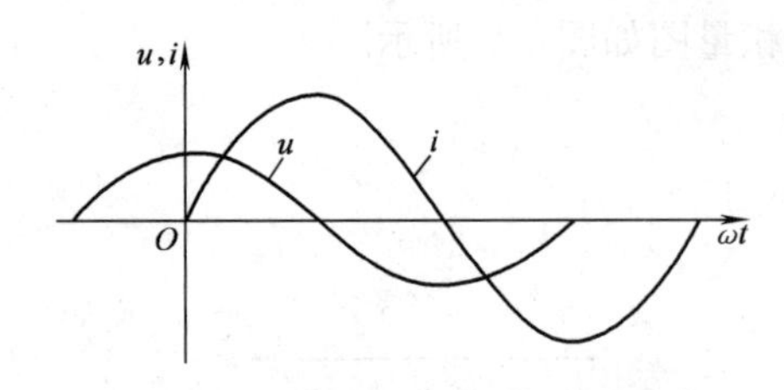

图 4-11　电感元件 u 与 i 波形图

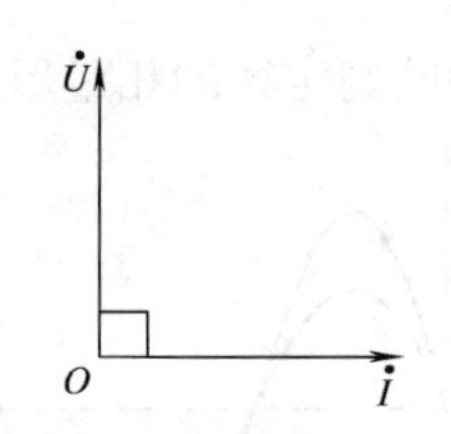

图 4-12　纯电感 u 与 i 相量关系

解：（1）$X_L = 2\pi fL = 2\pi \times 50 \times 127 \times 10^{-3}\Omega = 40\Omega$

$$I = \frac{U}{X_L} = \frac{220}{40}\text{A} = 5.5\text{A}$$

（2）$X_L = 2\pi fL = 2\pi \times 1000 \times 127 \times 10^{-3}\Omega = 800\Omega$

$$I = \frac{U}{X_L} = \frac{220}{800}\text{A} = 0.275\text{A}$$

4.3.3　电容元件的交流电路

图 4-13 中当电容 C 两端所加的电压为正弦量 $u = U_m \sin\omega t$ 时，则由第 1 章关于线性电容的伏安特性可知

$$i = \frac{dq}{dt} = C\frac{du}{dt} = C\omega U_m \sin(\omega t + 90°) = I_m \sin(\omega t + 90°) \tag{4-13}$$

式中，$\frac{U_m}{I_m} = \frac{1}{\omega C}$称为容抗，记作 X_C。它和 X_L 一样亦是频率的函数，它的单位为 Ω。

由图 4-14 可以看出：

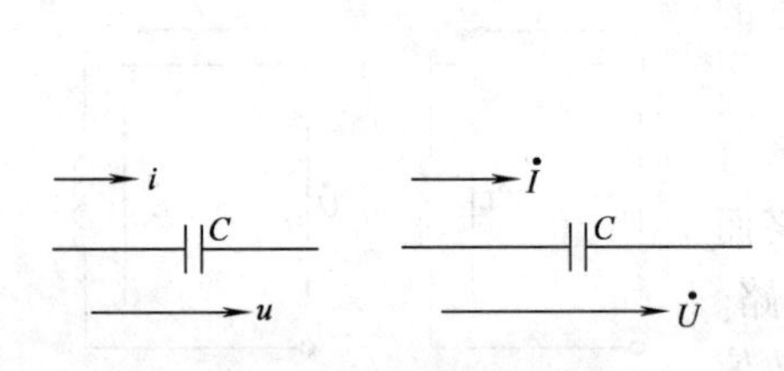

图 4-13　电容元件电路

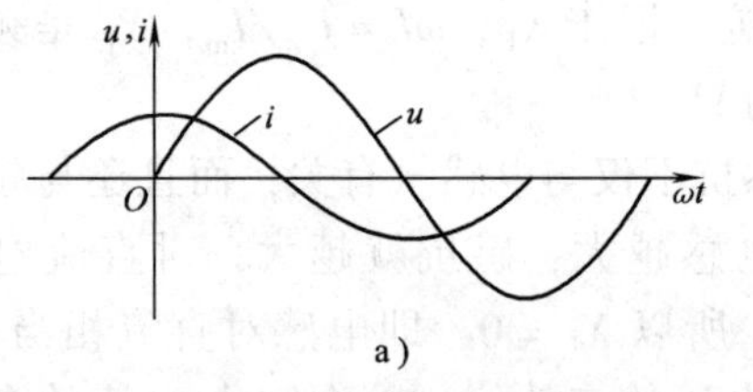

图 4-14　纯电容元件 u 与 i 的关系图
a）u 与 i 波形图　b）u 与 i 的相量关系

1）正弦交流电路中电容元件两端的电压和电流同频率，电流相位比电压相位超前 90°，即

$$\dot{U} = U e^{j0°}，\dot{I} = I e^{j90°}$$

2）$\dot{U} = \dot{I}\frac{1}{\omega C}\angle -90° = -j\dot{I}X_C$，$\dot{U}_m = \dot{I}_m \frac{1}{\omega C}\angle -90° = -j\dot{I}_m X_C$

（其中 $-j$ 表示 $\dot{U}$ 滞后 $\dot{I}$ 相位 90°）

3）$U = X_C I$，$U_m = X_C I_m$

注意：容抗也具有妨碍电流的性质，容抗不仅与电容量有关，而且还与频率有关。频率越高，电容越大，容抗就越小，对直流电路而言，可认为 $f = 0$，所以 $X_C = \infty$，即电容对于

直流相当开路。此外，X_C 只代表电压的有效值(或幅值)与电流的有效值(或幅值)之比，不能代表瞬时值之比。这是因为在电容电路中，电压和电流成积分关系。

例 4-3 把 $C=5\mu F$ 的电容分别接入频率为 50Hz 和 500Hz 的正弦交流电源上，其电压的有效值均为 220V，问其电流各是多少？

解：(1) $f=50Hz$ 时

$$X_C=\frac{1}{2\pi fC}=\frac{1}{2\times3.14\times50\times5\times10^{-6}}\Omega=637\Omega$$

$$I=\frac{U}{X_C}=\frac{220}{637}A=0.345A$$

(2) $f=500Hz$ 时

$$X_C=\frac{1}{2\pi fC}=\frac{1}{2\times3.14\times500\times5\times10^{-6}}\Omega=63.7\Omega$$

$$I=\frac{U}{X_C}=\frac{220}{63.7}A=3.45A$$

由此可见，同一电容在电压有效值不变时，频率越高，通过的电流有效值越大。

练习与思考

4.3.1 指出下列各式哪些是对的，哪些是错的？为什么？

$$\frac{u}{i}=X_C,\ \frac{U}{I}=X_L,\ u=L\frac{di}{dt},\ U=-j\frac{I}{j\omega C}$$

4.3.2 为什么在电感元件的正弦交流电路中，电压 u_L 超前电流 i_L 相位$\frac{\pi}{2}$？什么是感抗？它反映了电感元件的什么性质？

4.3.3 为什么在电容元件的正弦交流电路中，电压 u_C 滞后电流 i_C 相位$\frac{\pi}{2}$？什么是容抗？它反映了电容元件的什么性质？

4.3.4 在图 4-15 中，a、b、c 分别为 3 个单一参数正弦电路。若所加电压 u 的幅值 U_m 不变，角频率变大，a、b、c 3 个电路中 i 会有什么相应的改变？

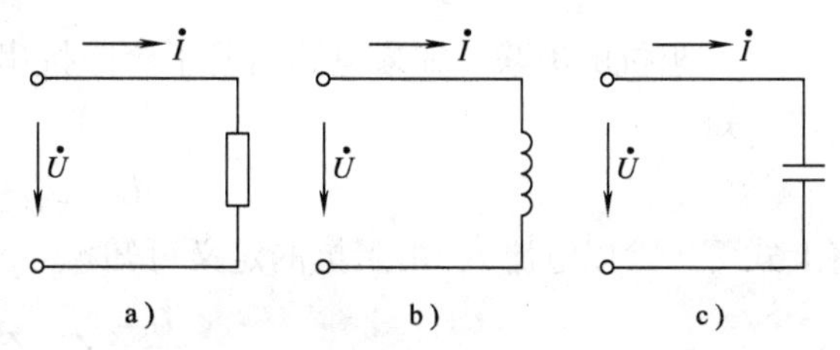

图 4-15 练习与思考 4.3.4 的图

4.4 正弦稳态交流电路的计算

我们在 4.3 中讨论了各个单一参数正弦电路的电压、电流关系，但是实际电路的模型往往是由两个或多个不同参数元件组成的串联或并联电路。本节将在上述基础上，讨论由电阻、电感、电容组成的混联电路中，电压、电流关系及分析计算，以掌握一般正弦电路的分析计算方法。

4.4.1 电压和电流的相量形式

在正弦稳态电路中，定义无源二端网络端口电压相量和端口电流相量的比值为该无源二端网络的阻抗，并用符号 Z 表示，如图 4-16 所示。

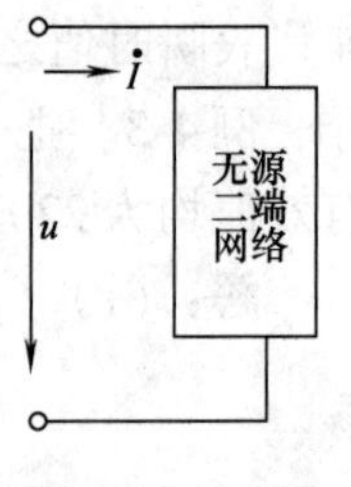

图 4-16　无源二端网络电路

则
$$Z=\frac{\dot{U}}{\dot{I}},|Z|=\frac{U}{I} \tag{4-14}$$

$$\dot{U}=Z\dot{I}\quad 或\quad \dot{U}_{\mathrm{m}}=Z\dot{I}_{\mathrm{m}}$$

式(4-14)就是交流电路中欧姆定律的相量形式。阻抗 Z 是个复数，所以称为复数阻抗(复阻抗)。但它不代表正弦量，因此不是相量，所以大写字母 Z 上不能打点。式(4-14)进一步可写成

$$Z=\frac{\dot{U}}{\dot{I}}=\frac{U\angle\varphi_{\mathrm{u}}}{I\angle\varphi_{\mathrm{i}}}=|Z|\angle\varphi_{\mathrm{Z}}=\frac{U}{I}\angle(\varphi_{\mathrm{u}}-\varphi_{\mathrm{i}}) \tag{4-15}$$

$$|Z|=\frac{U}{I}=\frac{U_{\mathrm{m}}}{I_{\mathrm{m}}}\quad \varphi_{\mathrm{Z}}=\varphi_{\mathrm{u}}-\varphi_{\mathrm{i}}$$

$\varphi_{\mathrm{Z}}>0$　电压超前电流，感性

$\varphi_{\mathrm{Z}}<0$　电压滞后电流，容性

$\varphi_{\mathrm{Z}}=0$　电压电流同相，阻性

$|Z|$为阻抗 Z 的模，称为阻抗模。辐角 φ 称为阻抗角。由阻抗的定义可知，在 4.3 节单一参数正弦交流电路中

电阻元件的阻抗　$Z=R$

电感元件的阻抗　$Z=\mathrm{j}X_{\mathrm{L}}=\mathrm{j}\omega L=\omega L\angle 90^{\circ}$

电容元件的阻抗　$Z=-\mathrm{j}X_{\mathrm{C}}=-\mathrm{j}\frac{1}{\omega C}=\frac{1}{\omega C}\angle -90^{\circ}$

4.4.2　阻抗的串并联

(1) 阻抗的串联　如果电路由若干个阻抗串联而成，如图 4-17 所示。由基尔霍夫电压定律可知

$$\dot{U}=\dot{U}_1+\dot{U}_2$$

将上式两边除以电流 $\dot{I}$，由阻抗的定义可知

$$\frac{\dot{U}}{\dot{I}}=Z=Z_1+Z_2 \tag{4-16}$$

式(4-16)表明串联电路的总阻抗等于各个阻抗之和。

注意：阻抗是复数。阻抗相加时，实部和实部相加，虚部和虚部相加。切不可以将阻抗模$|Z|$直接相加。

其中
$$\dot{U}_1=\frac{Z_1}{Z_1+Z_2}\dot{U}$$

$$\dot{U}_2=\frac{Z_2}{Z_1+Z_2}\dot{U}$$

(2) 阻抗的并联　若电路由若干个阻抗并联而成，如图 4-18 所示。由基尔霍夫电流定律可知

$$\dot{I}=\dot{I}_1+\dot{I}_2 \tag{4-17}$$

由阻抗的定义可将式(4-17)化成如下形式：

$$\dot{I}_1 = \frac{Z_2}{Z_1 + Z_2}\dot{I}$$

$$\dot{I}_2 = \frac{Z_1}{Z_1 + Z_2}\dot{I}$$

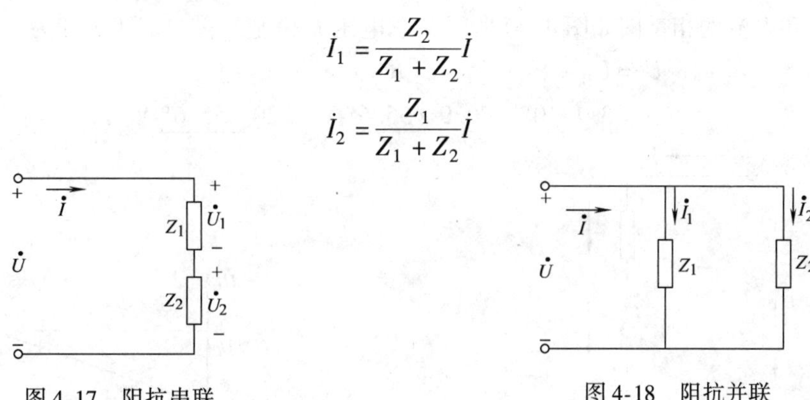

图 4-17　阻抗串联　　　　图 4-18　阻抗并联

$$\dot{I} = \dot{I}_1 + \dot{I}_2 + \cdots = \frac{\dot{U}}{Z_1} + \frac{\dot{U}}{Z_2} + \cdots = \dot{U}\left(\frac{1}{Z_1} + \frac{1}{Z_2}\right) + \cdots \tag{4-18}$$

可得

$$\frac{1}{Z_{总}} = \frac{1}{Z_1} + \frac{1}{Z_2} + \cdots \tag{4-19}$$

式(4-19)表明，并联电路总的阻抗的倒数等于各部分阻抗的倒数之和。若只有两个阻抗 Z_1 和 Z_2 并联，显然总阻抗为

$$Z = \frac{Z_1 Z_2}{Z_1 + Z_2} \tag{4-20}$$

4.4.3　交流电路计算的原则

由上所述可知，当正弦稳态电路中引入了阻抗的概念后，交流电路中欧姆定律的相量形式、阻抗的串并联公式均和直流电路中相应的公式有着相似的形式。由此得出：只要电动势、电压、电流用相量 $\dot{E}$、$\dot{U}$、$\dot{I}$ 来表示，各元件用阻抗 Z 来表示，交流电路的计算就可以采用直流电路中各种分析方法、原理、定律和公式等。此处就不一一证明了。

例 4-4　电路如图 4-19 所示，各元件参数为 $R=40\Omega$，$L=250\text{mH}$，$C=159\mu\text{F}$，接在 $f=50\text{Hz}$ 的正弦交流电源上。若已知电路的总电流 $I=3.1\text{A}$，试求：(1) 电路总的等效阻抗；(2)各部分的电压和总电压的有效值；(3)总电压和总电流的相位差 φ。

解：(1) 图 4-19 为串联电路，R、L、C 流过同一个电流，因此设电流为参考相量比较方便。设

$$\dot{I} = 3.1\angle 0°\ \text{A}$$

因为电源频率：$f=50\text{Hz}$，所以 $\omega=314\text{rad/s}$

$$X_L = \omega L = 314 \times 250 \times 10^{-3}\Omega = 78.5\Omega$$

$$X_C = \frac{1}{\omega C} = \frac{10^6}{314 \times 159}\Omega = 20\Omega$$

电路总的等效阻抗由式(4-16)可知为

$$Z = R + \text{j}(X_L - X_C) = [40 + \text{j}(78.5 - 20)]\Omega = 70.9\angle 55.6°\ \Omega$$

(2) 各部分电压由交流电路中欧姆定律相量形式可知为

$$\dot{U}_R = \dot{I}R = 3.1\angle 0° \times 40\text{V} = 124\angle 0°\ \text{V}$$

$$\dot{U}_L = \dot{I}(\text{j}X_L) = 3.1\angle 0° \times 78.5\angle 90°\ \text{V} = 243.4\angle 90°\ \text{V}$$

$$\dot{U}_C = \dot{I}(-\text{j}X_C) = 3.1\angle 0° \times 20\angle -90°\ \text{V} = 62\angle -90°\ \text{V}$$

电路中电压和电流的相量图如图 4-20 所示。总电压 $\dot{U}$ 由基尔霍夫定律可知为

$$\dot{U}=\dot{U}_R+\dot{U}_L+\dot{U}_C=\dot{I}[R+j(X_L-X_C)]$$
$$=3.1\angle 0^\circ\times 70.9\angle 55.6^\circ\ V=220\angle 55.6^\circ\ V$$

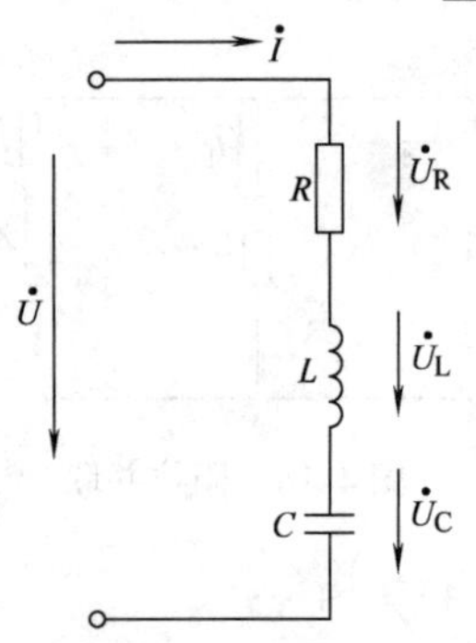

图 4-19　R、L、C 串联电路

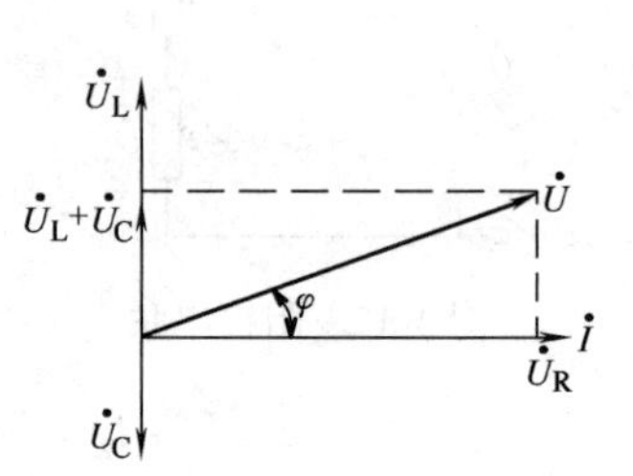

图 4-20　例 4-4 电路的相量图

（3）总电压和电流相位差 $\varphi=\varphi_u-\varphi_i$，由电压相量图可知 $\dot{U}_R$ 和 $\dot{I}$ 同相，$\dot{U}_L$ 超前 $\dot{I}$ 90°，$\dot{U}_C$ 滞后 $\dot{I}$ 90°。因此串联电路的电压三角形是一个直角三角形。总电压和总电流的相位差 φ 也可以从图 4-20 求得

$$\varphi=\varphi_u-\varphi_i=\arctan\frac{X_L-X_C}{R}=\arctan\frac{U_L-U_C}{U_R}=\arctan\frac{58.5}{40}=55.6^\circ$$

显然，总电压和总电流的相位差 φ 就是阻抗的阻抗角，它和电路中感抗 X_L 及容抗 X_C、电阻 R 有关。

例 4-5　在图 4-21a 所示的电路中，已知：$R=2k\Omega$，$C=0.1\mu F$，输入端接正弦信号源，$U_1=1V$，$f=500Hz$。(1) 试求输出电压 U_2，并讨论输出电压与输入电压间的大小与相位的关系；(2) 当电容 C 改为 20μF 时求 (1) 中各项。

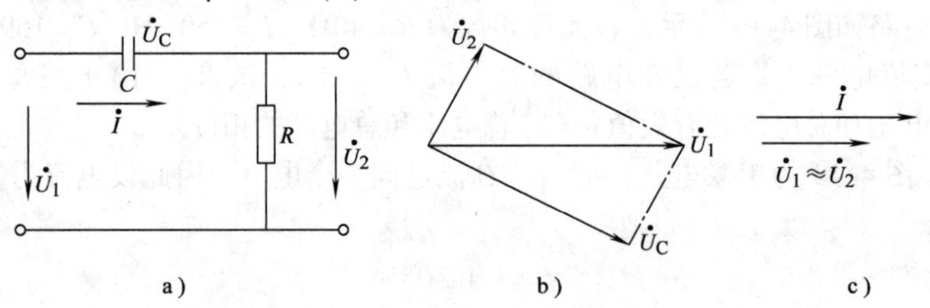

图 4-21　例 4-5 图

解：(1)

$$X_C=\frac{1}{2\pi fC}=\frac{1}{2\times 3.14\times 500\times 0.1\times 10^{-6}}\Omega=3.2k\Omega$$

$$|Z|=\sqrt{R^2+X_C^2}=\sqrt{2^2+3.2^2}k\Omega=3.77k\Omega$$

$$I=\frac{U_1}{|Z|}=\frac{1}{3.77\times 10^3}A=0.27\times 10^{-3}A=0.27mA$$

$$U_2=RI=2\times 10^3\times 0.27\times 10^{-3}V=0.54V$$

$$\varphi=\arctan\left(\frac{-X_C}{R}\right)=\arctan\left(\frac{-3.2}{2}\right)=\arctan(-1.6)=-58^\circ$$

电压与电流的相量图如图 4-21b 所示，$\dot{U}_2$ 比 $\dot{U}_1$ 超前 58°。

(2) $X_C = \frac{1}{2\times3.14\times500\times20\times10^{-6}}\Omega = 16\Omega$

$|Z| = \sqrt{2000^2+16^2}\,\Omega \approx 2\text{k}\Omega$

$U_2 \approx U_1,\ \varphi \approx 0,\ U_C \approx 0$

电压与电流的相量图如图 4-21c 所示。

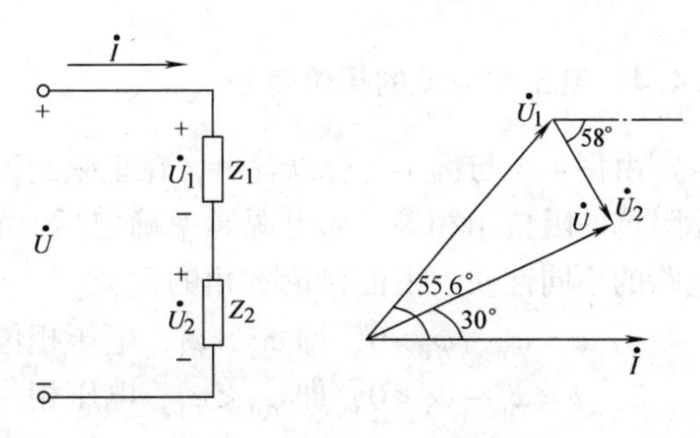

图 4-22　例 4-6 电路及相量图

例 4-6　电路与相量图如图 4-22 所示。两个阻抗 $Z_1=(6.16+\text{j}9)\Omega$ 和 $Z_2=(2.5-\text{j}4)\Omega$ 串联接在 $\dot{U}=220\angle30°$ V 的电源上。试用相量法计算电路的电流和各阻抗上的电压。

解：

$$Z = Z_1+Z_2 = [(6.16+\text{j}9)+(2.5-\text{j}4)]\Omega = [(6.16+2.5)+\text{j}(9-4)]\Omega = (8.66+\text{j}5)\Omega = 10\angle30°\ \Omega$$

$$\dot{I} = \frac{\dot{U}}{Z} = \frac{220\angle30°}{10\angle30°}\text{A} = 22\angle0°\ \text{A}$$

$$\dot{U}_1 = Z_1\dot{I} = (6.16+\text{j}9)22\angle0°\ \text{V} = 10.9\angle55.6°\times22\angle0°\ \text{V} = 239.8\angle55.6°\ \text{V}$$

$$\dot{U}_2 = Z_2\dot{I} = (2.5-\text{j}4)22\angle0°\ \text{V} = 4.71\angle-58°\times22\angle0°\ \text{V} = 103.6\angle-58°\ \text{V}$$

例 4-7　电路及相量图如图 4-23 所示。两个阻抗 $Z_1=(3+\text{j}4)\Omega$ 和 $Z_2=(8-\text{j}6)\Omega$ 并联接在 $\dot{U}=220\angle0°$ V 的电源上。计算电路的各支路的电流和总电流。

解：

$$Z_1=(3+\text{j}4)\Omega = 5\angle53°\ \Omega,\quad Z_2=(8-\text{j}6)\Omega = 10\angle-37°\ \Omega$$

$$Z = \frac{Z_1Z_2}{Z_1+Z_2} = \frac{5\angle53°\times10\angle-37°}{3+\text{j}4+8-\text{j}6}\Omega = \frac{50\angle16°}{11-\text{j}2}\Omega = \frac{50\angle16°}{11.8\angle-10.5°}\Omega = 4.47\angle26.5°\Omega$$

$$\dot{I}_1 = \frac{\dot{U}}{Z_1} = \frac{220\angle0°}{5\angle53°}\text{A} = 44\angle-53°\ \text{A}$$

$$\dot{I}_2 = \frac{\dot{U}}{Z_2} = \frac{220\angle0°}{10\angle-37°}\text{A} = 22\angle37°\ \text{A}$$

$$\dot{I} = \frac{\dot{U}}{Z} = \frac{220\angle0°}{4.47\angle26.5°}\text{A} = 49.2\angle-26.5°\ \text{A}$$

验算方法：是否 $\dot{I}_1+\dot{I}_2=\dot{I}$

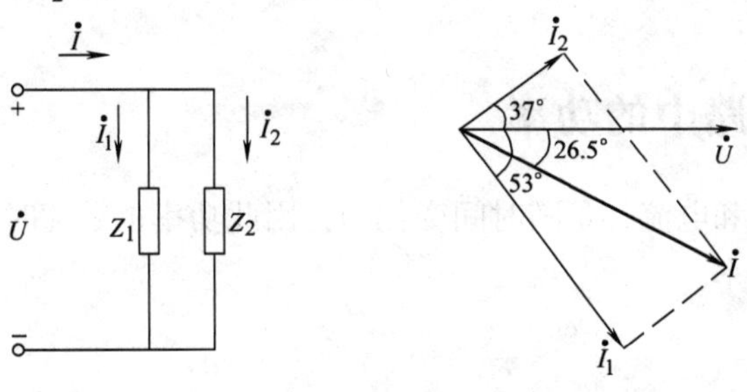

图 4-23　电路及相量图

4.4.4 电压和电流的相位差 φ

由例4-6与例4-7可以看出，在正弦交流电路中，总电压和总电流相位角之差 φ 和电路总阻抗的阻抗角相等。当电源频率确定后，它仅和 R、L、C 参数有关。φ 角的正负代表了电路的不同性质。下面讨论 φ 角的含义。

1）$\varphi=\varphi_u-\varphi_i>0$，即 $\varphi_u>\varphi_i$，电压相位超前电流相位，表明电路呈现电感性。

2）$\varphi=\varphi_u-\varphi_i<0$，即 $\varphi_u<\varphi_i$，电压相位滞后电流相位，表明电路呈现电容性。

3）$\varphi=\varphi_u-\varphi_i=0$，即 $\varphi_u=\varphi_i$，电压相位和电流相位相同，表明电路呈现电阻性。

练习与思考

4.4.1 在 R、L、C 串联电路中以下哪些式子是正确的？

（1）$U=U_R+U_L+U_C=IR+I(X_L-X_C)$

（2）$\dot{U}=\dot{I}\dot{Z}$　　（3）$I=\dfrac{U}{|Z|}$

（4）$\dot{I}=\dfrac{\dot{U}}{Z}$　　（5）$\varphi=\arctan\dfrac{\omega L-\omega C}{R}$

（6）$\dot{U}=\dot{I}[R+j(X_L-X_C)]$

4.4.2 “由图4-24中各量，则可知总电流 $I=8\text{A}$，$|Z|=2\Omega$”这句话对不对？

4.4.3 在图4-25中已知 $X_L=X_C=R$，并已知电流表 A_1 的读数为3A，试问 A_2 和 A_3 的读数。

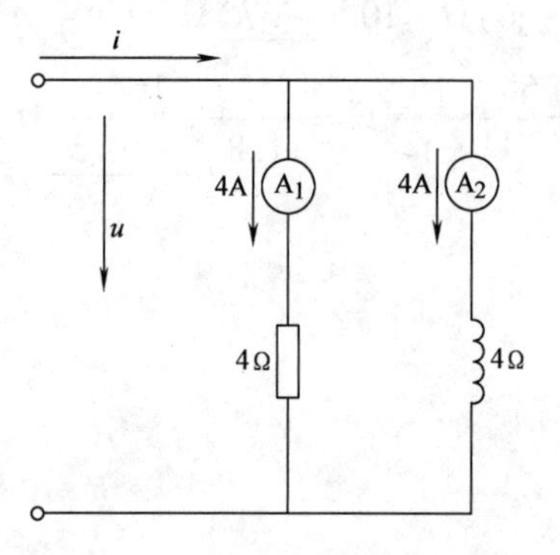

图4-24 练习与思考4.4.2的图

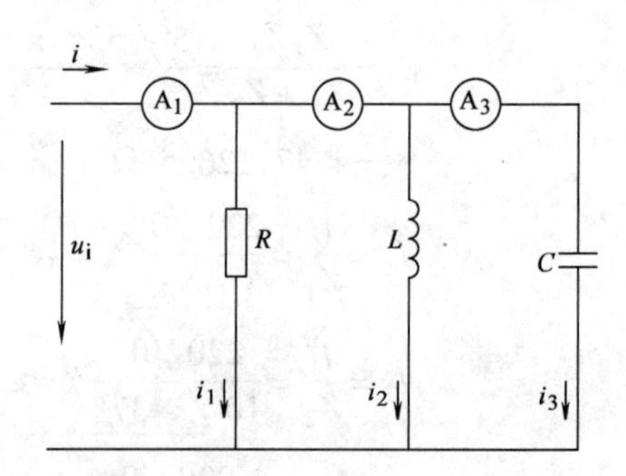

图4-25 练习与思考4.4.3的图

4.4.4 在 R、L、C 串联电路中若 $X_L=X_C=R=5\Omega$，所加电压为 $U=10\text{V}$，则流过电路的电流 $I=$？

4.5 正弦交流电路中的功率

在交流电路中电压和电流都是随时间变化的，因此功率也是随时间而变化的。下面将讨论正弦交流电路中的功率。

4.5.1 瞬时功率

电路元件在某一瞬间吸收或给出的功率称为瞬时功率，即

$$p = ui \tag{4-21}$$

（1）纯电阻电路　当 R 两端加的正弦交流电压 $u = U_m \sin\omega t$ 时，由欧姆定律可知

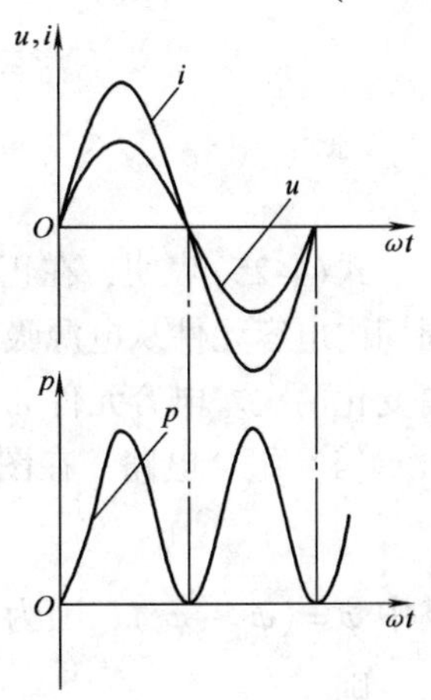

图 4-26　u、i 及 p 随时间变化的波形图

$$i = \frac{u}{R} = \frac{U_m}{R}\sin\omega t = I_m \sin\omega t$$

在任意瞬间，其瞬时功率，用小写字母 p 代表，即

$$\begin{aligned} p &= ui = U_m I_m \sin^2\omega t = \frac{U_m I_m}{2}(1 - \cos 2\omega t) \\ &= UI(1 - \cos 2\omega t) \end{aligned}$$

由上式可见，电阻的瞬时功率由两部分组成，第一部分是常数 UI，第二部分是幅值为 UI 并以 2 倍电源频率在交变的正弦量 $UI\cos 2\omega t$。

由于在电阻元件的交流电路中 u 与 i 同相，它们同时为正，同时为负，所以瞬时功率总是正值，即 $p \geqslant 0$。u、i 及 p 随时间变化的波形图如图 4-26 所示。

（2）纯电感电路　由瞬时功率定义可知，当线性线圈 L 流过的电流为正弦电流 $i = I_m \sin\omega t$ 时，由电磁定律可知

$$u = L\frac{\mathrm{d}i}{\mathrm{d}t} = \omega L I_m \sin(\omega t + 90°) = U_m \sin(\omega t + 90°)$$

$$\begin{aligned} p &= ui = U_m I_m \sin\omega t \sin(\omega t + 90°) \\ &= U_m I_m \sin\omega t \cos\omega t = \frac{U_m I_m}{2}\sin 2\omega t = UI\sin 2\omega t \end{aligned} \tag{4-22}$$

式(4-22)表明，在正弦交流电路中电感元件和电源之间只是进行能量的交换。在一个周期内电感元件从电源吸收的能量等于它归还给电源的能量，因此并不消耗能量。一个周期内变化两次。电感元件 u、i 及 p 的波形图如图 4-27 所示。

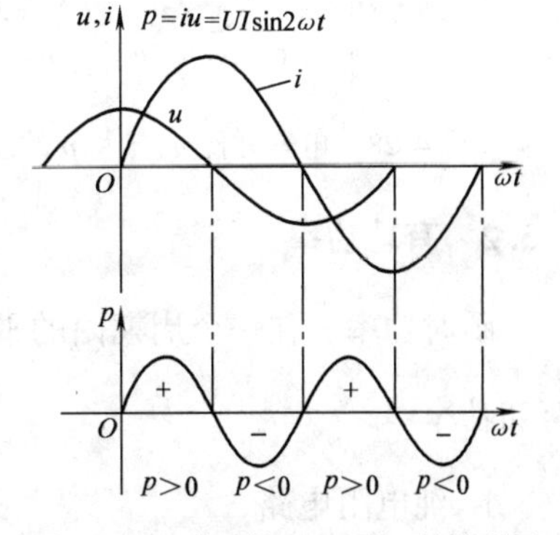

图 4-27　电感元件 u、i 及 p 的波形图

（3）纯电容电路　由第 1 章关于线性电容器上所加的电压和充电电流的关系可知

$$i = \frac{\mathrm{d}q}{\mathrm{d}t} = C\frac{\mathrm{d}u}{\mathrm{d}t}$$

上式为电容元件的特征方程。它表示电容元件上流过的电流和电容两端电压的变化率成正比。在直流电路中电容元件上流过的电流为零相当于开路。电容元件上吸取的瞬时功率

$$p = ui = uC\frac{\mathrm{d}u}{\mathrm{d}t} \tag{4-23}$$

当电容 C 两端所加的电压为正弦量 $u = U_m \sin\omega t$ 时，则

$$i = \frac{\mathrm{d}q}{\mathrm{d}t} = C\frac{\mathrm{d}u}{\mathrm{d}t} = C\omega U_m \sin(\omega t + 90°) = I_m \sin(\omega t + 90°) \tag{4-24}$$

此时对单一电容电路而言，它的瞬时功率

$$p = ui = U_m I_m \sin\omega t \sin(\omega t + 90°)$$

$$= U_m I_m \sin\omega t \cos\omega t = \frac{U_m I_m}{2}\sin 2\omega t = UI\sin 2\omega t \tag{4-25}$$

式(4-25)表明，在正弦交流电路中电容元件和电源之间只是进行能量的交换。在一个周期内电容元件从电源吸收的能量等于它归还给电源的能量，因此并不消耗能量。一个周期内变化两次。电容元件 u、i 及 p 的波形图如图 4-28 所示。

（4）组合电路　在图 4-29 中 Z 为阻抗元件的阻抗，其两端的电流、电压分别为

$$i = I_m \sin\omega t,\ u = U_m \sin(\omega t + \varphi)$$

其中 $\varphi = (\varphi_u - \varphi_i)$，因为 φ_i 设为零，所以 $\varphi = \varphi_u$。

则

$$p = ui = I_m \sin\omega t U_m \sin(\omega t + \varphi)$$

$$= U_m I_m \left[\frac{1}{2}\cos\varphi - \frac{1}{2}\cos(2\omega t + \varphi)\right]$$

$$= UI\cos\varphi(1 - \cos 2\omega t) + UI\sin\varphi \sin 2\omega t \tag{4-26}$$

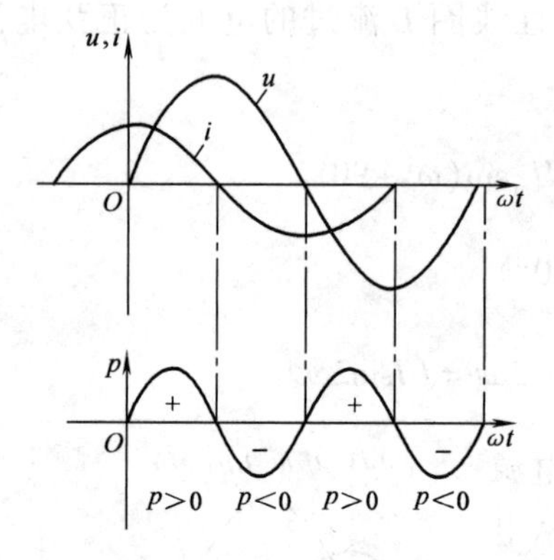

图 4-28　电容元件 u、i 及 p 的波形图

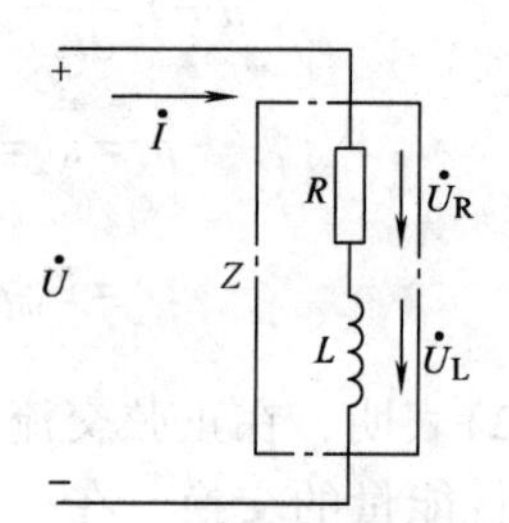

图 4-29　阻抗元件电路

4.5.2　有功功率

瞬时功率 p 在一个周期内的平均值称为平均功率，或称为有功功率，也可简称为功率。

有功功率

$$P = \frac{1}{T}\int_0^T p\mathrm{d}t \tag{4-27}$$

1. 纯电阻电路

$$P = \frac{1}{T}\int_0^T p\mathrm{d}t = \frac{1}{T}\int_0^T UI(1 - \cos\omega t)\mathrm{d}t = UI = RI^2 = \frac{U^2}{R}$$

$P \geqslant 0$，总为正值，所以电阻元件消耗电能，转换为热能。

例 4-8　已知电阻电路中 $R = 100\Omega$，$u = 220\sqrt{2}\sin 314t\mathrm{V}$，求 i 和 p。

解：

$$i = \frac{u}{R} = \frac{220\sqrt{2}}{100}\sin 314t\ \mathrm{A} = 2.2\sqrt{2}\sin 314t\ \mathrm{A}$$

$$p = UI = 220 \times 2.2\mathrm{W} = 484\mathrm{W}$$

2. 纯电感电路

$$P = \frac{1}{T}\int_0^T p\mathrm{d}t = \frac{1}{T}\int_0^T UI\sin 2\omega t\mathrm{d}t = 0$$

$P=0$ 表明电感元件不消耗能量，只有电源与电感元件间的能量互换。即在第一个和第三个1/4周期内，电流在增大，磁场在建立，p 为正值(u 和 i 正负相同)，电感元件从电源取用能量，并转换为磁场能量；在第二个和第四个1/4周期内，电流在减小，p 为负值(u 和 i 一正一负)，磁场在消失，电感元件释放原先储存的能量并转换为电能归还给电源。这是一个可逆的能量转换过程。在一个周期内，电感元件吸收和释放的能量相等，见图4-27。

例 4-9 有一100W/220V的白炽灯，求正常工作时流过灯丝的电流和灯丝呈现的电阻。

解：$P=UI=\dfrac{U^2}{R}$，故 $I=\dfrac{P}{U}=\dfrac{100}{220}\text{A}=0.45\text{A}$

$$R=\frac{U^2}{P}=\frac{220^2}{100}\Omega=484\Omega$$

例 4-10 已知电感元件电路中，$L=100\text{mH}$，$u=220\sqrt{2}\sin 314t\text{V}$，求 i 和 P。

解：
$$X_L=\omega L=314\times100\times10^{-3}\Omega=31.4\Omega$$

$$\dot{I}=\frac{\dot{U}}{\mathrm{j}X_L}=\frac{220\angle 0^\circ}{31.4\angle 90^\circ}\text{A}=7\angle -90^\circ\ \text{A}$$

所以
$$i=7\sqrt{2}\sin(314t-90^\circ)\text{A}$$

因电感元件不消耗有功功率，故 $P=0$。

3. 纯电容电路

$$P = \frac{1}{T}\int_0^T p\mathrm{d}t = \frac{1}{T}\int_0^T UI\sin 2\omega t\mathrm{d}t = 0$$

$P=0$ 表明电容元件不消耗能量。只有电源与电容元件间的能量互换。用无功功率来衡量这种能量互换的规模。由图4-28所示可知，当 $u\dfrac{\mathrm{d}u}{\mathrm{d}t}>0$ 时，也就是当电容元件两端的电压绝对值增大时，电容元件上吸取的瞬时功率 $p>0$，表明电容元件从电源吸取能量转换成电场能量。反之，当 u 的绝对值减小时，电容元件将电场能量转换成电能，送还电源。可见电场能量和磁场能量同样，变化是可逆的。一个周期内进行两次电场能与电能转换。在第一个和第三个1/4周期内，电压在增大，电容在充电，p 为正值(u 和 i 正负相同)，电容元件从电源取用能量，并转换为电场能量；在第二个和第四个1/4周期内，电压在减小，p 为负值(u 和 i 一正一负)，电容在放电，电容元件释放原先储存的能量并转换为电能归还给电源。这是一个可逆的能量转换过程。在一个周期内，电容元件吸收和释放的能量相等。

例 4-11 已知电容元件电路中 $u=220\sqrt{2}\sin 314t\text{V}$，$C=50\mu\text{F}$，求 i 和 P。

解：

$$X_C=\frac{1}{\omega C}=\frac{1}{314\times50\times10^{-6}}\Omega=63.69\Omega$$

$$\dot{I}=\frac{\dot{U}}{-\mathrm{j}X_C}=\frac{220\angle 0^\circ}{63.69\angle -90^\circ}\text{A}=3.45\angle 90^\circ\ \text{A}$$

所以
$$i=3.45\sqrt{2}\sin(314t+90^\circ)\text{A}$$

电容元件不消耗有功功率，故 $P=0$。

4. 组合电路

由图 4-29 所示可知，将式(4-26)代入式(4-27)中，式(4-26)中的第二项一个周期内的平均值为零，第一项的平均值为 $UI\cos\varphi$，即

$$P=UI\cos\varphi \tag{4-28}$$

注意：其中 φ 为电压和电流的相位差，$\varphi=\varphi_u-\varphi_i$。

由上面电路分析可知，电感元件和电容元件是不消耗有功功率的，因此总的有功功率 P 也就是消耗在电路中各电阻元件上的有功功率之和。

图 4-29 中阻抗元件 Z，若阻抗为 $R+jX$，有功功率 P 就是消耗在 R 上的功率。

$$P=I^2R=U_RI \tag{4-29}$$

4.5.3 无功功率

由于电阻元件消耗电能为可知，而电感、电容元件有功功率为零的物理意义是指磁场能量和电场能量与电源之间交换的能量在一个周期内“吞吐”相等。我们将“吞吐”的幅度定义为无功功率 Q。对于纯电感元件而言，$Q=UI=I^2X_L$，电感的无功功率为正值；而对纯电容元件来说，$Q=-UI=-I^2X_C$，电容的无功功率为负值；对组合电路而言，式(4-26)的第二项平均值为零，就是表征电路和电源之间进行能量交换的那部分有吞有吐的瞬时功率，其幅值为 $UI\sin\varphi$。

所以

$$Q=UI\sin\varphi \tag{4-30}$$

无功功率并不是消耗的有功功率，所以单位上用乏(var)或千乏，以示和有功功率瓦或千瓦的区别。

电感元件是理想元件，即 $\varphi=90°$。由式(4-30)可知，$Q_L=U_LI>0$。

电容元件是理想元件，即 $\varphi=-90°$。由式(4-30)可知，$Q_C=-U_CI<0$。

所以在一个电路中电感元件和电容元件的无功功率是相互补偿的。电路中总的无功功率

$$Q=\sum Q_C+\sum Q_L(\text{其中}\sum Q_L\text{为正值},\sum Q_C\text{为负值})$$

当 $\varphi=0$ 时，$Q=0$ 表示 $|\sum Q_L|=|\sum Q_C|$，电路呈电阻性。

当 $\varphi>0$ 时，$Q>0$ 表示 $|\sum Q_L|>|\sum Q_C|$，电路呈电感性。

当 $\varphi<0$ 时，$Q<0$ 表示 $|\sum Q_L|<|\sum Q_C|$，电路呈电容性。 (4-31)

这和在 4.4 节中讨论 φ 角含义的结论是一致的。

例 4-12 求例 4-4 所示电路(见图 4-19)中各部分及总的有功功率及无功功率。

解：由例 4-4 已知

$$\dot{I}=3.1\angle 0°\ \text{A}$$

$$\dot{U}=220\angle 55.6°\ \text{V}$$

$$\omega=314\text{rad/s}$$

电阻元件 R 上消耗的有功功率 $P_R=I^2R=3.1^2\times40\text{W}=384\text{W}$

电感元件 L 上的无功功率

$$Q_L=U_LI=I^2X_L=3.1^2\times250\times314\times10^{-3}\text{var}=754\text{var}$$

电容元件 C 上的无功功率

$$Q_C=-U_CI=-I^2X_C=-[3.1^2\times10^6/(159\times314)]\text{var}=-192\text{var}$$

电路总的有功功率　$p = UI\cos\varphi = 220 \times 3.1\cos 55.6°\text{W} = 384\text{W}$

电路总的无功功率　$Q = UI\sin\varphi = 220 \times 3.1\sin 55.6°\text{var} = 562\text{var}$

显见

$$Q = Q_L + Q_C$$

$$P = P_R$$

4.5.4 视在功率

电压和电流有效值的乘积称为视在功率，用 S 来表示：

$$S = UI \tag{4-32}$$

实际输出的有功功率是 $UI\cos\varphi$，其中 $\cos\varphi$ 由所带的负载特性所决定。视在功率的单位是 V·A(伏安)、kV·A(千伏安)，用于和有功功率及无功功率的区别。

通常对于一台变压器来讲，其铭牌上所标的额定容量 S_N 就是额定视在功率，表示为

$$S_N = U_N I_N \tag{4-33}$$

式中，U_N 为额定电压；I_N 为额定电流。

综上所述，有功功率、无功功率和视在功率之间有如下关系：

$$\begin{cases} P = UI\cos\varphi \\ Q = UI\sin\varphi \\ S = \sqrt{P^2 + Q^2} \end{cases} \tag{4-34}$$

例 4-13　一个线圈接在 50Hz、220V 的交流电源上。测得线圈的功率为 20W，电流为 0.5A。线圈的等效电路可以看作是 R 和 L 串联而成，求 R 和 L(见图 4-29)。

解：因为功率表测得的 20W 是消耗在电阻上的，故

$$R = \frac{P}{I^2} = \frac{20}{0.5^2}\Omega = 80\Omega$$

线圈的阻抗模　$|Z| = \dfrac{U}{I} = \dfrac{220}{0.5}\Omega = 440\Omega$

线圈的等效感抗　$X_L = \sqrt{|Z|^2 - R^2} = \sqrt{440^2 - 80^2}\,\Omega = 433\Omega$

线圈的等效电感　$L = \dfrac{X_L}{\omega} = \dfrac{X_L}{2\pi f} = \dfrac{433}{2\pi \times 50}\text{H} = 1.38\text{H}$

例 4-14　RLC 串联电路。已知 $R = 5\text{k}\Omega$，$L = 6\text{mH}$，$C = 0.001\mu\text{F}$，$u = 5\sqrt{2}\sin 10^6 t\text{V}$。(1)试分析电路呈何性质；(2)试分析当角频率变为 $2 \times 10^5\text{rad/s}$ 时，电路的性质有无改变。

解：(1) $X_L = \omega L = 10^6 \times 6 \times 10^{-3}\Omega = 6\text{k}\Omega$

$$X_C = \frac{1}{\omega C} = \frac{1}{10^6 \times 0.001 \times 10^{-6}}\Omega = 1\text{k}\Omega$$

$$Z = R + \text{j}(X_L - X_C) = [5 + \text{j}(6-1)]\text{k}\Omega = 5\sqrt{2}\angle 45°\,\text{k}\Omega$$

$\varphi_Z > 0$，电路呈感性。

(2) 当角频率变为 $2 \times 10^5\text{rad/s}$ 时，电路阻抗为

$$Z = \left[5 \times 10^3 + \text{j}\left(2 \times 10^5 \times 6 \times 10^{-3} - \frac{1}{2 \times 10^5 \times 0.001 \times 10^{-6}}\right)\right]\Omega$$

$$= (5 - \text{j}3.8)\text{k}\Omega = 6.28\angle -37.2°\,\text{k}\Omega$$

$\varphi_Z < 0$，电路呈容性。

例 4-15 RLC 并联电路中。已知 $R=5\Omega$，$L=5\mu H$，$C=0.4\mu F$，$U=10V$，$\omega=10^6 rad/s$，求总电流 i，并说明电路的性质。

解：$X_L=\omega L=10^6\times5\times10^{-6}\Omega=5\Omega$

$$X_C=\frac{1}{\omega C}=\frac{1}{10^6\times0.4\times10^{-6}}\Omega=2.5\Omega$$

设 $\dot{U}=10\angle 0^\circ$ V

则

$$\dot{I}_R=\frac{\dot{U}}{R}=\frac{10\angle 0^\circ}{5}A=2A$$

$$\dot{I}_L=\frac{\dot{U}}{jX_L}=\frac{10\angle 0^\circ}{j5}A=-j2A$$

$$\dot{I}_C=\frac{\dot{U}}{-jX_C}=\frac{10\angle 0^\circ}{-j2.5}A=j4A$$

$$\dot{I}=\dot{I}_R+\dot{I}_L+\dot{I}_C=(2-j2+j4)A=(2+j2)A=2\sqrt{2}\angle 45^\circ A$$

$$i=4\sin(10^6t+45^\circ)A$$

因为电流的相位超前电压，所以电路呈容性。

练习与思考

4.5.1　对于图 4-30 所示电路，在求电源电压提供的有功功率时，有人说 $P=UI\cos\varphi$；也有人说只有电阻消耗有功功率，因此 $P=I_1^2R_1+I_2^2R_2$。这两种说法是否对？

4.5.2　对于图 4-30 所示电路，如果 $|Z_1|=|Z_2|$，能否说总的无功功率等于零？

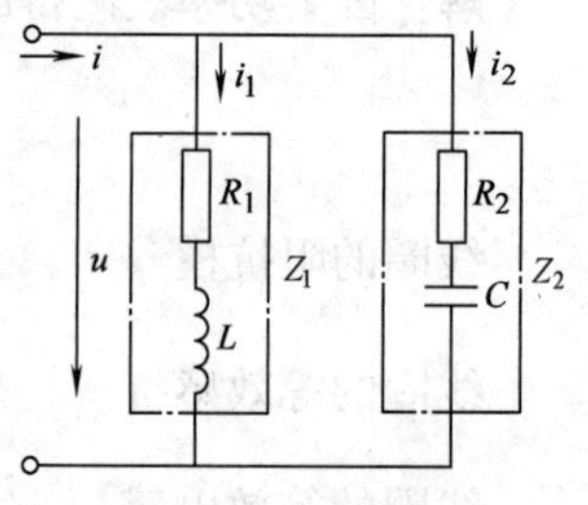

图 4-30　练习与思考 4.5.1 的图

4.5.3　试说明正弦交流电路中有功功率 P、无功功率 Q 和视在功率 S 的物理意义，三者存在什么关系。

4.5.4　如果一个电感元件两端的电压为零，其储能是否也一定为零？如果一个电容元件中的电流为零，其储能是否一定为零？

4.5.5　结合图 4-27 和图 4-28 中电压和电流波形图，思考瞬时功率 p 何时大于零？p 大于零时，u 与 i 的方向如何？p 小于零时又将如何？

4.5.6　在交流电流中如电感电流的瞬时值是零，此刻它的端电压是否也为零？这时电感元件中是否储存磁场能量？

4.5.7　为什么在正弦交流电路中电容元件的瞬时功率不为零，而其平均功率为零？

4.6　功率因数的提高

如前所述，正弦交流电路的功率不仅与电压和电流的大小有关，而且与它们两者之间的相位差 φ 有关，即 $P=UI\cos\varphi$。我们把电路中有功功率和视在功率的比值 λ 定义为功率因数，即

$$\lambda=\frac{P}{S}=\cos\varphi \tag{4-35}$$

φ 为功率因数角，就是电路中电压和电流间的相位差，即等于电路负载的阻抗角，因此电路负载的性质不同，功率因数就不同。显然，对于纯电阻电路 $\cos\varphi=1$；对于电感性和电容性电路 $\cos\varphi<1$。式(4-35)中 λ 的大小取决于电路的各元件参数。电力工业中，功率因数常用 PF 表示。

4.6.1 提高功率因数的意义

在工程上多数负载为感性负载(含 R、L)，这就造成了电力用户的 $\cos\varphi<1$。功率因数提高具有以下优点：

(1) 充分发挥电源的潜力　电源的额定容量 $S_N=U_NI_N$ 标志着电源设备的做功能力，若 $\cos\varphi<1$，$I=I_N$ 时，发出的有功功率 $P<S_N$。例如，对于 $S_N=1000\text{kV}\cdot\text{A}$ 的同步发电机来讲，若 $\cos\varphi=0.9$，则发电机能输出的有功功率为 900kW，若其 $\cos\varphi=0.5$，则只能输出 500kW 的有功功率，可见发电机容量没有被充分利用。功率因数越高，发电和变电设备的利用率就越高。

(2) 减少供电系统的功率损耗　当发电机的额定电压和输出功率一定时，功率因数越高，输出电流越小，$I=\dfrac{P}{U\cos\varphi}$。显然，传输电流的减小会使供电系统的功率损耗 $\Delta P\downarrow=I^2r\downarrow$。其中 r 为供电系统传输线和发电机组的电阻。

因此，工程实践中国家对大型设备应用有特殊规定。例如，生产上大量使用的异步电动机属于感性负载，功率因数较低，在 0.5 ~ 0.85 之间，当使用不当，处在空载或轻载时，功率因数会低至 0.2。按供电规则规定，高压电用户必须保证电力功率因数在 0.95 以上，其他用户应保证在 0.9 以上，否则将被罚款。

4.6.2 提高功率因数的方法

除正确选择和使用感性负载的设备使其功率因数尽可能较高外，对使用的设备、装置进行必要的补偿是提高功率因数的基本方法。供电线路功率因数下降的根本原因是供电线路接有大量的电感性负载导致 Q 的增加。

$$\cos\varphi\downarrow=\frac{P}{S}=\frac{P}{\sqrt{P^2+Q^2\uparrow}} \tag{4-36}$$

若能在电路中引入电容性负载，用 Q_C 去补偿部分、甚至大部分 Q_L，则供电线路的 $\cos\varphi$ 就得以提高。

在供电线路中并联接入电力电容器是提高电感性电路功率因数的常用方法，电感和电容是两种性质相反的元件，电感吸能之际恰是电容放能之际，使整个电路的无功功率减小，从而使 $\cos\varphi$ 得以提高。其原理分析如下。

电路图和相应的相量图如图 4-31 所示。在电感性负载 RL 支路上并联了 C 以后，并没有改变原 RL 支路的工作状态，所以

$$I_L=\frac{U}{\sqrt{R^2+X_L^2}} \tag{4-37}$$

保持不变；负载支路的功率因数 $\cos\varphi_L=\dfrac{R}{\sqrt{R^2+X_L^2}}$亦不变。但电路中总电流由原来的 $\dot{I}_L$ 变成

了 $\dot{I}$，即

$$\dot{I}=\dot{I}_L+\dot{I}_C \quad (\text{其中} \quad \dot{I}_C=\dot{U}j\omega C)$$

总电压和总电流的夹角也就由 φ_L 变成了 φ，从相量图上可以明显地看出 $\varphi_L>\varphi$，所以 $\cos\varphi_L<\cos\varphi$，线路的功率因数得以提高。

这里要注意的是：

1）采用并联电容的方法并没改变原感性支路的工作状态，电容元件又不消耗有功功率，所以电路消耗的有功功率 $P=I_L^2R$ 不变，即 $UI_L\cos\varphi_L=UI\cos\varphi$。

2）功率因数的提高是指电源或电网的功率因数提高。具体感性负载的功率因数并没有改变。

3）功率因数提高后输出同样的有功功率，电源供给的总电流 I 减小了（$I<I_L$），这正说明电源可以带动更多的负载，输出更多的有功功率。这就是提高功率因数的经济意义。

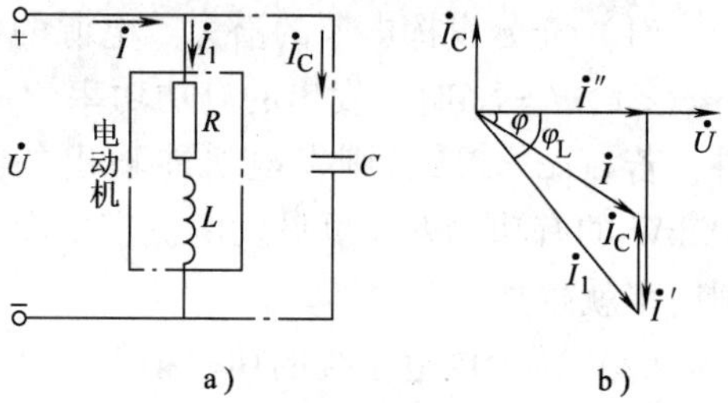

图 4-31 并联电容提高功率因数

a）电路图 b）相量图

例 4-16 一台功率为 1.1kW 的感应电动机，接在 $U=220\text{V}$，$f=50\text{Hz}$ 的电路中，电动机需要的电流为 10A，求：(1) 电动机的功率因数；(2) 若在电动机两端并联一个 79.5μF 的电容器，电路的功率因数为多少？

解：(1) $\cos\varphi=\dfrac{P}{UI}=\dfrac{1.1\times1000}{220\times10}=0.5$

(2) 在未并联电容前，电路中的电流为$\dot{I}_1$。并联电容后，电动机中的电流不变，仍为$\dot{I}_1$，这时电路中的电流为

$$\dot{I}=\dot{I}_1+\dot{I}_C$$

由相量图得（见图 4-31b）

$$I_C=\frac{U}{X_C}=\omega CU=314\times79.5\times10^{-6}\times220\text{A}=5.5\text{A}$$

$$I'=I\sin60^\circ=10\sin60^\circ\text{A}=8.66\text{A}$$

$$I''=I\cos60^\circ=10\cos60^\circ\text{A}=5\text{A}$$

$$\varphi'=\arctan\frac{I'-I_C}{I''}=\arctan\frac{8.66-5.5}{5}=32.3^\circ$$

$$\cos\varphi'=\cos32.3^\circ=0.844$$

例 4-17 如图 4-32 所示，已知正弦交流电源 $U=220\text{V}$，$f=50\text{Hz}$，所接的负载为荧光灯，$\cos\varphi=0.6$，$P=8\text{kW}$。

(1) 如并联 $C=529\mu\text{F}$，求并联电容后的功率因数；

(2) 若将功率因数提高到 0.98，试求并联电容的电容值。

解：(1) 电路图如图 4-32a 所示，设 $\dot{U}=220\angle0^\circ\ \text{V}$，荧光灯电路电流

$$I_L=\frac{P}{U\cos\varphi_L}=\frac{8\times10^3}{220\times0.6}\text{A}=60.6\text{A}$$

由 $\cos\varphi=0.6$，可知 $\varphi_L=53^\circ$。因为 $\varphi_u=0^\circ$，所以 $\varphi_i=-53^\circ$，故$\dot{I}_L=60.6\angle-53^\circ\ \text{A}$。

电容支路电流

$$I_C = U\omega C = 220\times 2\pi\times 50\times 529\times 10^{-6}\text{A} = 36.54\text{A}$$

因为 $\dot{U}=220\angle 0^\circ$ V，所以$\dot{I}_C = 36.54\angle 90^\circ$ A。

由基尔霍夫电流定律可知

$$\begin{aligned}\dot{I} &= \dot{I}_L + \dot{I}_C = (60.6\angle -53^\circ + 36.54\angle 90^\circ)\text{A}\\ &= 38.38\angle -18^\circ\ \text{A}\end{aligned}$$

则 $$\cos\varphi = \cos(\varphi_u - \varphi_i) = \cos[0^\circ - (-18^\circ)] = \cos 18^\circ = 0.95$$

电路的相量图如图4-32b所示。

(2) 由相量图中可以看出如下关系：

$$\begin{aligned}I_C &= I_L\sin\varphi_L - I\sin\varphi = \frac{P}{U\cos\varphi_L}\sin\varphi_L - \frac{P}{U\cos\varphi}\sin\varphi\\ &= \frac{P}{U}(\tan\varphi_L - \tan\varphi)\end{aligned}$$

故 $$C = \frac{P}{U^2\omega}(\tan\varphi_L - \tan\varphi) \qquad (4\text{-}38)$$

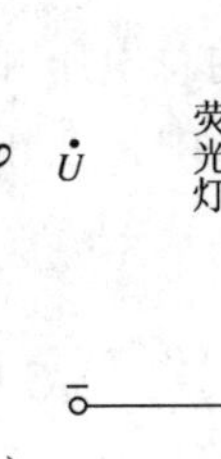

a)

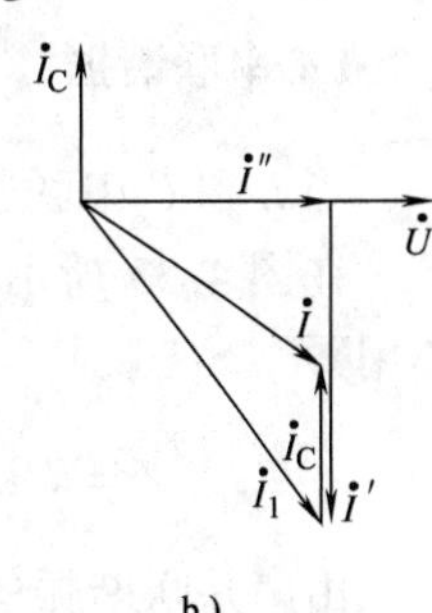

b)

图4-32　例4-17电路图与相量图

a) 电路　b) 相量图

依题意可知有 $\cos\varphi = 0.98$，则 $\tan\varphi = 0.20$

$\cos\varphi_L = 0.6$，则 $\tan\varphi_L = 1.33$

由式(4-38)可知，要将 $\cos\varphi$ 提高到0.98，所并联的电容 C 为

$$C = \frac{8\times 10^3}{220^2\times 314}\times(1.33 - 0.20)\text{F} = 595\mu\text{F}$$

从例4-17可以看出，在一定范围内随着 C 的增大，φ 角随着减小而 $\cos\varphi$ 随着增大，但当功率因数已经接近1时想要继续提高它，所需电容的相对增值远大于 $\cos\varphi$ 的相对增值。如上例 $\cos\varphi$ 提高了0.03(相对增值3.2%)，电容要增大66μF(相对增值12.5%)，因此一般不必提高到1。

练习与思考

4.6.1　提高功率因数的意义有以下几种说法，其中正确的有(　　)。

A. 减少了用电设备中无用的无功功率

B. 减少了用电设备的无功功率

C. 提高了电源设备的容量

D. 可提高电源设备的利用率并减少输电线路中的损耗

4.6.2　当并联电容值 C 不断增大时，图4-31b中的相量图怎样变化?

4.6.3　对于感性负载，是否可以利用串联电容的方法提高功率因数?

4.6.4　若每只荧光灯的功率因数为0.5，则当 N 支荧光灯并联时，总的功率因数是多少?

4.6.5　怎样提高供电系统的功率因数? 提高功率因数的意义是什么?

4.7 正弦交流电路中的谐振

在同时含有 L、C 的正弦交流电路中，由于感抗和容抗都是频率的函数，这就能通过改变电路参数或电源频率使感抗和容抗的作用相互抵消，使整个电路呈现纯阻性，其功率因数 $\lambda=\cos\varphi=1$。电路的总电压和总电流同相，这时电路就处于谐振状态。谐振现象分串联谐振和并联谐振。

4.7.1 串联谐振

当 L 和 C 串联连接时，若电路中的总电压和总电流同相位，电路发生了串联谐振。

在图 4-33 所示 R、L、C 串联电路中，在正弦电压 $\dot{U}$ 的作用下

$$Z=R+\mathrm{j}(X_L-X_C)=R+\mathrm{j}\left(\omega L-\frac{1}{\omega C}\right)$$

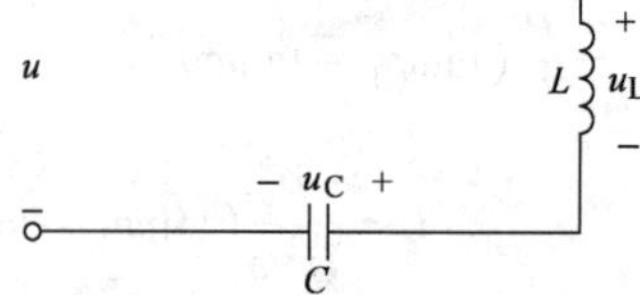

图 4-33 R、L、C 串联图

由串并联谐振的概念可知，当电路中 $X_L=X_C$ 时，电路处于谐振状态：$Z=R$。

$$X_L-X_C=\omega L-\frac{1}{\omega C}=0$$

$$\omega L=\frac{1}{\omega C}$$

所以谐振频率

$$\omega_0=\frac{1}{\sqrt{LC}} \quad 或 \quad f_0=\frac{1}{2\pi\sqrt{LC}} \tag{4-39}$$

从式(4-39)可以看出，或通过改变电源频率，或通过改变电路参数 L、C，都能使电路处于谐振状态。

f_0 取决于电路参数 L 和 C，是电路的一种固有属性，故称电路的固有频率。

1. 串联谐振的特点

1）电路呈纯电阻性，阻抗最小，电流最大。其阻抗

$$|Z|=\sqrt{R^2+(X_L-X_C)^2}=R \tag{4-40}$$

最大的谐振电流

$$I_0=\frac{U}{R}$$

2）电路的无功功率 $Q=UI\sin\varphi=0$，即在电源与电路之间不存在能量互换；但在电感和电容之间存在能量互换，且达到完全的相互补偿。

3）电压与电流同相，$\varphi=\arctan\frac{X_L-X_C}{R}=0$，$\cos\varphi=1$。

4）串联谐振又称电压谐振，此时电感、电容元件上的电压大小相等，方向相反，电阻上的电压等于电源电压。

$$U_R=RI_0=U$$

$$U_L=U_C=X_LI_0(X_CI_0)=\frac{\omega_0L}{R}U=\frac{1}{\omega_0CR}U$$

串联谐振电路中 $U_L(U_C)$ 和电路总电压的比值称为品质因数 Q

$$Q=\frac{U_{\mathrm{L}}(U_{\mathrm{C}})}{U}=\frac{\omega_0 L}{R}=\frac{1}{\omega_0 CR} \tag{4-41}$$

R、L、C 串联谐振电路中 R 一般很小，只是线圈的内阻，因此一般 $Q\gg1$。也就是说，电路在发生串联谐振时电感、电容两端的电压值比电源总电压值大许多倍，故有电压谐振之称。这一现象一般在电力系统中要尽力避免，以防高电压损坏电气设备，但在无线电工程上却被广泛用作调谐选频。

2. 串联谐振曲线

R、L、C 串联电路在电源电压 U 不变的情况下，I 随 ω 变化的曲线如图 4-34 所示，称为谐振曲线。两个谐振回路 L 和 C 相同，只要 $R_1<R_2$，在同一个电源作用下它们的谐振曲线就不同。

$$Q_1=\frac{\omega_0 L}{R_1}>Q_2=\frac{\omega_0 L}{R_2}$$

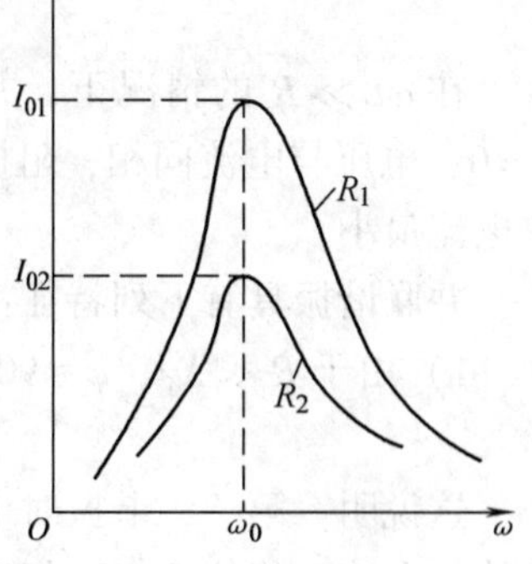

图 4-34　串联谐振曲线

品质因数越大则谐振曲线越尖，频率选择性就越好，这也是品质因数的另一个物理意义。

4.7.2　并联谐振

当 L 和 C 并联连接时，若电路的总电压和总电流同相，则电路就发生了并联谐振。

根据 4.6 节讨论的提高功率因数的方法可知，在感性负载两端并联电容，将线路功率因数提高到 1，此时电路就处在并联谐振状态。

图 4-35a 是线圈 RL 与电容 C 并联的电路。当发生并联谐振时，电压 u 与电流 i 同相，相量图如图 4-35b 所示。

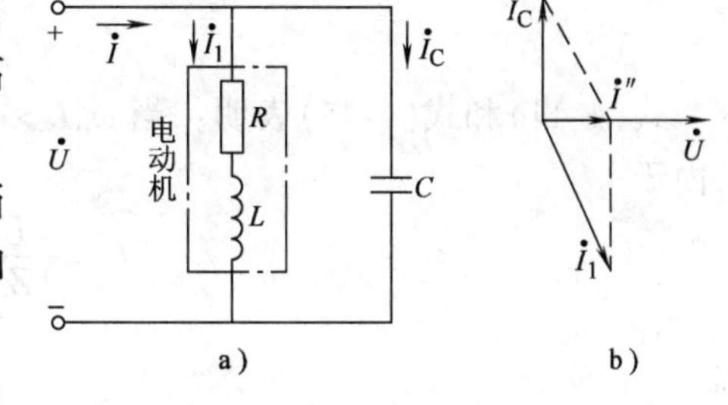

图 4-35　RL 与 C 的并联电路
a）电路　b）相量图

由相量图可得 $I_1\sin\varphi_1=I_{\mathrm{C}}$　　(4-42)

由于

$$Z_1=R+\mathrm{j}\omega L,\ Z_{\mathrm{C}}=\frac{1}{\mathrm{j}\omega C}$$

$$Z=\frac{Z_1 Z_{\mathrm{C}}}{Z_1+Z_{\mathrm{C}}}=\frac{(R+\mathrm{j}\omega L)\frac{1}{\mathrm{j}\omega C}}{R+\mathrm{j}\omega L+\frac{1}{\mathrm{j}\omega C}}$$

因为

$$\omega L\gg R$$

所以

$$Z\approx\frac{\frac{L}{C}}{R+\mathrm{j}\omega L+\frac{1}{\mathrm{j}\omega C}}=\frac{1}{\frac{RC}{L}+\mathrm{j}\left(\omega C-\frac{1}{\omega L}\right)}$$

$$|Z_0|=\frac{L}{RC}=\frac{2\pi f_0 L}{R(2\pi f_0 C)}\approx\frac{(2\pi f_0 L)^2}{R}$$

谐振时，阻抗的虚部为零，故有：$\omega_0 C-\frac{1}{\omega_0 L}=0$。

谐振角频率为

$$\omega_0 = \frac{1}{\sqrt{LC}}$$

谐振频率为

$$f_0 = \frac{1}{2\pi\sqrt{LC}} \tag{4-43}$$

在 $\omega L \gg R$ 的情况下，并联谐振电路与串联谐振电路的谐振频率相同。并联谐振时，$\varphi = 0$，电压与电流同相，阻抗为 $Z = L/(RC)$，阻抗的模最大，在外加电压一定时，电路的总电流最小。

并联谐振具有下列特征：

1）由于 $R \ll X_L$，$\varphi \approx 90°$，故从图 4-35b 的相量图可见

$$I_1 \approx I_C \gg I,\ I \approx 0$$

这说明：第一，谐振时电路的阻抗模 $|Z_0|$ 较大，电流也就较小；第二，谐振时两并联支路的电流、相位近似于相反，大小近于相等，比总电流大得多。

2）由于电源电压与电路中电流同相，因此电路对电源呈现电阻性。谐振时电路的阻抗模 $|Z|$ 相当于一个高电阻。

3）可能出现过电流现象。电路发生谐振时，各并联支路的电流分别为

$$I_{L0} = \frac{U}{\sqrt{R^2 + \omega_0^2 L^2}} \approx \frac{U}{\omega_0 L} \tag{4-44}$$

$$I_{C0} = \omega_0 CU \tag{4-45}$$

式(4-44)和式(4-45)表明：当 $\omega_0 L \gg R$ 时，两并联支路的电流近似相等，即 $I_{C0} \approx I_{L0}$。再由于

$$I_0 = \frac{U}{|Z_0|} = \frac{U}{\dfrac{L}{RC}} = \frac{RCU}{L}$$

则

$$\frac{I_{L0}}{I_0} \approx \frac{I_{C0}}{I_0} = \frac{\omega_0 CU}{\dfrac{RCU}{L}} \gg 1$$

上式表明：两并联支路的电流将大大超过总电流。因此，并联谐振又称为电流谐振。并联谐振时，电压、电流的相量图如图 4-35b 所示。

支路电流 I_{L0}（I_{C0}）和总电流的比值，称为电路的品质因数 Q，即

$$Q = \frac{I_{L0}}{I_0} = \frac{I_{C0}}{I_0} = \frac{\omega_0 L}{R} = \frac{1}{\omega_0 CR} \tag{4-46}$$

这表明，并联谐振时支路电流是总电流的 Q 倍。

并联谐振在电工电子技术中也常应用，例如利用并联谐振时阻抗的模高的特点来选择信号或消除干扰。

例 4-18 有一电感性负载，如图 4-36 所示，其功率 $P = 10\text{kW}$，功率因数为 0.6，接在电压 $U = 220\text{V}$ 的电源上，电源频率为 50Hz。(1) 如要将功率因数提高到 0.95，试求与负载并联的电容器的电容值和电容器并联前后的线路电流；(2) 如要将功率因数从 0.95 再提高到 1，试问并联电容器的电容值还需增加多少？

解：(1) 由相量图可得

$$I_C = I_1\sin\varphi_1 - I\sin\varphi = \left(\frac{P}{U\cos\varphi_1}\right)\sin\varphi_1 - \left(\frac{P}{U\cos\varphi}\right)\sin\varphi = \frac{P}{U}(\tan\varphi_1 - \tan\varphi)$$

又因 $I_C = \frac{U}{X_C} = U\omega C$，由此得

$$C = \frac{P}{U^2\omega}(\tan\varphi_1 - \tan\varphi)$$

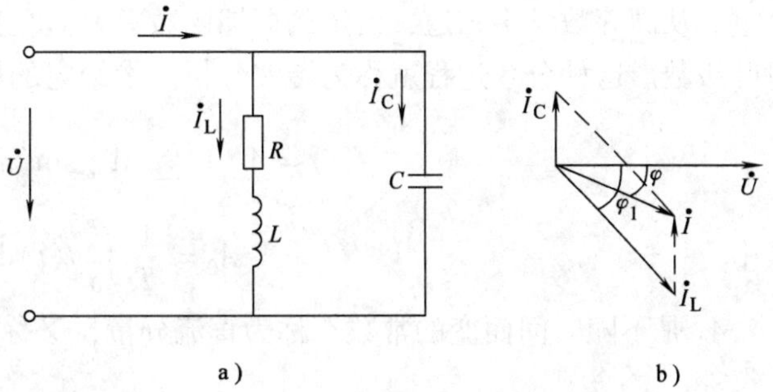

$\cos\varphi_1 = 0.6$，即 $\varphi_1 = 53°$

$\cos\varphi = 0.95$，即 $\varphi = 18°$

$$C = \frac{10\times10^3}{220^2\times2\pi\times50}(\tan53° - \tan18°)\text{F} = 656\mu\text{F}$$

图 4-36　例 4-18 的图
a）感性负载电路　b）相量图

并联电容前电路的电流为

$$I_1 = \frac{P}{U\cos\varphi_1} = \frac{10\times10^3}{220\times0.6}\text{A} = 75.6\text{A}$$

并联电容后电路的电流为

$$I = \frac{P}{U\cos\varphi} = \frac{10\times10^3}{220\times0.95}\text{A} = 47.8\text{A}$$

(2) 如要将功率因数由 0.95 再提高到 1，则要增加的电容值为

$$C = \frac{10\times10^3}{220^2\times2\pi\times50}(\tan18° - \tan0°)\text{F} = 213.6\mu\text{F}$$

由此可见，功率因数已经接近于 1 时再继续提高，则所需的电容值是很大的，因此一般不必提高到 1。

练习与思考

4.7.1　试说明当频率低于或高于谐振频率时，*RLC* 串联电路是电容性还是电感性的？

4.7.2　在图 4-36a 中设线圈的电阻 *R* 趋于零，试分析发生并联谐振时的情况（$|Z_0|$、$\dot{I}$、$\dot{I}_1$、$\dot{I}_C$）。

*4.8　非正弦周期电流电路

在实际工程中，除正弦交流电路以外，还会经常遇到非正弦规律变化的周期性电压和电流信号的电路。例如整流电路，尽管其输入电压是正弦电压，但因其内部含有非线性元件整流二极管，使得其输出电压按非正弦周期规律变化，如图 4-37c、d 所示分别是半波整流和全波整流电路的输出电压波形。通常人们在正弦交流电路分析的基础上，利用傅里叶级数分解和叠加原理对周期性的非正弦信号进行分析，问题就迎刃而解了。

4.8.1　非正弦周期量的分解

一个非正弦周期波可以分为直流分量和一系列频率为整数倍关系的正弦波分量，即谐波

分量。从高等数学中知道，给定的周期函数只要满足狄里赫利条件，那么它就可以分解为傅里叶级数。这种分解过程就称为谐波分析。设给定的周期性函数为$f(t)$，则

$$f(t)=A_0+\sum_{n=1}^{\infty}A_{nm}\sin(n\omega t+\varphi_u)$$

式中

$$A_0=\frac{1}{T}\int_0^T f(t)\,\mathrm{d}t \tag{4-47}$$

A_0是不随时间而变的常数，称为直流分量，又称为平均值。

式中的$\sum\limits_{n=1}^{\infty}A_{nm}\sin(n\omega t+\varphi_u)$ $(n=1,2,3,\cdots)$分别为非正弦周期函数的一次、二次、三次谐波等。它们均为不同频率的正弦量。一般常用的非正弦周期性信号的波形如图4-37所示。它们的傅里叶级数展开式分别如下：

矩形波电压

$$u=\frac{4U_m}{\pi}\left(\sin\omega t+\frac{1}{3}\sin3\omega t+\frac{1}{5}\sin5\omega t+\cdots\right)$$

锯齿波电压

$$u=U_m\left[\frac{1}{2}-\frac{1}{\pi}\left(\sin\omega t+\frac{1}{2}\sin2\omega t+\frac{1}{3}\sin3\omega t+\cdots\right)\right]$$

单相半波整流电压

$$u=\frac{U_m}{\pi}\left(1+\frac{\pi}{2}\sin\omega t-\frac{2}{3}\cos2\omega t-\frac{2}{3\times5}\cos4\omega t-\cdots\right)$$

单相全波整流电压

$$u=\frac{2U_m}{\pi}\left(1-\frac{2}{3}\cos2\omega t-\frac{2}{3\times5}\cos4\omega t-\frac{2}{5\times7}\cos6\omega t-\cdots\right) \tag{4-48}$$

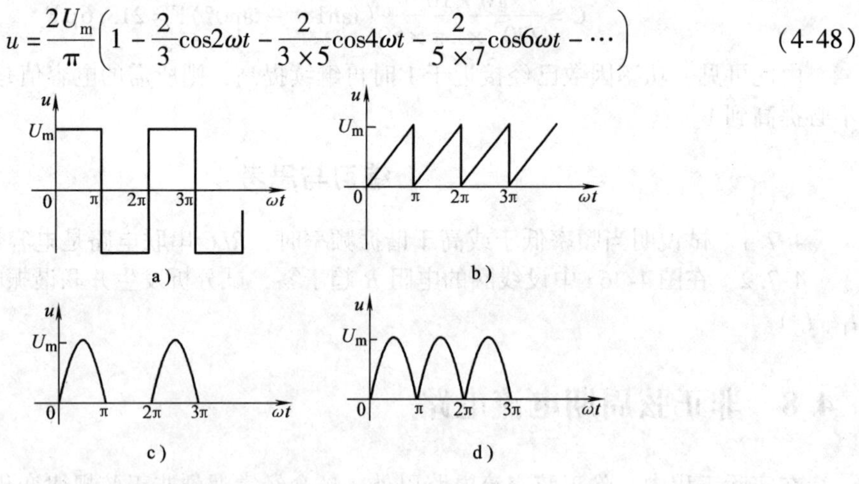

图4-37 常用非正弦周期性信号

a）矩形波 b）锯齿波 c）单相半波整流 d）单相全波整流

4.8.2 非正弦周期电流线性电路的分析计算

非正弦周期性信号分析的理论依据就是线性电路的叠加性。当$f(t)$作用于线性电路时，可将$f(t)$分解成傅里叶级数$A_0+\sum\limits_{n=1}^{\infty}A_{nm}\sin(n\omega t+\varphi_u)$，这时相当于直流分量及各次谐波分

量同时作用于电路。分析时可令直流分量及各次谐波分量分别单独作用于电路，然后再将各结果的瞬时值叠加，就是线性电路对非正弦周期信号 $f(t)$ 的响应。

例 4-19 图 4-37a 所示为周期性矩形信号的傅里叶级数展开形式。

解：U 在第一个周期内的表达式为

$$u(t) = U_m \quad 0 \leqslant t \leqslant \frac{T}{2}$$

$$u(t) = -U_m \quad \frac{T}{2} \leqslant t \leqslant T$$

根据傅里叶级数展开公式求得所需的系数为

$$a_0 = \frac{1}{T}\int_0^T f(t)\mathrm{d}t = \frac{1}{T}\int_0^T u(t)\mathrm{d}t = 0$$

$$\begin{aligned} a_k &= \frac{1}{\pi}\int_0^{2\pi} f(t)\cos(k\omega t)\mathrm{d}\omega t \\ &= \frac{1}{\pi}\left[\int_0^{\pi} U_m\cos(k\omega t)\mathrm{d}\omega t - \int_{\pi}^{2\pi} U_m\cos(k\omega t)\mathrm{d}\omega t\right] \\ &= \frac{2U_m}{\pi}\int_0^{\pi}\cos(k\omega t)\mathrm{d}\omega t = 0 \end{aligned}$$

$$\begin{aligned} b_k &= \frac{1}{\pi}\int_0^{2\pi} f(t)\sin(k\omega t)\mathrm{d}\omega t \\ &= \frac{1}{\pi}\left[\int_0^{\pi} U_m\sin(k\omega t)\mathrm{d}\omega t - \int_{\pi}^{2\pi} U_m\sin(k\omega t)\mathrm{d}\omega t\right] \\ &= \frac{2U_m}{\pi}\int_0^{\pi}\sin(k\omega t)\mathrm{d}\omega t = \frac{2U_m}{\pi}\left[-\frac{1}{k}\cos(k\omega t)\right]_0^{\pi} \\ &= \frac{2U_m}{k\pi}[1-\cos(k\pi)] \end{aligned}$$

当 k 为偶数时

$$\cos(k\pi) = 1,\ b_k = 0$$

当 k 为奇数时

$$\cos(k\pi) = -1,\ b_k = \frac{4U_m}{k\pi}$$

由此求得

$$u(t) = \frac{4U_m}{\pi}\left(\sin\omega t + \frac{1}{3}\sin 3\omega t + \frac{1}{5}\sin 5\omega t + \cdots\right)$$

例 4-20 在图 4-38 中，已知输入的电压 $u(t) = (200 + 100\sqrt{2}\sin 250t)$ V，$R = 400\Omega$，$C = 10\mu$F，试求输出电压 u_2 中含有的交直流电压各为多少？

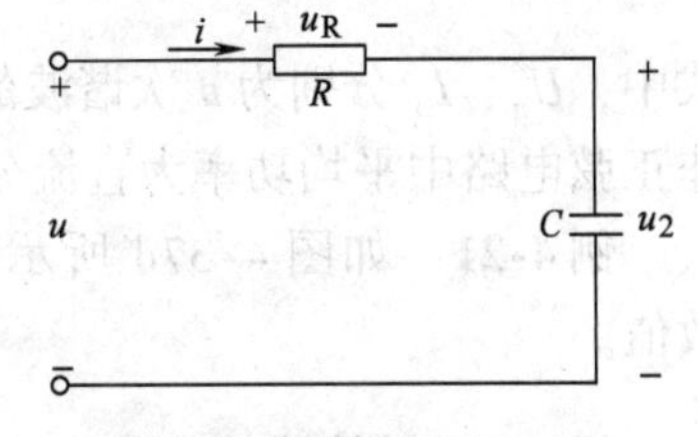

图 4-38 例 4-20 电路图

解：直流部分

因电路不通直流，所以 200V 直流电压全部加在电容两端输出，即 $U_2 = 200$V。

交流部分

$$R = 400\Omega,\ X_C = \frac{10^6}{250 \times 10}\Omega = 400\Omega$$

$$\dot{U}_{2交}=\frac{100\angle 0^\circ}{R-\mathrm{j}X_\mathrm{C}}(-\mathrm{j}X_\mathrm{C})=\frac{100\times 400\angle -90^\circ}{400-\mathrm{j}400}\mathrm{V}$$

$$=50\sqrt{2}\angle -45^\circ\ \mathrm{V}$$

$$u_{2交}=100\sin(250t-45^\circ)\mathrm{V}$$

故

$$u_2=[200+100\sin(250t-45^\circ)]\mathrm{V}$$

4.8.3 非正弦周期电流电路中有效值及平均功率的计算

（1）有效值　非正弦周期性信号的有效值，按有效值的定义可知，和正弦信号一样为瞬时值的方均根值。如周期性电流 $i(t)$，其有效值为

$$I=\sqrt{\frac{1}{T}\int_0^T[i(t)]^2\mathrm{d}t} \tag{4-49}$$

将 $i(t)=I_0+\sum\limits_{n=1}^{\infty}I_{n\mathrm{m}}\sin(n\omega t+\varphi_n)$ 的傅里叶级数展开式代入式(4-49)，则

$$I=\sqrt{\frac{1}{T}\int_0^T\left[I_0+\sum_{n=1}^{\infty}I_{n\mathrm{m}}\sin(n\omega t+\varphi_n)\right]^2\mathrm{d}t}$$

可求得

$$I=\sqrt{I_0^2+I_1^2+I_2^2+I_3^2+\cdots} \tag{4-50}$$

式中，I_0 为直流分量；I_1、I_2、I_3 分别为一、二、三次谐波分量的有效值；$I_{n\mathrm{m}}$ 表示第 n 次谐波的最大值。

同理，非正弦周期性电压 $u(t)$ 的有效值为

$$U=\sqrt{U_0^2+U_1^2+U_2^2+U_3^2+\cdots} \tag{4-51}$$

（2）平均功率　非正弦周期电流电路中的平均功率，和正弦电路一样由瞬时功率的平均值来定义。假设一个二端网络的端电压为 $u(t)$，流入的电流为 $i(t)$，则瞬时功率

$$p(t)=u(t)i(t)$$

平均功率

$$P=\frac{1}{T}\int_0^T p\mathrm{d}t \tag{4-52}$$

将

$$i(t)=I_0+\sum_{n=1}^{\infty}I_{n\mathrm{m}}\sin(n\omega t+\varphi_{\mathrm{i}n})$$

$$u(t)=U_0+\sum_{n=1}^{\infty}U_{n\mathrm{m}}\sin(n\omega t+\varphi_{\mathrm{u}n})$$

代入式(4-52)，则可求得

$$P=U_0I_0+\sum_{n=1}^{\infty}U_nI_n\cos\varphi_n \tag{4-53}$$

式中，U_n、I_n 分别为 n 次谐波的电压、电流的有效值；$\varphi_n=(\varphi_{\mathrm{u}n}-\varphi_{\mathrm{i}n})$。也就是说，周期性非正弦电路中平均功率为直流分量和各谐波分量的平均功率之和。

例 4-21　如图 4-37d 所示，设 $U_\mathrm{m}=6.28\mathrm{V}$，求全波整流后输出的电压的平均值和有效值。

解：(1)计算平均值：由式(4-48)可得输出电压的直流分量 $U_0=\frac{2U_\mathrm{m}}{\pi}$，此即是该非正弦

周期电压的平均值，由已知可知，$U_0=\frac{2\times6.28}{\pi}\text{V}=4\text{V}$

（2）计算有效值：由式(4-48)可得

$$u=\frac{2U_{\mathrm{m}}}{\pi}\left(1-\frac{2}{3}\cos2\omega t-\frac{2}{3\times5}\cos4\omega t-\frac{2}{5\times7}\cos6\omega t-\cdots\right)$$

$$=4-\frac{8}{3}\cos2\omega t-\frac{8}{15}\cos4\omega t-\frac{8}{35}\cos6\omega t-\cdots$$

由式(4-51)得出 $u(t)$ 的有效值

$$U=\sqrt{4^2+\left(\frac{8}{3\sqrt{2}}\right)^2+\left(\frac{8}{15\sqrt{2}}\right)^2+\left(\frac{8}{35\sqrt{2}}\right)^2}\text{V}=\sqrt{19.72}\text{V}=4.44\text{V}$$

练习与思考

4.8.1　在电工技术中，一个非正弦周期电量可分解为什么成分？什么是直流分量和谐波分量？什么是基波和高次谐波？

4.8.2　在非正弦周期电流电路中电压和电流还能用相量表示吗？

4.8.3　在非正弦周期电流电路的分析计算中，总电流是否等于各谐波分量的相量和？

4.8.4　图4-39a、b所示分别是半波整流后的输出电流和三角波电压波形。试根据式(4-48)写出它们的傅里叶级数展开式。为什么前者含有直流分量，而后者却不含有直流分量？

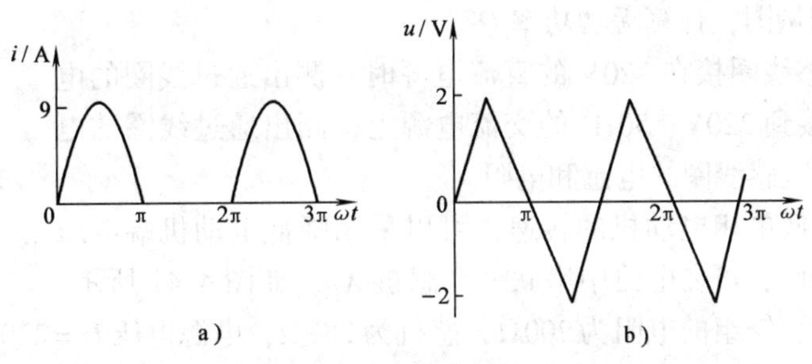

图4-39　练习与思考4.8.4的图

a）半波整流图　b）三角波

习　题　4

4-1　已知 $i_1=15\sqrt{2}\sin(314t+45°)\text{A}$，$i_2=10\sqrt{2}\sin(314t-30°)\text{A}$。(1)试问 i_1 与 i_2 的相位差等于多少？(2)画出 i_1 与 i_2 的波形图；(3)在相位上比较 i_1 与 i_2 哪个超前哪个滞后。

4-2　已知 $i_1=10\sqrt{2}\sin(100\pi t+20°)\text{A}$，$i_2=10\sqrt{2}\sin(200\pi t-30°)\text{A}$，两者的相位差为50°，对不对？

4-3　已知正弦电流 $I=15\text{A}$，且 $t=0$ 时，I 为3A，频率 $f=50\text{Hz}$。试写出该电路的瞬时值表达式，并画出波形图。

4-4　下列两组正弦量，写出它们的相量，画出它们的相量图，分别说明各组内两个电量的超前、滞后关系。

（1）$i_1=10\sqrt{2}\sin(2513t+45°)\text{A}$　　$i_2=8\sqrt{2}\sin(2513t-15°)\text{A}$

（2）$u_1 = -\sqrt{2}\cos(1000t - 120°)\,\text{V}$　　$i_2 = 10\sqrt{2}\sin(2000t - 140°)\,\text{A}$

4-5　指出下列各式的错误：

（1）$i = 5\sqrt{2}\sin(314t + 10°)\,\text{A} = 5\sqrt{2}\angle 10°\,\text{A}$

（2）$I = 10\angle 20°\,\text{A}$　（3）$X_L = \dfrac{u}{i}\Omega$　（4）$\dfrac{U}{I} = \text{j}\omega L\Omega$

4-6　在图 4-40 所示电路中，安培计 A_1 和 A_2 的读数分别为 3A 和 4A。

（1）设 $Z_1 = R$，$Z_2 = -\text{j}X_C$，则 A_0 的读数应为多少？

（2）设 $Z_1 = R$，问 Z_2 为何参数才能使 A_0 的读数最大？此读数为多少？

（3）设 $Z_1 = \text{j}X_L$，问 Z_2 为何参数才能使 A_0 的读数最小？此读数为多少？

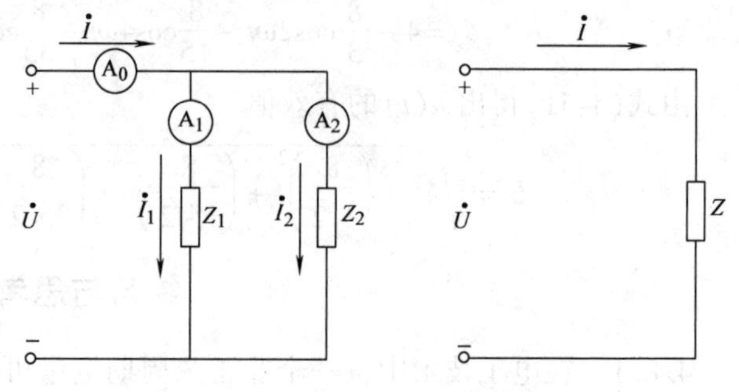

图 4-40　习题 4-6 的电路图及简化图

4-7　一个电感线圈，其电阻可忽略不计。当将它接入正弦电源上时已知 $u = 220\sqrt{2}\sin(314t + 90°)\,\text{V}$，用电流表测得 $I = 1.4\text{A}$，求线圈的电感和感抗，写出电流 I 的瞬时表达式，并计算无功功率 Q。

4-8　一个电容元件两端的电压 $u_C = 220\sqrt{2}\sin(314t + 40°)\,\text{V}$，通过它的电流 $I_C = 5\text{A}$，问电容量 C 和电容电流的初相角 φ_i 各为多少？绘出电压和电流的相量图，计算无功功率 Q。

4-9　一个电感线圈接在 220V 的直流电源时，测出通过线圈的电流为 2.2A，后又接到 220V、50Hz 的交流电源上，测出通过线圈的电流为 1.75A，计算电感线圈的电感和电阻。

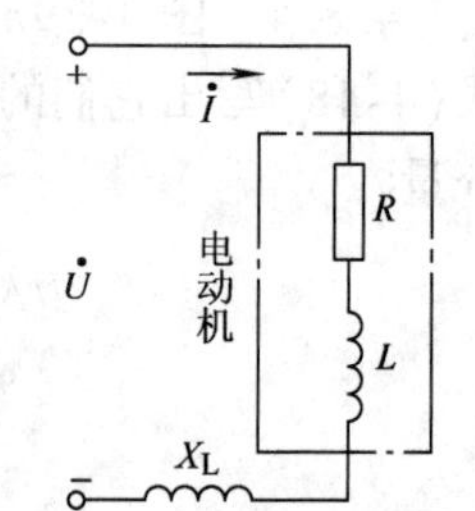

图 4-41　习题 4-10 的图

4-10　为了降低单相电动机的转速，可以采用降低电动机端电压的方法来实现。为此，可在电路中串联一个感抗 X_L，如图 4-41 所示。已知电动机转动时，绕组的电阻为 200Ω，感抗为 280Ω，电源电压 $U = 220\text{V}$，频率 $f = 50\text{Hz}$，现由于串联电感使电动机端电压降低为 $U_1 = 180\text{V}$。求串联感抗 X_L 及其 L 的数值。

4-11　已知如图 4-42 所示电路中 $u_S = 15\sqrt{2}\sin(\omega t + 30°)\,\text{V}$，电路为感性的，电流表 A 的读数为 6A，$\omega L = 3.5\Omega$，求电流表 A_1、A_2 的读数。

4-12　在图 4-43 所示电路中，$u_S = 200\sqrt{2}\sin(314t + 60°)\,\text{V}$，电流表 A 的读数为 2A。电压表 V_1、V_2 的读数均为 200V。求参数 R、L、C，并做出该电路的相量图及写出 i 的瞬时值表达式。

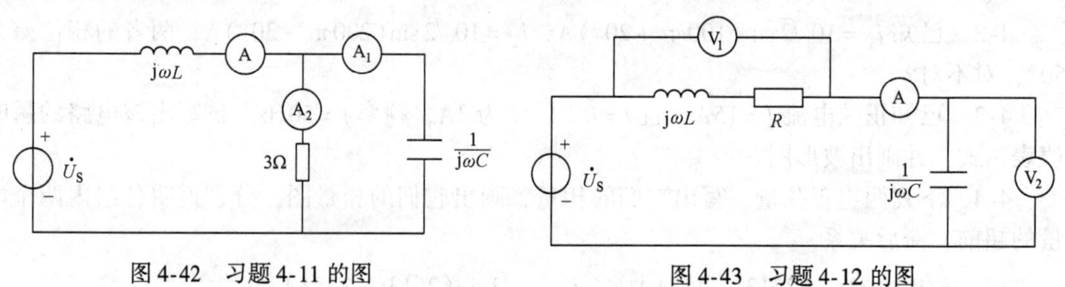

图 4-42　习题 4-11 的图　　　　图 4-43　习题 4-12 的图

4-13　求图 4-44a、b 中的电流 $\dot{I}$。

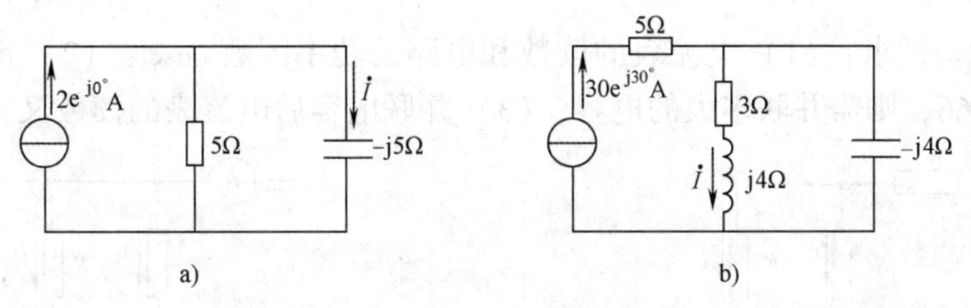

图 4-44　习题 4-13 的图

4-14　在图 4-45 中，$I_1 = I_2 = 10\text{A}$，$U = 100\text{V}$，u 与 i 同相，试求 I、R、X_L 及 X_C。

4-15　一个电感线圈，$R = 8\Omega$，$X_L = 6\Omega$，$I_1 = I_2 = 0.2\text{A}$，如图 4-46 所示。试求：（1）u、i 的有效值；（2）电路的总的功率因数 $\cos\varphi$ 及总功率 P。

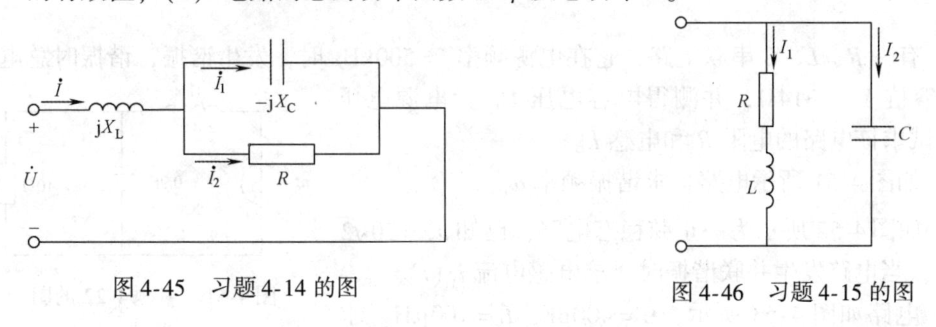

图 4-45　习题 4-14 的图　　图 4-46　习题 4-15 的图

4-16　图 4-47 是三个阻抗串联的电路，电源电压 $\dot{U} = 220\angle 30°\ \text{V}$，已知 $Z_1 = (2 + \text{j}6)\Omega$，$Z_2 = (3 + \text{j}4)\Omega$，$Z_3 = (3 - \text{j}4)\Omega$。试求：（1）电路的等效复数阻抗 Z，电流 $\dot{I}$ 和电压 $\dot{U}_1$、$\dot{U}_2$、$\dot{U}_3$；（2）画出电压、电流相量图；（3）计算电路的有功功率 P、无功功率 Q 和视在功率 S。

4-17　如图 4-48 所示的是 RLC 并联电路，输入电压 $u = 220\sqrt{2}\sin(314t + 45°)\ \text{V}$，$R = 11\Omega$，$L = 35\text{mH}$，$C = 144.76\mu\text{F}$。试求：（1）并联电路的等效复数阻抗 Z；（2）各支路电流和总电流；（3）画出电压和电流相量图；（4）计算电路总的 P、Q 和 S。

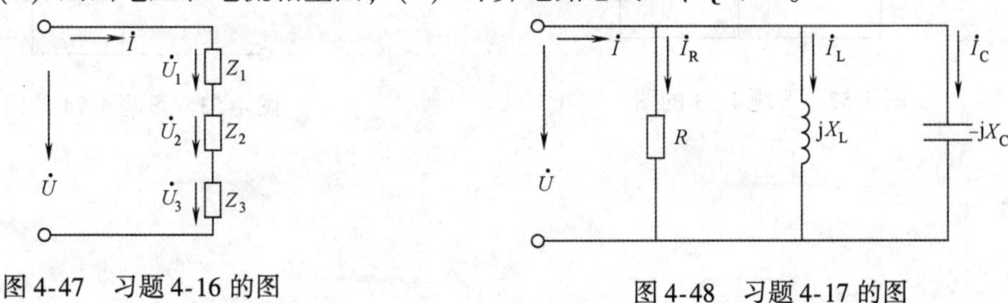

图 4-47　习题 4-16 的图　　图 4-48　习题 4-17 的图

4-18　电路如图 4-49 所示，已知 $R = R_1 = R_2 = 10\Omega$，$C = 318\mu\text{F}$，$L = 31.8\text{mH}$，$f = 50\text{Hz}$，$U = 10\text{V}$，试求并联支路端电压 U_{ab} 及电路的 P、Q、S 及 $\cos\varphi$。

4-19　今有 40W 的荧光灯（非线性器件）一个，使用时灯管与镇流器（可近似地把镇流器看作纯电感）串联在电压为 220V、频率为 50Hz 的电源上。已知灯管工作时属于纯电阻负载，灯管两端的电压等于 110V，试求镇流器的感抗与电感。这时电路的功率因数是多少？若将功率因数提高到 0.8，问应并联多大的电容？

4-20　电路如图 4-50 所示，已知 $U=220\text{V}$，$f=50\text{Hz}$，$R_1=10\Omega$，$X_1=10\sqrt{3}\,\Omega$，$R_2=5\Omega$，$X_2=5\sqrt{3}\,\Omega$。试求：（1）电流表的读数和电路的功率因数 $\cos\varphi$；（2）欲使电路的功率因数提高到 0.866，则需并联多大的电容？（3）并联电容后电流表的读数又为多少？

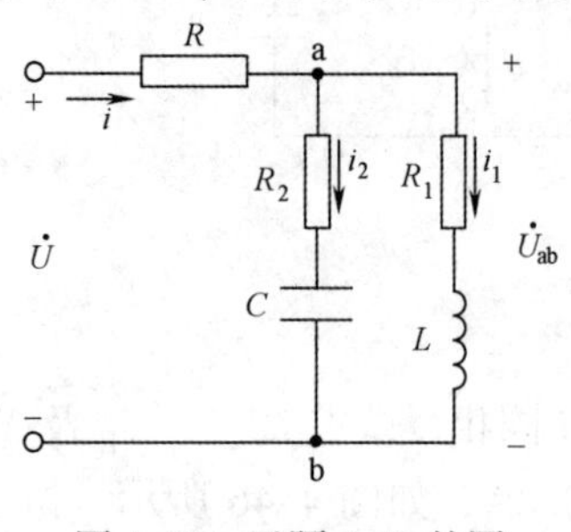

图 4-49　习题 4-18 的图

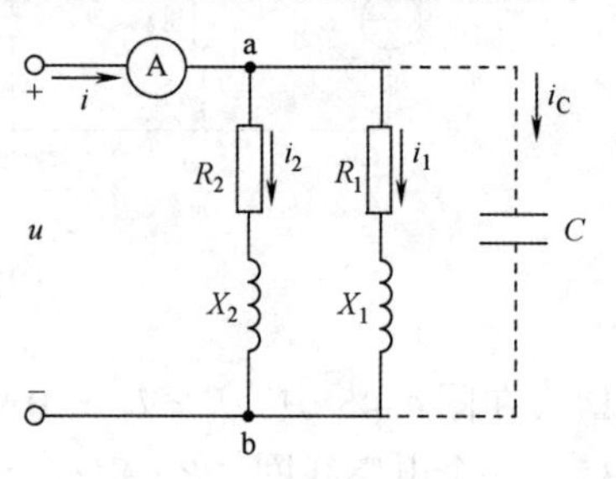

图 4-50　习题 4-20 的图

4-21　有一 R、L、C 串联电路，它在电源频率 $f=500\text{kHz}$ 时，发生谐振，谐振时总电流为 0.1A，容抗 $X_C=314\Omega$，并测得电容电压 U_C 为电源电压的 10 倍。试求该电路的电阻 R 和电感 L。

4-22　如图 4-51 所示电路，求谐振频率 ω_0。

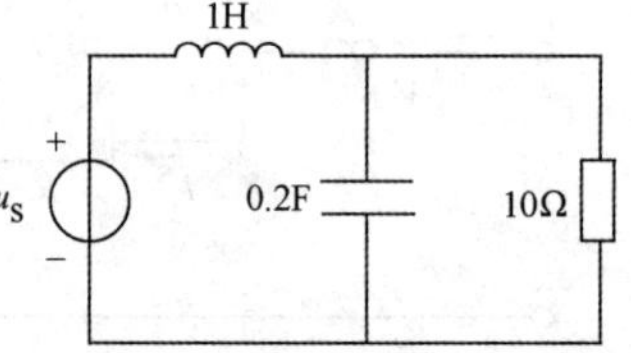

图 4-51　习题 4-22 的图

4-23　如图 4-52 所示为一正弦稳态电路，已知 $u_S=20\sqrt{2}\cos1000t$ V，当电路发生并联谐振时，求电感电流 $i_L(t)$。

4-24　电路如图 4-53 所示，$C=400\text{pF}$，$L=100\mu\text{H}$。求下列两种情况下，电路的谐振频率 ω_0。

（1）$R_1=R_2\neq\sqrt{\dfrac{L}{C}}$；（2）$R_1=R_2=\sqrt{\dfrac{L}{C}}$。

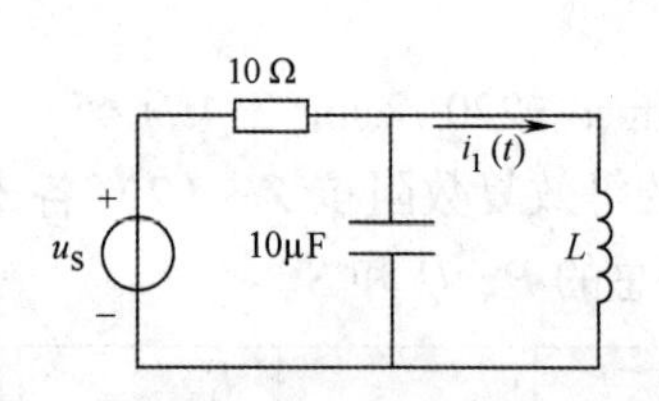

图 4-52　习题 4-23 的图

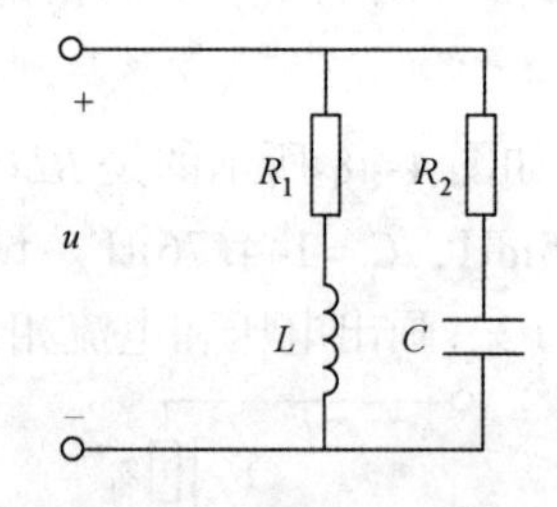

图 4-53　习题 4-24 的图

第5章　三 相 电 路

具有幅值相等、频率相同、相位彼此互差120°的3个正弦电动势称为对称三相电动势。这三个电动势按一定的方式连接起来，就构成了对称三相电源，简称三相电源。由三相电源产生的三相电压，以及对负载供电所产生的三相电流，统称为三相交流电。前面所讨论的单相交流电路，在电力工程中就是三相交流电路中的一相。因此三相交流电路既可看成是3个特殊单相电路的结合，也可视为复杂单相电路的一种特殊形式。在电路对称的情况下，三相交流电路可化简为单相电路计算。因此，单相交流电路中的计算方法，完全适用于三相交流电路。

三相交流电得以广泛采用的原因，主要有以下几点：

在发电方面：三相交流发电机与同功率的单相交流发电机相比，具有原材料消耗少、体积小等优点；

在输电方面：在输电距离、输送功率、功率因数、电压和线路功率损耗都相同的条件下，三相输电线路所用材料最少；

在用电方面：三相交流异步电动机产生恒定的电磁转矩，因而运转比单相交流电动机平稳。此外，三相交流异步电动机构造简单，成本低廉。

5.1　三相电路基础

5.1.1　三相电源

1. 三相正弦交流电的产生

三相正弦交流电是三相交流发电机产生的。三相交流发电机主要由定子(不转动部分)和转子两部分组成，其结构示意图如图5-1a所示。定子包括机座、定子铁心、定子绕组等

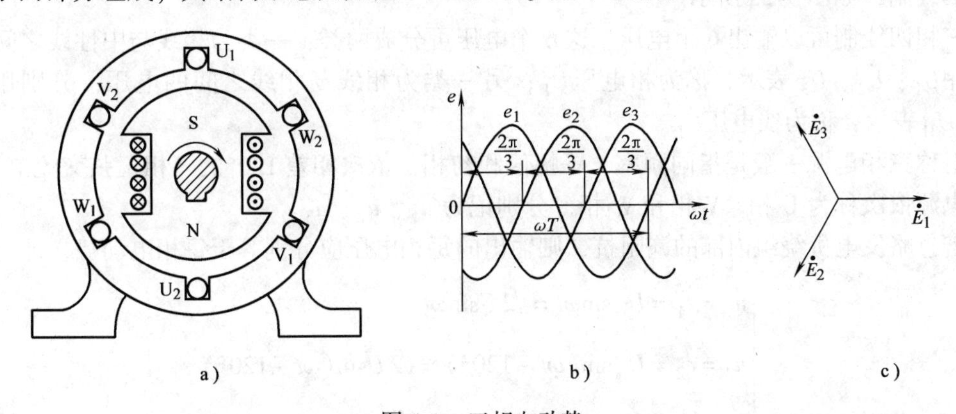

图5-1　三相电动势

a）三相交流发电机　b）波形图　c）相量图

几部分。定子铁心固定在机座内，内圆上冲有均匀分布的槽，槽内对称地嵌放3组完全相同的绕组，每一组称为一相。图中，三相绕组的首、末端分别用 U_1、U_2；V_1、V_2；W_1、W_2 表示。绕组 U_1U_2、V_1V_2、W_1W_2 分别称为U相绕组、V相绕组、W相绕组。三相绕组的各首端 U_1、V_1、W_1 之间及各末端 U_2、V_2、W_2 之间的位置互差120°。

发电机的转子铁心上安装有励磁绕组，通入直流电励磁，精心设计制造磁极面的形状，使空气隙中的磁感应强度 B 按正弦规律分布。发电机的转子由原动机(汽轮机、水轮机等)拖动，以顺时针方向匀速旋转时，定子的三相绕组将依次受到旋转磁场的切割，分别产生感应电动势 e_1、e_2、e_3，若以 e_1 为参考正弦量，3个电动势的表达式为

$$\begin{cases} e_1 = E_m \sin\omega t \\ e_2 = E_m \sin(\omega t - 120°) \\ e_3 = E_m \sin(\omega t + 120°) \end{cases} \tag{5-1}$$

e_1、e_2、e_3 的波形图及相量图如图5-1b、c所示。

不难得出，三相电动势之和等于零，即

$$e_1 + e_2 + e_3 = 0$$

这种电动势称为三相对称电动势。对称的含义是指幅值相等、频率相同、初相位(或相位)依次相差120°。

三相交流电出现正幅值(或相应零值)的顺序称为相序。上述三相电源的相序U、V、W称为正序或顺序。与此相反，如U相超前W相120°，W相超前V相120°，即相序为U、W、V，则称它为反序或逆序。一般若无特别说明，三相电源的电压均为正序。原则上U相是可以任意选定的，而一旦确定后，比它滞后120°的为V相，比它超前120°的为W相。输、配电系统的母线有黄、绿、红三种颜色，就是指示U、V、W三个相的。

三相电源有星形联结(Y)和三角形联结(△)两种方式，但多用星形联结。

2. 三相电源的星形联结

若将发电机的三相定子绕组末端 U_2、V_2、W_2 连接在一起，称为电源的中性点，用N表示。分别由3个首端 U_1、V_1、W_1 引出三条输电线，称为相线或端线(俗称火线)，用L1、L2、L3表示。由3个电源的首端和中性点N分别引出4根线对外供电，这种供电方式称为三相四线制，如图5-2a所示。

三相四线制可以输出6个电压，这6个电压可分成两类：一类为相线与中性线之间的电压，用 $\dot{U}_1$、$\dot{U}_2$、$\dot{U}_3$ 表示，称为相电压 $\dot{U}_P$；另一类为相线与相线之间的电压，分别用 $\dot{U}_{12}$、$\dot{U}_{23}$、$\dot{U}_{31}$ 表示，称为线电压 $\dot{U}_L$。

对称三相电源一般是指同频率、等幅值和初相位依次相差120°的三相正弦交流电压源，三相电源依次称为U相、V相和W相，分别记为 u_1、u_2、u_3。

若忽略发电机绕组内部的漏阻抗，则输出的每相电压应分别等于每相电动势，即

$$\begin{cases} u_1 = e_1 = U_m \sin\omega t = \sqrt{2} U \sin\omega t \\ u_2 = e_2 = U_m \sin(\omega t - 120°) = \sqrt{2} U \sin(\omega t - 120°) \\ u_3 = e_3 = U_m \sin(\omega t + 120°) = \sqrt{2} U \sin(\omega t + 120°) \end{cases} \tag{5-2}$$

式中，U_m 为每相电压的幅值(V)；U 为有效值(V)。表示它们的相量分别为

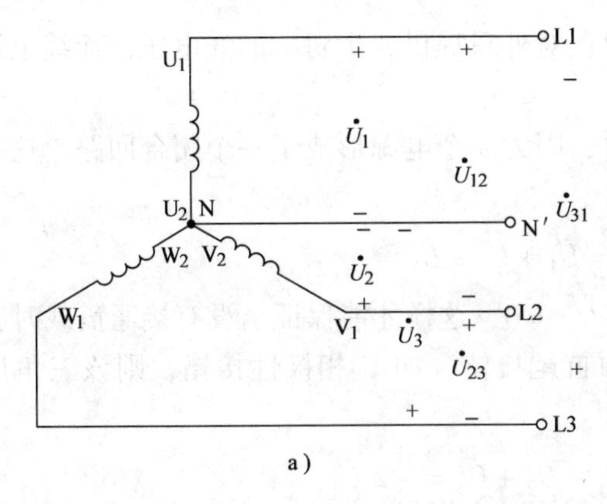

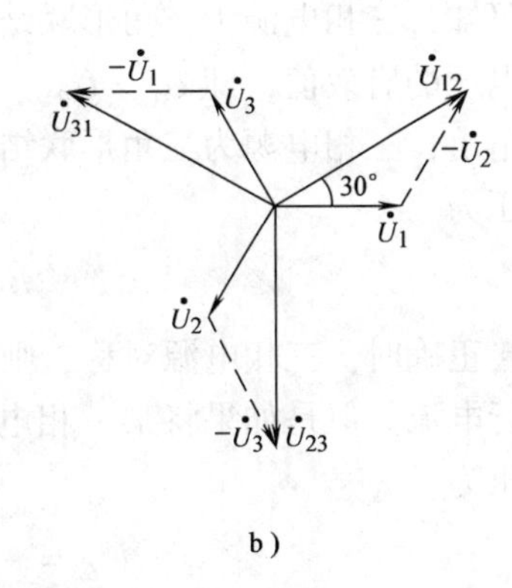

图 5-2　三相电源星形联结
a）接线图　b）相量图

$$\begin{cases}\dot{U}_1 = U\angle 0° \\ \dot{U}_2 = U\angle -120° \\ \dot{U}_3 = U\angle 120°\end{cases} \tag{5-3}$$

同样可以证明

$$u_1 + u_2 + u_3 = 0 \quad 或 \quad \dot{U}_1 + \dot{U}_2 + \dot{U}_3 = 0$$

可见，对称三相电源的电压之和（瞬时值或相量的代数和）恒等于零。上述结论同样适用于对称三相电流。因此可以说，任何对称三相正弦量之和恒等于零。

以 u_1 为参考正弦量，即 $\dot{U}_1 = U\angle 0°$，由 KVL 定律可得

$$\begin{cases}\dot{U}_{12} = \dot{U}_1 - \dot{U}_2 = U\angle 0° - U\angle -120° = \sqrt{3}U\angle 30° = \sqrt{3}\dot{U}_1\angle 30° \\ \dot{U}_{23} = \dot{U}_2 - \dot{U}_3 = U\angle -120° - U\angle 120° = \sqrt{3}U\angle -90° = \sqrt{3}\dot{U}_2\angle 30° \\ \dot{U}_{31} = \dot{U}_3 - \dot{U}_1 = U\angle 120° - U\angle 0° = \sqrt{3}U\angle 150° = \sqrt{3}\dot{U}_3\angle 30°\end{cases} \tag{5-4}$$

可见，在对称三相星形电源中，线电压也是对称的，其有效值是相电压的 $\sqrt{3}$ 倍，即 $U_L = \sqrt{3}U_P$；并且线电压分别超前各自对应的相电压 30°。相量图如图 5-2b 所示。

我国低压三相交流供电系统，目前已广泛采用三相五线制供电系统，或三相四线与五线混合供电系统。此时，电源可向负载提供线电压（如 380V）和相电压（如 220V）两种电压。中性线不引出的供电系统，称为三相三线制供电系统，它只向负载提供线电压，这种系统省去了一条中性线，在高电压大功率长距离输电时普遍采用。

3. 三相电源的三角形联结

电源的三相绕组还可以将一相的末端与另一相的首端依次相连构成三角形，并由三角形的三个顶点引出三条相线 L1、L2、L3 给用户供电，如图 5-3 所示。因此，采用三角形联结的电源只能采用三相三线制供电方式，且电源线电压分别等于相电压，即

$$\begin{cases}\dot{U}_{12} = \dot{U}_1 \\ \dot{U}_{23} = \dot{U}_2 \\ \dot{U}_{31} = \dot{U}_3\end{cases} \tag{5-5}$$

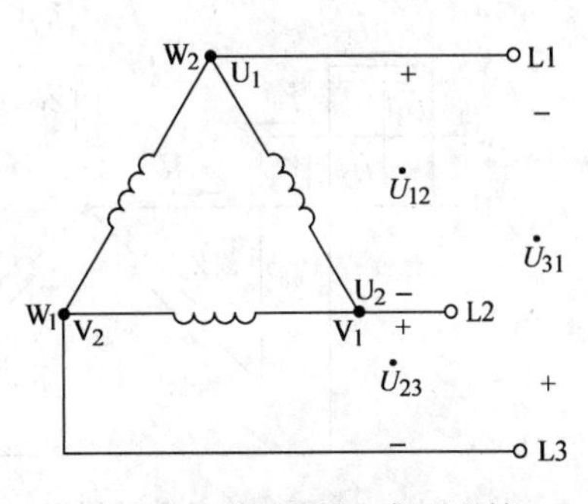

图 5-3　三相电源三角形联结

由此可知，三相电源为三角形联结时，对外只提供3个对称的线电压，而线电压的有效值等于相电压的有效值，即 $U_L = U_P$。

应当指出，三相电源为三角形联结时，因为3个电源形成了一个闭合回路，这个回路电源的总电压为

$$\dot{U}_{\triangle} = \dot{U}_1 + \dot{U}_2 + \dot{U}_3$$

当连接正确时，三相电源对称，则有$\dot{U}_{\triangle}=0$，这样才能保证当没有接通负载时，电源内部没有环行电流。但是如果将某一相电源首尾接错，如U相极性接错，则该三角形回路的电源总电压为

$$\dot{U}_{\triangle} = -\dot{U}_1 + \dot{U}_2 + \dot{U}_3 = -2\dot{U}_1$$

这时就有一个等于两倍$\dot{U}_1$的电压作用在三角形回路内，由于绕组本身的阻抗很小，因此会产生相当大的环流，从而危害电源。

在生产实际中，发电机的绕组很少接成三角形，通常都接成星形。三相变压器的二次侧(输出侧)也相当于一个三相电压源，对变压器来说，这两种接法都有。

5.1.2 三相负载

与三相电源相连的负载有两种类型：一种是单相负载，如荧光灯、单相电动机及各种家用电器等。如果将这样的三组单相负载分别接到三相电源的三相上，构成三相负载，通常这样的负载构成三相不对称负载。另一种是三相负载，有些电气设备本身就是三相负载，如三相电动机、三相电炉等，且由于其内部各相负载阻抗相同，则构成三相对称负载。

三相负载可以连接成星形和三角形两种形式。负载采用哪一种连接方式，应根据电源电压和负载额定电压的大小来决定。原则上，应使负载承受的电源电压等于负载的额定电压。

1. 三相负载的星形联结

将三相负载的任意一端接成一点(称为中性点)，另一端分别接三相电源的相线，则构成三相负载的星形联结。一般三相不对称负载星形联结常接成三相四线制，如图5-4所示。图中 Z_1、Z_2、Z_3 为互不相同的三相负载的阻抗。而三相对称负载星形联结一般接成三相三线制，如图5-5所示。所谓对称负载是指各相的复数阻抗相同，即 $Z_1 = Z_2 = Z_3 = Z$，其中，不仅阻抗值相同，而且阻抗角也要相等。

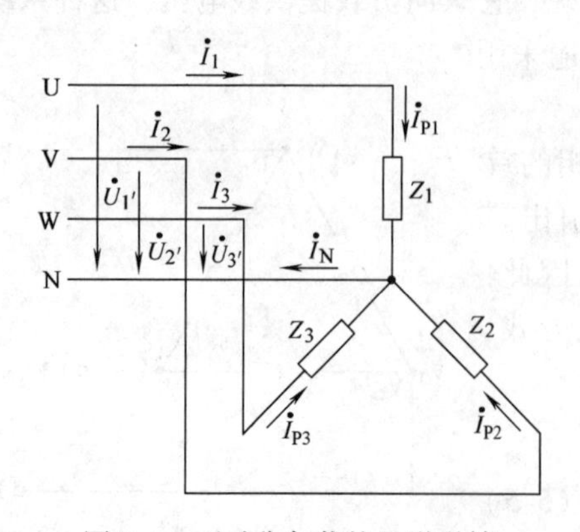

图5-4 不对称负载的星形联结

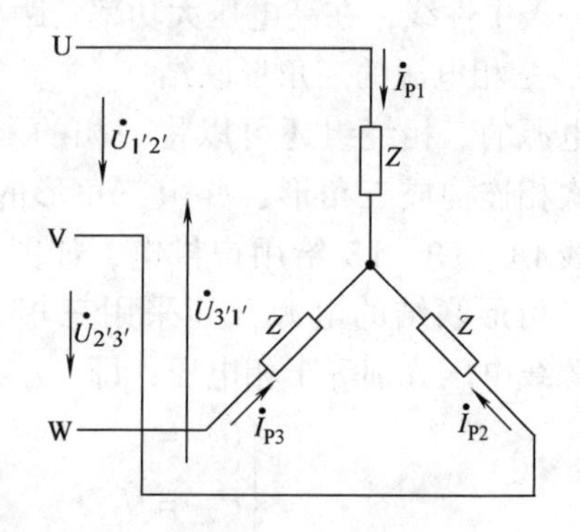

图5-5 省去中线的三相负载星形联结

将流过端线的电流称为线电流$\dot{I}_L$，分别用$\dot{I}_1$、$\dot{I}_2$、$\dot{I}_3$表示；而流过三相负载的电流称为相电流$\dot{I}_{P'}$，分别用$\dot{I}_{P1}$、$\dot{I}_{P2}$、$\dot{I}_{P3}$表示；中性线电流用$\dot{I}_N$表示。端线与中性点之间的电压称为相电压$\dot{U}_{P'}$，分别用$\dot{U}_{1'}$、$\dot{U}_{2'}$、$\dot{U}_{3'}$表示；端线与端线之间的电压称为线电压$\dot{U}_{L'}$，分别用$\dot{U}_{1'2'}$、$\dot{U}_{2'3'}$、$\dot{U}_{3'1'}$表示。

显然，负载星形联结时线电流等于相电流，即$\dot{I}_{P'} = \dot{I}_L$。

2. 三相负载的三角形联结

将三相负载的首、尾端分别相连构成一个三角形，并将3个连接点分别接到三相电源的相线，则构成三相负载的三角形联结。如图5-6所示。

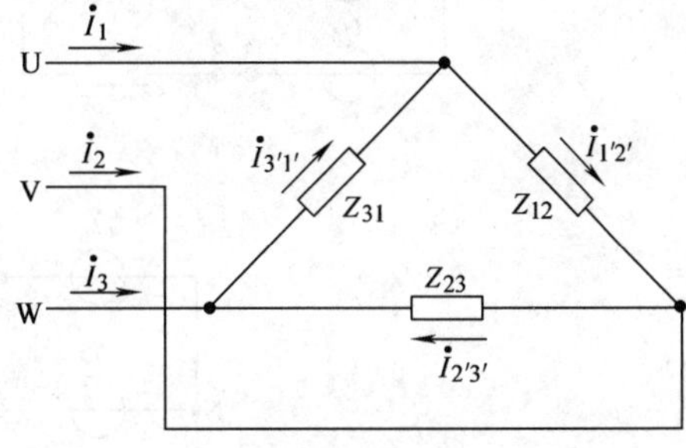

图5-6　三相负载三角形联结

将每相负载上的相电压$\dot{U}_{P'}$分别用$\dot{U}_{1'2'}$、$\dot{U}_{2'3'}$、$\dot{U}_{3'1'}$表示；线电压$\dot{U}_L$分别用$\dot{U}_{12}$、$\dot{U}_{23}$、$\dot{U}_{31}$表示；每相负载上的相电流$\dot{I}_{P'}$分别用$\dot{I}_{1'2'}$、$\dot{I}_{2'3'}$、$\dot{I}_{3'1'}$表示；每相的线电流$\dot{I}_L$分别用$\dot{I}_1$、$\dot{I}_2$、$\dot{I}_3$表示。

由图可见，负载三角形联结时，每相负载上的相电压就是电源相应的线电压，其有效值为$U_{P'} = U_L$。因此，不论负载对称与否，它们的相电压总是对称的。

5.1.3　三相电路的连接方式

三相电路由三相电源、三相负载及它们的连接线组成，因为包括3个电源和3个负载，所以其连接方式比单相电路复杂。电源、负载以及电源和负载之间都有不同的连接方式。一般来说，无论是电源还是负载，均可采用星形(Y)或三角形(△)联结。所以三相电路的连接方式有多种，归结起来，有以下几种形式：

1）星形无中性线联结(Y/Y)，如图5-7a所示；

2）星形有中性线联结($Y_N/Y_{N'}$)，如图5-7b所示；

3）星形三角形联结(Y/△)，如图5-7c所示；

4）三角形星形联结(△/Y)，如图5-7d所示；

5）三角形三角形联结(△/△)，如图5-7e所示。

虽然连接方式很多，但就电压与电流之间关系而言，可以采用Y/△电路等效转换，故只需分析Y/Y和△/△两种联结即可。下面分析这两种特殊联结的三相对称电路情况下，负载电压和电流之间的关系。

1. 三相电路的星形联结

图5-8所示为$Y_N/Y_{N'}$联结的三相对称电路，下面分析三相负载相电压与线电压、相电流与线电流的关系。

(1) 线电压与相电压的关系　如图5-8所示，负载的相电压等于电源的相电压。

$$\dot{U}_{1'} = \dot{U}_1,\ \dot{U}_{2'} = \dot{U}_2,\ \dot{U}_{3'} = \dot{U}_3$$

设$\dot{U}_{1'} = U\angle 0°$，由KVL定律可得线电压

$$\begin{cases} \dot{U}_{1'2'} = \dot{U}_{1'} - \dot{U}_{2'} = U\angle 0° - U\angle -120° = \sqrt{3}\,\dot{U}_{1'}\angle 30° \\ \dot{U}_{2'3'} = \dot{U}_{2'} - \dot{U}_{3'} = U\angle -120° - U\angle 120° = \sqrt{3}\,\dot{U}_{2'}\angle 30° \\ \dot{U}_{3'1'} = \dot{U}_{3'} - \dot{U}_{1'} = U\angle 120° - U\angle 0° = \sqrt{3}\,\dot{U}_{3'}\angle 30° \end{cases} \tag{5-6}$$

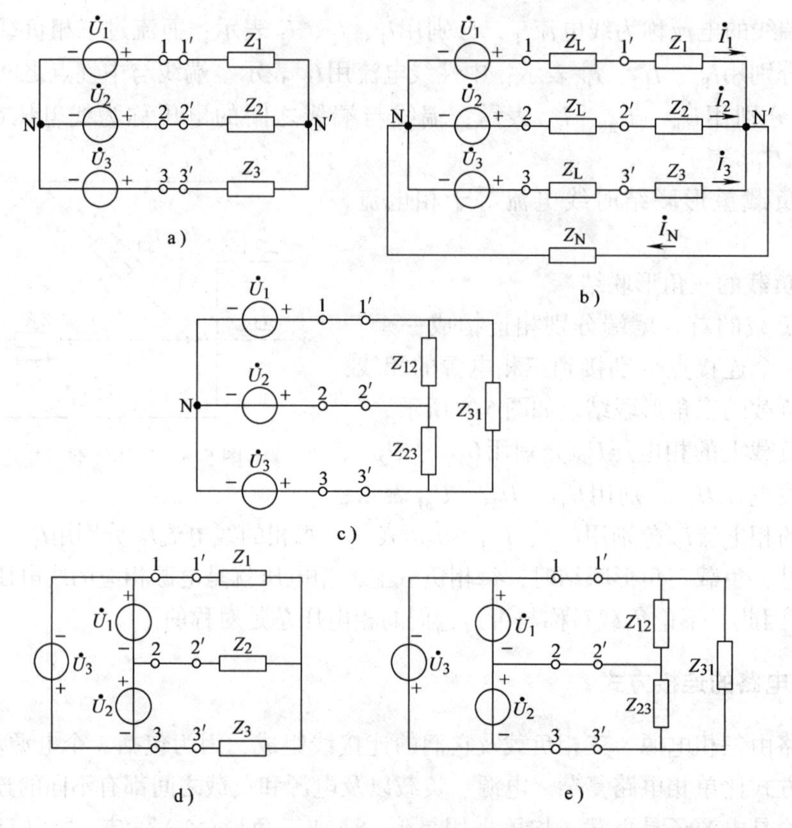

图 5-7　三相电路

a) Y/Y　b) $Y_N/Y_{N'}$　c) Y/△　d) △/Y　e) △/△

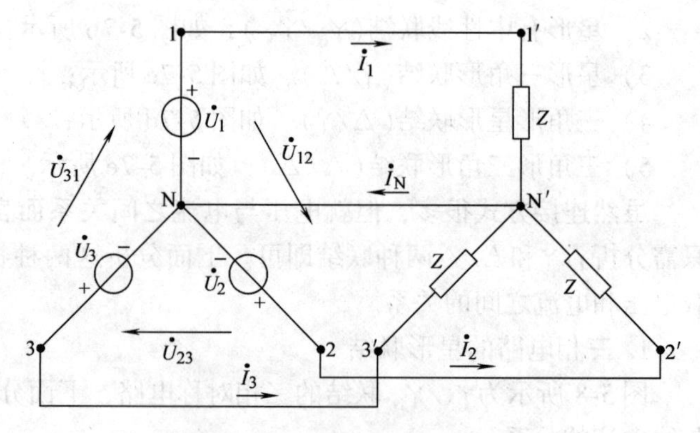

图 5-8　星形联结的三相电路

可见，在对称三相星形电路中，线电压也是对称的，并且线电压与相电压之间具有下列关系：

1）线电压的有效值是相电压的$\sqrt{3}$倍，即 $U_{L'}=\sqrt{3}U_{P'}$。

2）在相位上，线电压超前对应的相电压 30°，即 $\dot{U}_{1'2'}$ 超前 $\dot{U}_{1'}$ 30°；$\dot{U}_{2'3'}$ 超前 $\dot{U}_{2'}$ 30°；$\dot{U}_{3'1'}$ 超前 $\dot{U}_{3'}$ 30°。

线电压与相电压之间的关系可用相量图表示，如图 5-9 所示。

家庭中的日常生活用电电压为 220V，指的就是相线与中性线之间的电压即相电压，它所对应的线电压为$\sqrt{3}\times220\text{V}=380\text{V}$。

（2）线电流与相电流的关系　星形联结的三相电路，流过各相电源或各相负载的电流与流过各相端线的电流为同一个电流，即相电流等于线电流，则有$\dot{I}_P=\dot{I}_L$，并且中性线电流与线电流的关系为

$$\dot{I}_N=\dot{I}_1+\dot{I}_2+\dot{I}_3 \tag{5-7}$$

即中性线电流等于 3 个端线电流之和。

对于对称的三相电路，电源对称、负载阻抗相等。若用 Z 表示负载阻抗，则各个线电流分别为

$$\begin{cases} \dot{I}_1 = \dot{I}_{P1} = \dfrac{\dot{U}_1}{Z} \\ \dot{I}_2 = \dot{I}_{P2} = \dfrac{\dot{U}_2}{Z} \\ \dot{I}_3 = \dot{I}_{P3} = \dfrac{\dot{U}_3}{Z} \end{cases} \tag{5-8}$$

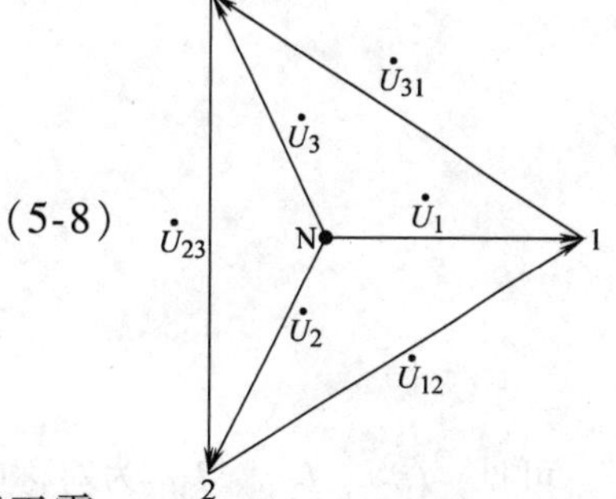

图 5-9　星形电源的线电压和相电压的相量关系

可见，3 个线电流对称，故有 $\dot{I}_N = \dot{I}_1 + \dot{I}_2 + \dot{I}_3 = 0$。

因此，对称的星形联结的三相电路中，中性线电流等于零。如果不需要使用相电压，可将中性线省去，这样三相四线制变为三相三线制，见图 5-7a。

对称负载采用三相三线制接线时，三个线电流(或相电流)都是由电源流向负载，负载电流是从哪里流回电源？或者说，电流是如何构成回路的呢？要回答这个问题，首先必须弄清我们前面所规定的电流正方向(这种正方向其实也是一种参考方向)和三相电流的实际方向之间的区别。我们在电路上标的电流方向是为了便于分析问题按习惯规定的正方向，它不是实际方向。由于三相电流相位彼此互差 120°，因此，任何瞬间三相电流的瞬时值总是有的正、有的负，即有的从电源流向负载(正的)，有的从负载流向电源(负的)，肯定不会出现 3 个电流同时为正或同时为负的情况。或者说，任意瞬间某一相电流是以其他一相或两相支路作为回路的。

2. 三相电路的三角形联结

图 5-10 所示为三角形联结的三相对称电路。

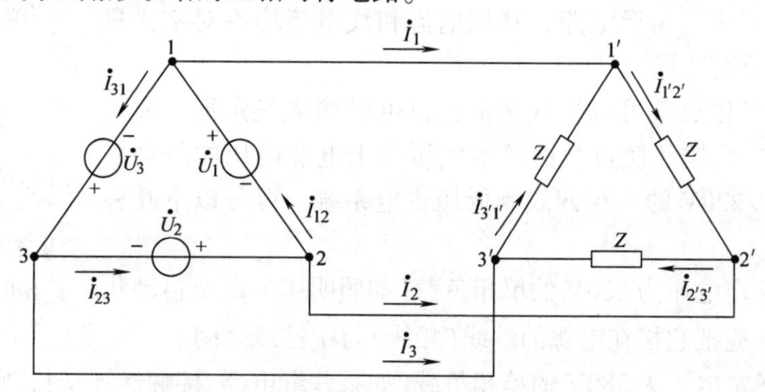

图 5-10　三角形联结的三相对称电路

(1) 相电压与线电压的关系　由于每相负载分别接在电源的两根端线之间，所以负载的相电压就是电源的线电压。由于电源的线电压通常总是对称的，并不因负载的对称与否而受影响，即

$$\begin{cases} \dot{U}_{1'2'} = \dot{U}_{12} = \dot{U}_1 \\ \dot{U}_{2'3'} = \dot{U}_{23} = \dot{U}_2 \\ \dot{U}_{3'1'} = \dot{U}_{31} = \dot{U}_3 \end{cases} \tag{5-9}$$

（2）相电流和线电流的关系　在图 5-10 中，$\dot{I}_{1'2'}$、$\dot{I}_{2'3'}$、$\dot{I}_{3'1'}$为各相负载的相电流，而$\dot{I}_1$、$\dot{I}_2$、$\dot{I}_3$ 为 3 个端线的电流。则相电流为

$$\begin{cases} \dot{I}_{1'2'} = \dfrac{\dot{U}_1}{Z} \\ \dot{I}_{2'3'} = \dfrac{\dot{U}_2}{Z} \\ \dot{I}_{3'1'} = \dfrac{\dot{U}_3}{Z} \end{cases} \tag{5-10}$$

可见，$\dot{I}_{1'2'}$、$\dot{I}_{2'3'}$、$\dot{I}_{3'1'}$为对称电流。若设$\dot{I}_{1'2'} = I\angle 0^\circ$，由 KCL 定律可得线电流为

$$\begin{cases} \dot{I}_1 = \dot{I}_{1'2'} - \dot{I}_{3'1'} = I\angle 0^\circ - I\angle 120^\circ = \sqrt{3}\dot{I}_{1'2'}\angle -30^\circ \\ \dot{I}_2 = \dot{I}_{2'3'} - \dot{I}_{1'2'} = I\angle -120^\circ - I\angle 0^\circ = \sqrt{3}\dot{I}_{2'3'}\angle -30^\circ \\ \dot{I}_3 = \dot{I}_{3'1'} - \dot{I}_{2'3'} = I\angle 120^\circ - I\angle -120^\circ = \sqrt{3}\dot{I}_{3'1'}\angle -30^\circ \end{cases} \tag{5-11}$$

可见，在对称三相三角形电路中，线电流和相电流都是对称的。线电流与相电流之间具有下列关系：

1）线电流的有效值是相电流有效值的$\sqrt{3}$倍，即 $I_{\mathrm{L}} = \sqrt{3}I_{\mathrm{P}}$。

2）在相位上线电流分别滞后于各自对应的相电流 30°，即$\dot{I}_1$ 滞后于$\dot{I}_{1'2'}$30°；$\dot{I}_2$ 滞后于$\dot{I}_{2'3'}$30°；$\dot{I}_3$ 滞后于$\dot{I}_{3'1'}$30°。

它们之间的关系也可以用相量图表示，如图 5-11 所示。

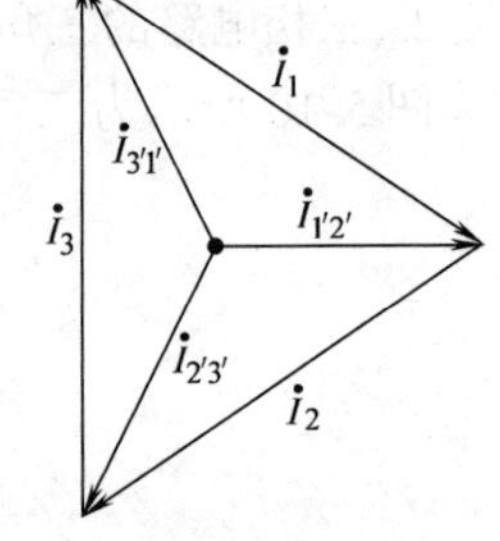

图 5-11　线电流与相电流相量关系

若是不对称三相三角形电路，其相电流和线电流均不对称，只能利用相量关系分别计算。

综上所述，三相负载可以接成星形，也可以接成三角形。究竟采用哪种接法，应当按照使负载的额定电压等于电源电压的原则来确定。对于 380V/220V 的三相四线制低压供电系统，可分以下几种情况来考虑：

1）当使用额定电压为 220V 的单相负载（如照明用电以及自动化仪表装置等）时，应把它接在电源的端线（相线）与中性线之间。

2）当使用额定电压为 380V 的单相负载（如某些继电器、接触器等）时，则应把它接到电源的某两根端线之间。

3）如果三相对称负载的额定相电压为 220V 时，要想将它接入线电压为 380V 的电源时，应将三相负载作星形联结，即将负载末端接在一起，而将 3 个首端分别接到电源的 3 根端线上。

4）如果三相对称负载的额定相电压为 380V（如 4kW 以上的 Y 型异步电动机等），则应将三相负载作三角形联结，然后接到 3 根端线上。

星形和三角形联结的三相对称负载以及单相负载（如照明电灯）同时接入 380V/220V 三相四线制电路，其接线方式如图 5-12 所示。

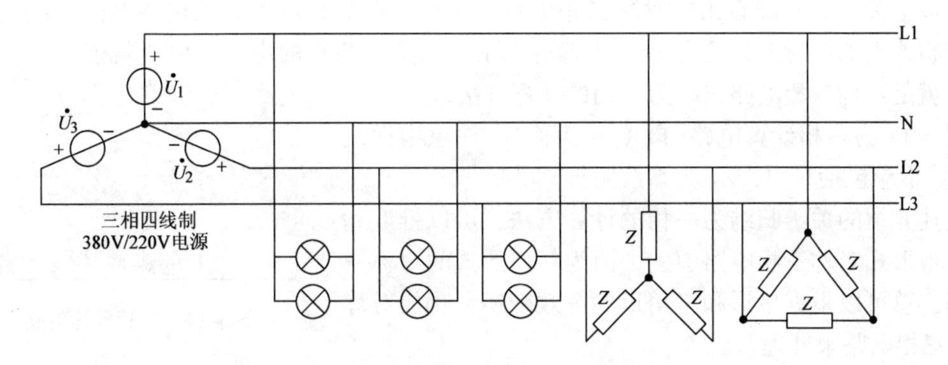

图 5-12　三相四线制低压供电系统负载的接法

5.2　对称三相电路的计算

三相电路实际上是一种较复杂的正弦电路，前面章节中所介绍的单相正弦电流电路的分析方法同样适用于三相电路。我们现在来分析对称三相电路的特点，并利用这些特点来简化对称三相电路的计算。

所谓对称三相电路是指三相电源对称、三相负载也对称的电路。首先我们来分析图 5-13 所示的三相四线制星形联结的电路。

设 Z_N 为中性线阻抗，N、N′点为中性点，Z 为负载阻抗。若以 N 为参考节点，列写节点电压方程，可得

$$\left(\frac{1}{Z_N}+\frac{3}{Z}\right)\dot{U}_{N'N}=\frac{1}{Z}(\dot{U}_1+\dot{U}_2+\dot{U}_3)$$

由于三相电源对称，则

$$\dot{U}_1+\dot{U}_2+\dot{U}_3=0$$

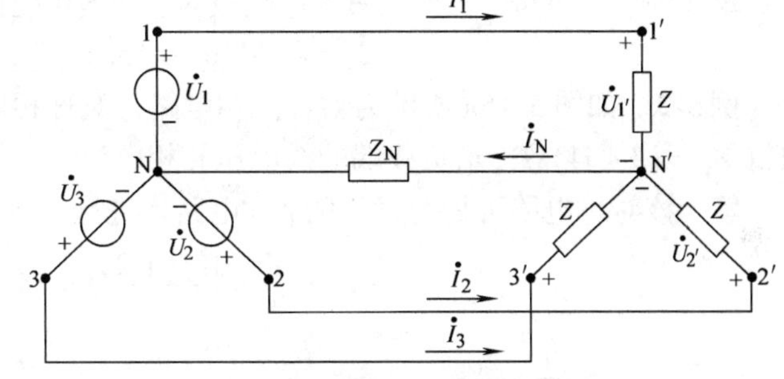

图 5-13　对称三相四线制星形联结电路

故有$\dot{U}_{N'N}=0$，且有$\dot{I}_N=\dfrac{\dot{U}_{N'N}}{Z_N}=0$

可以看出，由于$\dot{U}_{N'N}=0$，N、N′点为等电位，中性线没电流，相当于 N、N′短接，则有

$$\begin{cases}\dot{U}_{1'}=\dot{U}_1=U\underline{/0^\circ}\\ \dot{U}_{2'}=\dot{U}_2=U\underline{/-120^\circ}\\ \dot{U}_{3'}=\dot{U}_3=U\underline{/120^\circ}\end{cases}\tag{5-12}$$

由于$\dot{U}_{N'N}=0$，三相电路成为 3 个独立的回路，表明在对称Y/Y三相电路中，中性线不起作用，故可采用三相三线制。而各相电流(即线电流)分别为

$$\begin{cases}\dot{I}_1=\dfrac{\dot{U}_1}{Z}\\ \dot{I}_2=\dfrac{\dot{U}_2}{Z}=\dot{I}_1\underline{/-120^\circ}\\ \dot{I}_3=\dfrac{\dot{U}_3}{Z}=\dot{I}_1\underline{/120^\circ}\end{cases}\tag{5-13}$$

由以上关系式不难看出，对称三相电路的电压、电流只由本相的电源和阻抗决定。因此，分析这类电路时，只要分析一相就可以了，而其他两相的电压、电流就能按对称性写出，这就是对称三相电路归结为一相的计算方法。

图 5-14 为一相计算电路(以 U 相为例)，注意中性线阻抗 Z_N 不应包括在内，Z_L 为端线阻抗。

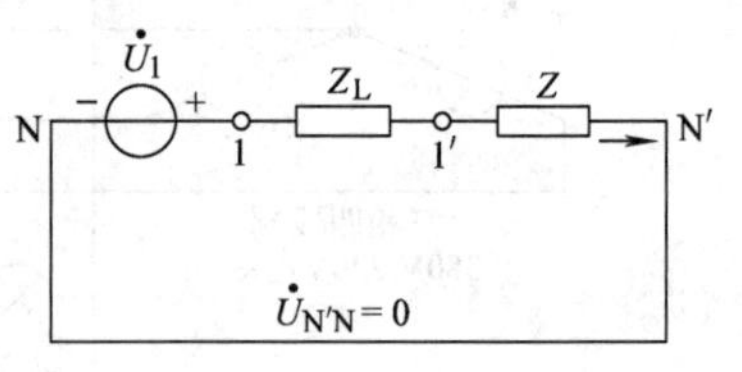

图 5-14　一相计算电路

上述介绍的关于归结为一相的计算方法，可以推广到分析其他形式对称三相电路中去，因为任何形式的对称三相电路，总可以根据星形和三角形的等效变换，化成对称的Y/Y三相电路来处理。

例 5-1　星形联结的对称三相电路，已知电源线电压 $U_L=380\text{V}$，每相负载阻抗为 $Z=(10+\text{j}10)\Omega$，忽略线路阻抗 Z_L，求各相电流。

解：星形联结的对称三相电路，可划归单相计算。该电源的相电压为

$$U_P=\frac{U_L}{\sqrt{3}}=\frac{380}{\sqrt{3}}\text{V}=220\text{V}$$

设$\dot{U}_1=220\underline{/0°}\text{ V}$，则划归为单相时的电路如图 5-14 所示。

$$\dot{I}_1=\frac{\dot{U}_1}{Z}=\frac{220\underline{/0°}}{10+\text{j}10}\text{A}=15.6\underline{/-45°}\text{ A}$$

按对称关系可得

$$\dot{I}_2=\dot{I}_1\underline{/-120°}=15.6\underline{/-165°}\text{ A}$$

$$\dot{I}_3=\dot{I}_1\underline{/120°}=15.6\underline{/75°}\text{ A}$$

例 5-2　如图 5-15a 所示为对称三相电路，对称相电压为 220V，$Z=(15+\text{j}12)\Omega$，端线阻抗 $Z_L=(3+\text{j}4)\Omega$，求负载端的线电压和相电流。

解：该对称电路可划为对称的Y/Y电路来进行计算，如图 5-15b 所示。

$$Z'=\frac{Z}{3}=\frac{15+\text{j}12}{3}\Omega=(5+\text{j}4)\Omega$$

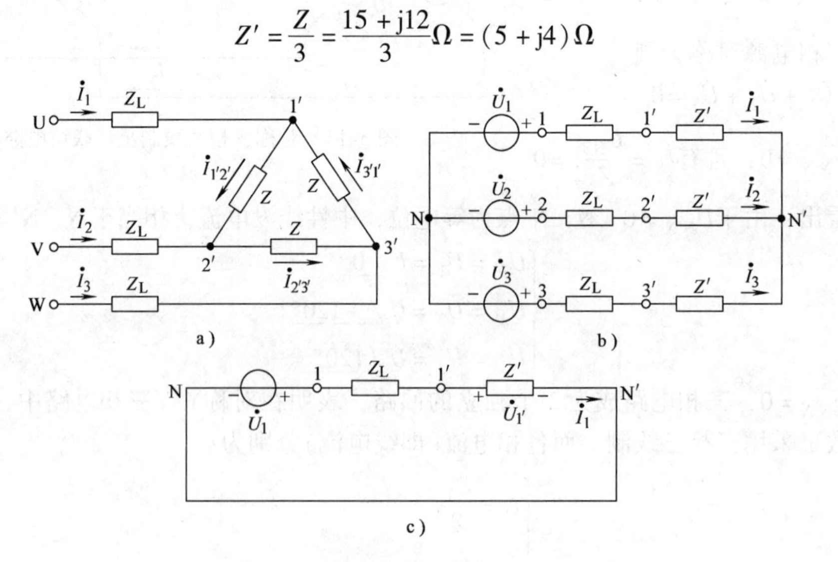

图 5-15　例 5-2 的图

设$\dot{U}_1=220\underline{/0°}\text{ V}$，由图 5-15c 所示的一相计算电路求得

$$\dot{I}_1=\frac{\dot{U}_1}{Z_L+Z'}=\frac{220\underline{/0^\circ}}{3+j4+5+j4}A=19.5\underline{/-45^\circ}\ A$$

由对称性得 $$\dot{I}_2=\dot{I}_1\underline{/-120^\circ}=19.5\underline{/-165^\circ}\ A$$

$$\dot{I}_3=\dot{I}_1\underline{/120^\circ}=19.5\underline{/75^\circ}\ A$$

此电流即为负载端的线电流，其相电流可利用前面所介绍的线电流与相电流之间的关系求得，即 $$\dot{I}_{1'2'}=\frac{\dot{I}_1}{\sqrt{3}}\underline{/30^\circ}=\frac{19.5\underline{/-45^\circ}}{\sqrt{3}}\underline{/30^\circ}\ A=11.3\underline{/-15^\circ}\ A$$

由对称关系得 $$\dot{I}_{2'3'}=11.3\underline{/-135^\circ}\ A$$

$$\dot{I}_{3'1'}=11.3\underline{/105^\circ}\ A$$

由图 5-15c 可求出负载相电压为

$$\dot{U}_{1'}=\dot{I}_1Z'=19.5\underline{/-45^\circ}\times(5+j4)\ V=124.8\underline{/-6.3^\circ}\ V$$

由相电压与线电压之间的关系可得负载端的线电压为

$$\dot{U}_{1'2'}=\sqrt{3}\dot{U}_{1'}\underline{/30^\circ}=216\underline{/23.7^\circ}\ V$$

由对称性，可得 $$\dot{U}_{2'3'}=216\underline{/-96.3^\circ}\ V$$

$$\dot{U}_{3'1'}=216\underline{/143.7^\circ}\ V$$

5.3 不对称三相电路的概念

在三相电路中，如果电源不对称或负载不对称(也可能两者均不对称)，则把这样的三相电路称为不对称三相电路。正常情况下，三相电源是对称的，三相负载不对称的情况则比较常见，本节我们就分析由于负载而引起电路不对称的情况。

在不对称三相电路中，由于三相电流、三相负载电压不再对称，就不能用化归单相的方法来分析，而应采用复杂电路的分析方法来进行分析。

5.3.1 不对称三相电路的星形联结

1. 三相三线制系统

图 5-16 为负载不对称的星形联结电路。首先将开关 S 打开，这时相当于不接中性线的情况。取 N 为参考节点，列写节点方程可得

$$\left(\frac{1}{Z_1}+\frac{1}{Z_2}+\frac{1}{Z_3}\right)\dot{U}_{N'N}=\frac{\dot{U}_1}{Z_1}+\frac{\dot{U}_2}{Z_2}+\frac{\dot{U}_3}{Z_3}$$

由于三相负载不对称，使 $\dot{U}_{N'N}\neq0$，从而造成负载端的相电压不对称，即

$$\begin{cases}\dot{U}_{1'}=\dot{U}_1-\dot{U}_{N'N}\\ \dot{U}_{2'}=\dot{U}_2-\dot{U}_{N'N}\\ \dot{U}_{3'}=\dot{U}_3-\dot{U}_{N'N}\end{cases}\qquad(5\text{-}14)$$

如果 $\dot{U}_{N'N}$ 值较大时，会使有的相电压低于额定电压，负载的工作不正常；

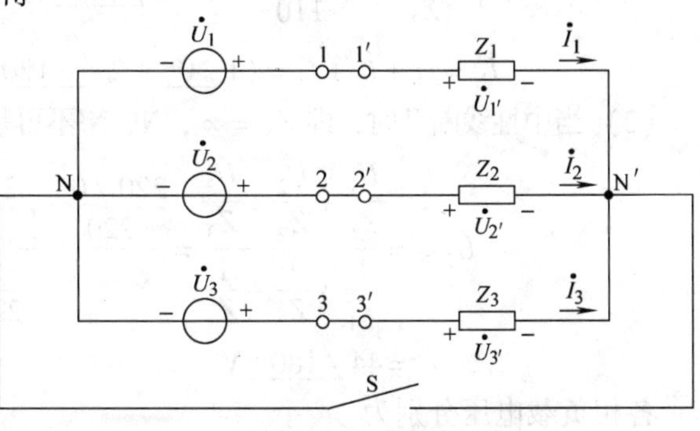

图 5-16 不对称三相电路

而有的相电压高于额定电压，导致负载损坏。并且，由于$\dot{U}_{N'N} \neq 0$，使相与相之间失去了独立性和对称性，如某一相上负载变动时，会影响其他相的电路参数。

此时，三相负载的电流也是不对称的，即

$$\begin{cases} \dot{I}_1 = \dfrac{\dot{U}_{1'}}{Z_1} \\ \dot{I}_2 = \dfrac{\dot{U}_{2'}}{Z_2} \\ \dot{I}_3 = \dfrac{\dot{U}_{3'}}{Z_3} \end{cases} \tag{5-15}$$

2. 三相四线制系统

如果现在合上开关 S，即接上中性线，并使 $Z_N = 0$，则可迫使$\dot{U}_{N'N} = 0$，此时各相负载电压是对称的，分别等于电源的相电压。虽然三相电流不对称，但在这个条件下，可使各相保持独立性，其工作状况互不影响，因此在求解各相参数时可以分别独立计算。这种情况下，中性线的存在是非常重要的。此时，由于相电流的不对称，中性线电流一般不为零，有

$$\dot{I}_N = \dot{I}_1 + \dot{I}_2 + \dot{I}_3 \neq 0 \tag{5-16}$$

例 5-3 图 5-16 所示为一个三相对称电源与不对称三相负载组成的不对称三相电路，已知电源相电压为 220V，三相负载均是额定电压为 220V 的电阻。U 相的阻值为 220Ω，V 相与 W 相的阻值为 110Ω，试求：

(1) 当有中性线且中性线阻抗 $Z_N = 0$ 时，各相电流和中性线电流。

(2) 当中性线断开时，各相负载电压和电流。

解：(1) 当有中性线且 $Z_N = 0$ 时，中性点电压$\dot{U}_{N'N} = 0$，因此三相电路是 3 个独立回路，我们取 U 相电压作为参考相量，有$\dot{U}_1 = 220\angle 0°$ V，根据对称性，有$\dot{U}_2 = 220\angle -120°$ V，$\dot{U}_3 = 220\angle 120°$ V。因而可得

$$\dot{I}_1 = \frac{\dot{U}_1}{Z_1} = \frac{220\angle 0°}{220}\text{A} = 1\angle 0°\ \text{A}$$

$$\dot{I}_2 = \frac{\dot{U}_2}{Z_2} = \frac{220\angle -120°}{110}\text{A} = 2\angle -120°\ \text{A}$$

$$\dot{I}_3 = \frac{\dot{U}_3}{Z_3} = \frac{220\angle 120°}{110}\text{A} = 2\angle 120°\ \text{A}$$

$$\dot{I}_N = \dot{I}_1 + \dot{I}_2 + \dot{I}_3 = (1\angle 0° + 2\angle -120° + 2\angle 120°)\text{A} = 1\angle 180°\ \text{A}$$

(2) 当中性线断开时，即 $Z_N = \infty$，N、N′不再是等电位点。用节点电压法来求$\dot{U}_{N'N}$，可得

$$\dot{U}_{N'N} = \frac{\dfrac{\dot{U}_1}{Z_1} + \dfrac{\dot{U}_2}{Z_2} + \dfrac{\dot{U}_3}{Z_3}}{\dfrac{1}{Z_1} + \dfrac{1}{Z_2} + \dfrac{1}{Z_3}} = \frac{\dfrac{220\angle 0°}{220} + \dfrac{220\angle -120°}{110} + \dfrac{220\angle 120°}{110}}{\dfrac{1}{220} + \dfrac{1}{110} + \dfrac{1}{110}}\text{V}$$
$$= 44\angle 180°\ \text{V}$$

各相负载电压分别为

$$\dot{U}_{1'} = \dot{U}_1 - \dot{U}_{N'N} = (220\angle 0° - 44\angle 180°)\text{V} = 264\angle 0°\ \text{V}$$

$$\dot{U}_{2'} = \dot{U}_2 - \dot{U}_{N'N} = (220\angle{-120^\circ} - 44\angle{180^\circ})\text{V} = 202\angle{-109^\circ}\ \text{V}$$

$$\dot{U}_{3'} = \dot{U}_3 - \dot{U}_{N'N} = (220\angle{120^\circ} - 44\angle{180^\circ})\text{V} = 202\angle{109^\circ}\ \text{V}$$

各相负载电流分别为

$$\dot{I}_1 = \frac{\dot{U}_{1'}}{Z_1} = \frac{264\angle{0^\circ}}{220}\text{A} = 1.2\angle{0^\circ}\ \text{A}$$

$$\dot{I}_2 = \frac{\dot{U}_{2'}}{Z_2} = \frac{202\angle{-109^\circ}}{110}\text{A} = 1.8\angle{-109^\circ}\ \text{A}$$

$$\dot{I}_3 = \frac{\dot{U}_{3'}}{Z_3} = \frac{202\angle{109^\circ}}{110}\text{A} = 1.8\angle{109^\circ}\ \text{A}$$

通过上面例题分析，可以得到以下结论：

1）负载不对称而又没中性线时，负载的相电压就不对称，这就势必引起有的相电压高于负载额定电压，有的相电压低于负载额定电压，致使负载不能正常工作甚至被损坏，这是不允许的。因此三相负载的电压必须对称。

2）中性线的作用就是保证不对称星形负载的相电压对称。为了保证负载的相电压对称，就不能断开中性线。一般中性线采用钢芯结构，且不允许在中性线上安装熔断器或开关。

当有中性线时，由于 $Z_N=0$，从而使$\dot{U}_{N'N}=0$，各相负载电压就对称了，使负载能在额定电压下工作，但这时由于相电流不对称，使中性线里会有电流通过，严重不对称时，会使中性线电流很大，也是非常不经济的。所以，对于实际的Y/Y联结三相电路，总是尽量调整三相负载，使之大体对称，这样中性线电流较小。中性线就不必采用很粗的导线，负载的相电压数值也不会存在太大差别。

5.3.2 不对称三相电路的三角形联结

对于不对称负载三角形联结的三相电路，虽然各相负载的电压仍然是三相电源的对称线电压，但各相负载的阻抗已不相等，即 $Z_{12} \neq Z_{23} \neq Z_{31}$，因此各相电流不再对称，只能逐相分别计算。各线电流均取决于相关相电流的大小和相位，也必须逐一分别计算，已不能简单套用$\sqrt{3}$倍的关系了。

在图5-17中，负载的相电压与电源的线电压相等，即

$$\begin{cases} \dot{U}_{1'2'} = \dot{U}_{12} \\ \dot{U}_{2'3'} = \dot{U}_{23} \\ \dot{U}_{3'1'} = \dot{U}_{31} \end{cases} \tag{5-17}$$

各相负载的相电流分别为

$$\begin{cases} \dot{I}_{1'2'} = \dfrac{\dot{U}_{12}}{Z_{12}} \\ \dot{I}_{2'3'} = \dfrac{\dot{U}_{23}}{Z_{23}} \\ \dot{I}_{3'1'} = \dfrac{\dot{U}_{31}}{Z_{31}} \end{cases} \tag{5-18}$$

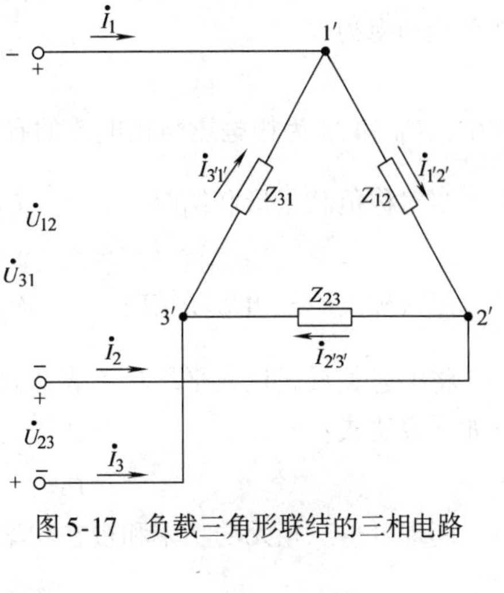

图5-17 负载三角形联结的三相电路

负载的线电流可应用基尔霍夫电流定律列出下

列各式进行计算：

$$\begin{cases}\dot{I}_1=\dot{I}_{1'2'}-\dot{I}_{3'1'}\\ \dot{I}_2=\dot{I}_{2'3'}-\dot{I}_{1'2'}\\ \dot{I}_3=\dot{I}_{3'1'}-\dot{I}_{2'3'}\end{cases} \tag{5-19}$$

5.4 三相电路的功率

5.4.1 不对称三相电路的功率

三相电路中，其所对应的总瞬时功率为三相瞬时功率之和，即

$$p=p_1+p_2+p_3=u_1i_1+u_2i_2+u_3i_3 \tag{5-20}$$

平均功率为

$$P=P_1+P_2+P_3=U_1I_1\cos\varphi_1+U_2I_2\cos\varphi_2+U_3I_3\cos\varphi_3 \tag{5-21}$$

式中，φ_1、φ_2、φ_3 分别为各相相电压与相电流之间的相位差，即各相负载的阻抗角。

无功功率为

$$Q=Q_1+Q_2+Q_3=U_1I_1\sin\varphi_1+U_2I_2\sin\varphi_2+U_3I_3\sin\varphi_3 \tag{5-22}$$

三相电路的总视在功率一般不等于各相视在功率之和，视在功率由下式计算：

$$S=\sqrt{P^2+Q^2} \tag{5-23}$$

式中，$P=P_1+P_2+P_3$；$Q=Q_1+Q_2+Q_3$。

三相电路功率因数为

$$\cos\varphi=\frac{P}{S} \tag{5-24}$$

注意：在不对称三相电路中，$\varphi\neq\varphi_1\neq\varphi_2\neq\varphi_3$。

5.4.2 对称三相电路的功率

在对称三相电路中，存在以下关系：

$$U_1=U_2=U_3=U_\mathrm{P},\ I_1=I_2=I_3=I_\mathrm{P},\ \varphi_1=\varphi_2=\varphi_3=\varphi$$

则平均功率为

$$P=3U_\mathrm{P}I_\mathrm{P}\cos\varphi \tag{5-25}$$

式中，U_P 和 I_P 为相电压与相电流的有效值；φ 为相电压 U_P 与相电流 I_P 之间的相位差。

当对称负载星形联结时　　$U_\mathrm{P}=\dfrac{U_\mathrm{L}}{\sqrt{3}}$　　$I_\mathrm{P}=I_\mathrm{L}$

当对称负载三角形联结时　　$U_\mathrm{P}=U_\mathrm{L}$　　$I_\mathrm{P}=\dfrac{I_\mathrm{L}}{\sqrt{3}}$

将上述关系式代入平均功率表达式，可见无论对称负载是星形联结还是三角形联结，总有如下表达式：

$$P=3U_\mathrm{P}I_\mathrm{P}\cos\varphi=\sqrt{3}U_\mathrm{L}I_\mathrm{L}\cos\varphi \tag{5-26}$$

同理可得三相无功功率和视在功率为

$$Q = 3U_P I_P \sin\varphi = \sqrt{3} U_L I_L \sin\varphi \tag{5-27}$$

$$S = 3U_P I_P = \sqrt{3} U_L I_L = \sqrt{P^2 + Q^2} \tag{5-28}$$

可以证明，在对称的三相电路中，其瞬时功率为一常量，且等于平均功率，即

$$\begin{aligned} p &= p_1 + p_2 + p_3 = u_1 i_1 + u_2 i_2 + u_3 i_3 \\ &= \sqrt{2} U_P \sin\omega t \times \sqrt{2} I_P \sin(\omega t - \varphi) + \sqrt{2} U_P \sin(\omega t - 120°) \times \sqrt{2} I_P \sin(\omega t - \varphi - 120°) \\ &\quad + \sqrt{2} U_P \sin(\omega t + 120°) \times \sqrt{2} I_P \sin(\omega t - \varphi + 120°) \\ &= 3U_P I_P \cos\varphi = P \end{aligned}$$

可见对称三相负载吸收的瞬时功率不随时间而变，恒等于 P。这一性质称为瞬时功率的平衡性。三相电动机做成对称的绕组，接至三相电源，它转动后的转矩由于这一性质而保持恒定，能平稳地转动。

例 5-4 有一对称三相负载 $Z = (6 + \mathrm{j}8)\Omega$，三相电源线电压为380V。求负载阻抗连接成星形和三角形两种情况下的有功功率、无功功率和视在功率。

解：(1) 星形联结时，每相电流为

$$I_P = I_L = \frac{U_P}{|Z|} = \frac{\frac{380}{\sqrt{3}}}{|6 + \mathrm{j}8|}\mathrm{A} = 22\mathrm{A}$$

由 $Z = (6 + \mathrm{j}8)\Omega$，得阻抗角为 $\varphi = 53.1°$。故有

$$P_{\mathrm{Y}} = \sqrt{3} U_L I_L \cos\varphi = \sqrt{3} \times 380 \times 22 \times \cos 53.1° \mathrm{W} = 8.69\mathrm{kW}$$

$$Q_{\mathrm{Y}} = \sqrt{3} U_L I_L \sin\varphi = \sqrt{3} \times 380 \times 22 \times \sin 53.1° \mathrm{var} = 11.58\mathrm{kvar}$$

$$S_{\mathrm{Y}} = \sqrt{3} U_L I_L = 14.48\mathrm{kV \cdot A}$$

或

$$S_{\mathrm{Y}} = \sqrt{P_{\mathrm{Y}}^2 + Q_{\mathrm{Y}}^2} = 14.48\mathrm{kV \cdot A}$$

(2) 三角形联结时，每相电流为

$$I_P = \frac{U_L}{|Z|} = \frac{380}{|6 + \mathrm{j}8|}\mathrm{A} = 38\mathrm{A}$$

线电流为

$$I_L = \sqrt{3} I_P = \sqrt{3} \times 38\mathrm{A} = 66\mathrm{A}$$

$$P_{\triangle} = \sqrt{3} U_L I_L \cos\varphi = \sqrt{3} \times 380 \times 66 \times \cos 53.1° \mathrm{W} = 26.06\mathrm{kW}$$

$$Q_{\triangle} = \sqrt{3} U_L I_L \sin\varphi = \sqrt{3} \times 380 \times 66 \times \sin 53.1° \mathrm{var} = 34.75\mathrm{kvar}$$

$$S_{\triangle} = \sqrt{P_{\triangle}^2 + Q_{\triangle}^2} = 43.44\mathrm{kV \cdot A}$$

由以上例题分析不难看到，在相同的电源线电压作用下，同一负载连接成三角形时的功率是连接成星形时功率的 3 倍。这是由于负载作三角形联结时的相电压是作星形联结时相电压的$\sqrt{3}$倍，因而相电流也是它的$\sqrt{3}$倍，而此时三角形的线电流又为相电流的$\sqrt{3}$倍，故实际上三角形联结的线电流是星形线电流的 3 倍，因此三角形联结消耗的有功功率就为星形的 3 倍。无功功率和视在功率亦有同样的结论。这说明负载的功率，与其连接方式有关。从这一角度来看，要使负载正常工作也必须采用正确的连接法。例如，负载应接成星形的就不能在电源电压不变的情况下接成三角形，否则负载会由于超过其额定功率而烧坏；反之，负载应

接成三角形的也不能任意接成星形，否则也因功率不足而不能正常工作。

例 5-5 线电压 U_L 为 380V 的三相电源上接有两组对称三相负载，一组是三角形联结的电感性负载，每相阻抗 $Z_\triangle = 36.3\underline{/37°}\ \Omega$；另一组是星形联结的电阻性负载，每相电阻 $R_Y = 10\Omega$，如图 5-18 所示。试求：(1)各组负载的相电流；(2)电路线电流；(3)三相有功功率。

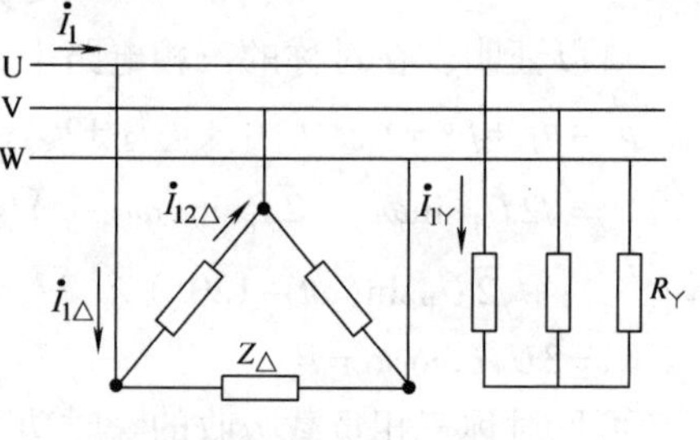

图 5-18 例 5-5 的图

解：设线电压 $\dot{U}_{12} = 380\underline{/0°}$ V，则相电压 $\dot{U}_1 = 220\underline{/-30°}$ V。

(1) 由于三相负载对称，所以计算一相即可，其他两相可以推知。

对于三角形联结的负载，其相电流为

$$\dot{I}_{12\triangle} = \frac{\dot{U}_{12}}{Z_\triangle} = \frac{380\underline{/0°}}{36.3\underline{/37°}}\text{A} = 10.47\underline{/-37°}\text{ A}$$

对于星形联结的负载，其相电流即为线电流。则

$$\dot{I}_{1Y} = \frac{\dot{U}_1}{R_Y} = \frac{220\underline{/-30°}}{10}\text{A} = 22\underline{/-30°}\text{ A}$$

(2) 三角形联结的线电流为

$$\dot{I}_{1\triangle} = \sqrt{3}\dot{I}_{12\triangle}\underline{/-30°} = \sqrt{3}\times 10.47\underline{/-37°-30°}\text{ A} = 18.13\underline{/-67°}\text{ A}$$

电路的线电流为

$$\dot{I}_1 = \dot{I}_{1\triangle} + \dot{I}_{1Y} = (18.13\underline{/-67°} + 22\underline{/-30°})\text{A} = 38\underline{/-46.7°}\text{ A}$$

(3) 三相电路有功功率为

$$\begin{aligned} P &= P_\triangle + P_Y = \sqrt{3}U_{12}I_{1\triangle}\cos\varphi_\triangle + \sqrt{3}U_{12}I_{1Y} \\ &= (\sqrt{3}\times 380\times 18.13\times\cos 37° + \sqrt{3}\times 380\times 22)\text{W} = 24026\text{W} \end{aligned}$$

*5.5 安全用电知识

电能可以为人类服务，为人类造福，但若处置不当，违反电气操作规程，则可能造成停产、设备损坏、火灾乃至人身伤亡事故。在人类社会生活的各个领域，电能的应用日益广泛，我们必须懂得一些安全用电的常识和技术。

5.5.1 安全用电常识

1. 安全电流与安全电压

人体接触到带电体而使电流流过人体就是触电。触电会给人体带来伤害，按其伤害性质可分为电击和电伤两种。电击是指电流通过人体，使内部器官组织受到损坏甚至人身死亡；电伤是指电流的热效应、化学效应、机械效应等对人体外部的伤害。

触电对人体的伤害程度与通过人体的电流大小和频率、电流通过人体的路径和时间等有关。工频交流电的危险性大于直流电，2000Hz 以上高频交流电由于趋肤效应，危险性减小。当通过人体的电流超过 50mA 时，就有生命危险，当人体处于潮湿环境、出汗、承受的电压增加以及皮肤破损时，人体的阻抗值就会减小，在常规环境下，人体的平均总阻抗在 1kΩ

以上，故认为50V以下的电压比较安全。为安全用电并针对不同场合，我国规定的安全电压分别为40V、36V、24V、12V和6V共5个等级。

为了减少触电危险，规定凡工作人员经常接触的电气设备，如行灯、机床照明灯等，一般使用36V以下的安全电压。在特别潮湿的场合，还应该采用不高于12V的电压。

2. 几种触电方式

（1）双相触电　这种触电形式是指人的身体有两部分同时触及三相电源的两条端线，这时人体承受线电压，如图5-19a所示，双相触电最为危险。

（2）单相触电　现在广泛采用的三相四线制供电系统的中性线一般都是接地的，当人体与任何一条端线接触时，就有电流通过人体。这时人体承受的电压是电源的相电压，通过人体的电流主要由人体电阻(包括人体与地面的绝缘情况)决定。因此当人穿着绝缘防护靴、与地面良好绝缘时，通过人体的电流就很小；反之赤脚触地则是很危险的，如图5-19b所示。

图5-19c所示为中性线不接地时的单相触电方式，由于导线对地绝缘不良、甚至相线接地、导线与地有分布电容存在等情况，人体中就有电流通过，这也是很危险的。

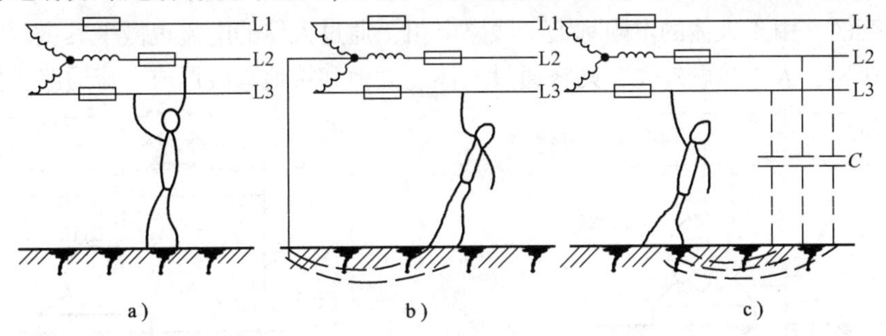

图5-19　几种触电方式

a）双相触电　b）中性线接地时的单相触电　c）中性线不接地时的单相触电

（3）跨步电压触电　当架空线路的一条带电导线断线落地或某一带电物体接地时，接地点的电位就是导线或带电物体的电位，电流经过接地点在地表面向四方辐射流散。于是在该点周围就形成了不同的电位分布，等位面是以接地点为圆心形成的半径不同的同心圆。且离接地点越近，电位越高，电位梯度也越大。一般说来，在低压配电系统中，离接地点20m左右的地方，就可以认为电位已降至零。

当人在接地点附近行走时，双脚处于不同的电位作用下，此时两脚之间(步距约为0.8m)所承受的电压就称为跨步电压，并可能形成跨步电压触电，如图5-20所示。

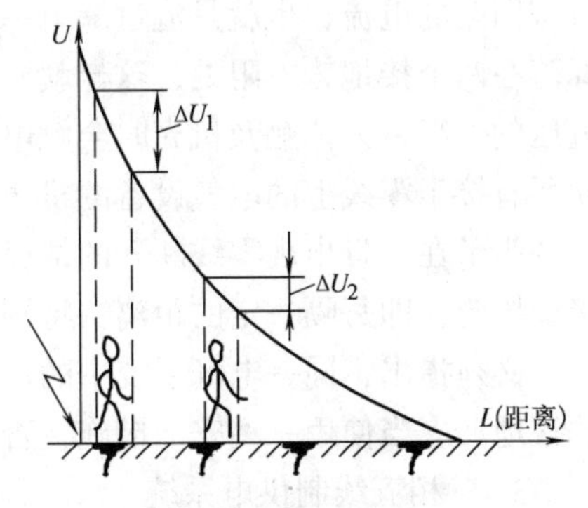

图5-20　跨步电压触电示意图

5.5.2　防止触电的安全技术

在所发生的触电事故中，大多为间接接触的单相触电事故，当电气设备使用日久，绝缘老化而出现漏电，或者某一相绝缘损坏而与外壳相接触，都会使外壳带电，人体触及外壳而造成触电。一般电气设备的工作电压都大于安全电压，为了防止这种触电事故，对电气设备常采用保护接零和保护接地。

1. 保护接地

在电源的中性点不接地的三相三线制供电系统中，将用电设备的金属外壳通过接地装置良好接地称之为保护接地，如图 5-21 所示。接地装置的电阻称为接地电阻 R_d，一般不大于4Ω。

当金属外壳带电时，如果没有保护接地，外壳所带电压为电源的相电压，因为在输电线路与大地之间存在一定的绝缘电阻和分布电容，当人接触带电设备的外壳时，就有电流通过人体、绝缘电阻和分布电容构成的回路，使人触电。采用保护接地后，因接地电阻 R_d 很小，外壳电位接近地电位，则避免了触电的危险。

2. 保护接零

在电源的中性点接地的三相四线制供电系统中，将用电设备的金属外壳与零线良好连接称之为保护接零，如图5-22 所示。当出现漏电或一相碰壳时，就形成了单相短路，该相的短路保护装置或电流保护装置就会动作，迅速切断电源，消除触电危险。就是在电源线断开之前，人体触及外壳时，由于人体的电阻远大于线路电阻，通过人体的电流也微乎其微。若电气设备未采用保护接零，人体接触外壳，则将通过人体、大地和接地零线形成电流通路，使人触电。

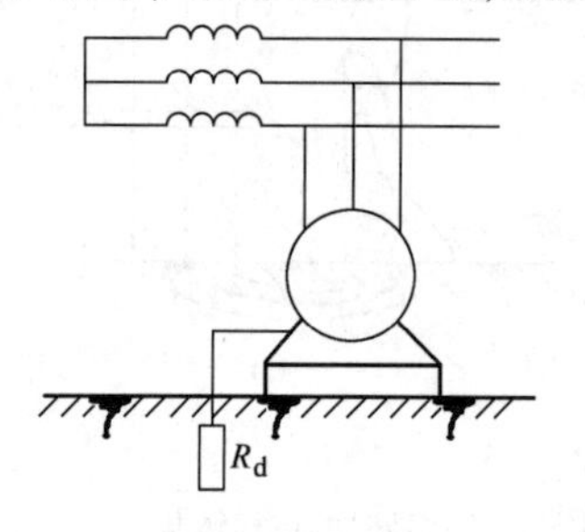

图 5-21　保护接地

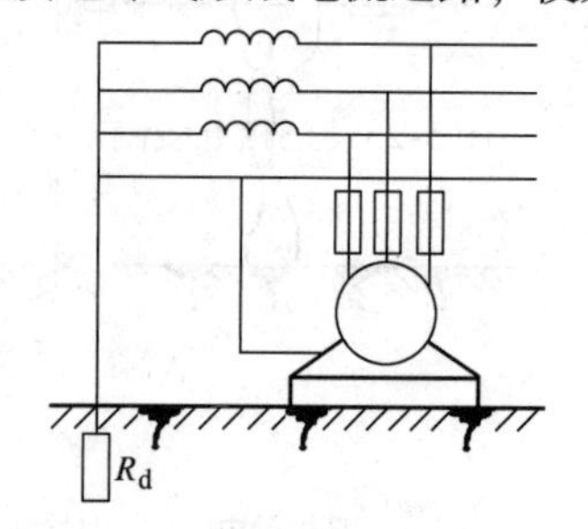

图 5-22　保护接零

应该指出，在中性点接地的供电系统中不允许采用接地保护。原因是若电源中性点和设备机壳同时接地，当发生绝缘损坏使机壳带电时，则通过机壳和接地体形成电流通路。略去大地的电阻不计，可以认为该电流通路中的电阻就是两个接地体的电阻，而且可以认为这两个接地体的电阻是相等的，约为 4 ~ 10Ω。而作用在该电流通路中的电压是相电压，所以流过该回路的电流，也就是流过漏电一相的电流不算很大，不会使熔丝烧断。而相电压却分别降落在两个接地体电阻处，这样就同时抬高了机壳和零线的电位。使机壳对地的电压约为相电压的一半，人体触及机壳时会触电。同时零线对地也产生了电压，也约为相电压的一半，使所有接于零线上的电气设备的机壳均带电，这是不允许的。

为了在一旦出现零线断开的情况时，仍能保证保护接零可靠地发挥作用，还应采取重复接地措施，即每隔一定的距离，特别是在用户集中的地方，使零线重复接地。

必须指出，同一电气系统中的设备，不可有的接零，有的不接零；更不能有的接零，有的接地。应当使用一种安全措施，否则，反而更容易引起触电事故。

3. 三相五线制供电系统

在三相四线制供电系统中，由于负载往往不对称，零线上电流不为零。为了确保设备外壳对地电压为零，专门从电源中性点引出一根零线用于保护接零，将设备外壳接在这根保护零线上。这种供电系统有三根相线，用 L1、L2、L3 表示，一根工作零线用 N 表示，一根保护零线用 PE 表示，称为三相五线制，如图 5-23 所示。

三相五线制供电系统在正常工作时，工作零线中有电流，保护零线中不应有电流。如果保护零线中有电流通过，说明设备有漏电现象。

在对单相负载供电支路中，工作零线通常也接有熔断器，用来增加过电流时的熔断机会，这时必须配置有保护零线，其中电器设备的外壳和单相三孔插座中的 PE 端子都要接在保护零线上，如图 5-24 所示。对于两孔插座，需将与电器外壳相连的插销片悬空不接，千万不要将它和准备接工作零线的插销片连接，以免当插销片插反了或工作零线上的熔断器断了时，出现电器外壳与相线相连而使外壳带电现象，造成触电事故。

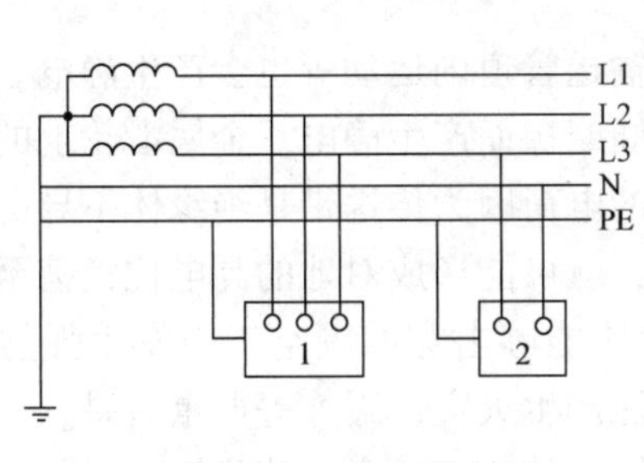

图 5-23　三相五线制

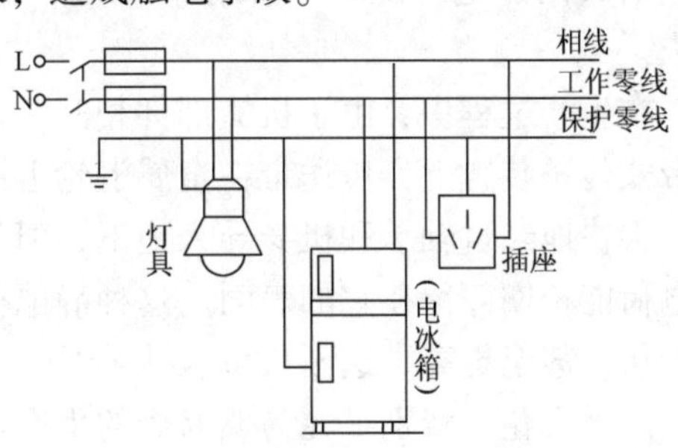

图 5-24　家用电器的保护零线

4. 触电的预防

1）加强安全教育，普及安全用电常识。严格遵守安全用电管理制度及电气设备安全操作规程。

2）正确安装电气设备，加装保护接地、保护接零装置。凡裸露的带电部分，尤其是高压设备，均应设立明显标志，并加盖防护罩或防护遮栏。还可以采用连锁装置，当出现危险情况时能自动切断电源。

3）不要带电操作。在危险场合(如潮湿或狭窄工作场地等)严禁带电操作。必须带电操作时，应使用安全工具、穿绝缘靴及采取其他必要的安全措施。

4）各种电气设备应定期检查，如发现漏电和其他故障时，应及时修理排除。

5）在易受潮或露天使用场合，可为电气设备加装漏电保护开关等。

5. 触电急救

一旦发生触电事故，要分秒必争，立即采取紧急措施。并强调就地急救，千万不能延误时间。

1）迅速而正确地解脱电源。首先应使触电者迅速脱离电源，若不能立即断开电源，救护人员可以用绝缘物体作为工具(如木棍、竹竿、塑料器材等)使触电者与电源分开。注意：千万不能用金属或潮湿物体作为救护工具。

2）现场救治。触电者脱离电源后，应立即对其进行呼吸及心脏跳动情况的诊断。若发现呼吸、脉搏及心脏跳动均已停止，则必须立即进行人工呼吸和心脏按压等急救措施。即使在送往医院就诊途中也不得中断人工呼吸和心脏按压。

5.5.3 静电防护和电气防火、防爆常识

1. 静电防护

“摩擦生电”，这样在日常生活中常见的现象也会给生产带来隐患，甚至会引起火灾和爆炸事故。当把两种不同材质的物体相互摩擦后，就能使它们分别带上等量异号电荷。其中比较容易失去电子的物体带正电，另一物体则因得到电子而带负电。我们就把物体这种获得电子而又不能释放掉、或失去电子而又不能补充所带的电荷称为静电。

只有当两个物体的电阻率都较大(如电阻率在$10^{11} \sim 10^{15}\Omega \cdot cm$)，且以一定速度摩擦时，才容易产生静电，且能聚集较多的电荷。实验表明，如果带电体始终处于绝缘状态，则它所带的静电荷能长期保存。反之，如果用导线把带电体与大地相连，则电荷将迅速消失。

在生产过程中，由于机械部件相互摩擦、物料在输送管道内运动等也会产生静电。例如在带式传送装置上，传送带在金属滑轮上滑动时因不断摩擦而产生静电。金属滑轮上的电荷可以很快地经过轴承和机身导入地下，但是传送带上的电荷因为传送带是绝缘体不导电，所以电荷能长期停留在它的表面。这种静电荷逐渐积累，就可能形成对地的高电位，甚至达到上千伏，甚至更高。这不仅危及人身安全，而且高电压能够击穿周围空气而发生强烈的放电，产生火花。特别是在易燃易爆的生产场合，还可能产生火灾、爆炸等严重后果。

采用接地方法能有效地防止静电的产生。例如在转动的传送带旁加装弹性金属刷，与传送带相接触，并把传送带上的电荷通过金属刷及接地线导入地下。再如把生产机械的外壳、转轴及输送管道等设备的金属体都实施接地，让可能因摩擦产生的电荷都通过接地装置流入大地。

2. 电气防火、防爆

电气事故引起火灾和爆炸的主要有两种原因。首先是因为电气设备自身因短路、过载而产生过热、温升过高，或因设备老化、绝缘损坏等原因引起的电火花、电弧，使设备自燃、自爆。其次，是在具有火灾危险和爆炸危险的场合使用电气设备时，违反操作规程或缺少必备的防护条件，或由于设备损坏，产生火花、电弧和过热，引起火灾和爆炸。

防火防爆的主要方法有以下5条：

1）正确选用和正确安装用电设备，注意根据环境条件选择适当的设备。例如在潮湿、多尘、有腐蚀性气体、易燃易爆的场合，应分别选用防水型、密封型、防爆型设备。

2）限制导线的载流量，加强用电设备的过载保护，避免设备长时间过载运行。

3）加强对设备的检修保护，保证设备有足够的绝缘强度。

4）经常监视电气设备的运行情况，避免设备过热、温升过高。

5）严格遵守操作规程和安全操作规程。

注意，一旦出现了电气火灾应采取如下措施：

1）首先切断电源。拉闸时最好用绝缘工具，各相电线应在不同的部位剪断，以防短路。

2）来不及切断电源时或在不准断电的场合，可采用不导电的灭火剂(如四氯化碳、二氧化碳等)带电灭火；若用普通水枪灭火，最好穿上绝缘套靴。

习 题 5

5-1 对称星形联结的三相负载阻抗 $Z_1 = Z_2 = Z_3 = (4 + j3)\Omega$，对称电源线电压$\dot{U}_{12} = 380\angle -40^\circ$ V，$\dot{U}_{23} = 380\angle -160^\circ$ V，$\dot{U}_{31} = 380\angle 80^\circ$ V。求各相电流$\dot{I}_1$、$\dot{I}_2$、$\dot{I}_3$，并绘相量图。

5-2 三相对称负载每相阻抗 $Z = (6 + j8)\Omega$，每相负载额定电压为380V。已知三相电源线电压为380V。问此三相负载应如何连接？试计算相电流和线电流。

5-3 有两组对称三相负载，一组连接成星形，每相阻抗 $Z_{\curlyvee} = (4 + j3)\Omega$；一组连接成三角形，每相负载为 $Z_{\triangle} = (10 + j10)\Omega$。接到线电压为380V的同一电源上，试求三相电路的总的线电流。

5-4 对称星形联结的三相感性负载，接至线电压为380V的对称三相电源中，测得线电流为5A，负载吸收的三相功率为1650W。若把这组负载改作三角形联结，并接至同一电源上，此时线电流和三相功率各为多少？

5-5 如图5-25所示，三相四线制电路，电源对称，负载不对称，已知$\dot{U}_1 = 220\angle 0^\circ$ V，$Z_1 = 30\Omega$，$Z_2 = (10 + j20)\Omega$，$Z_3 = (10 - j20)\Omega$。求：

（1）当开关S闭合时的各相负载电流及中性线电流。

（2）当开关S打开时的中性点间电压$\dot{U}_{N'N}$、各相负载电压及电流。

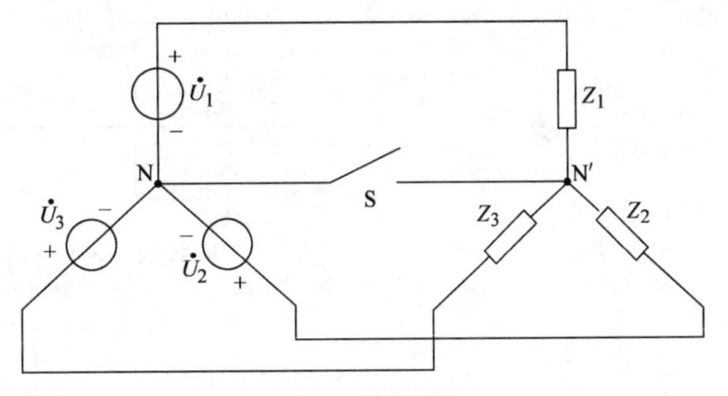

图5-25 习题5-5的图

5-6 图5-26所示为一不对称星形联结负载，接至380V对称三相电源上，U相电感 $L = 1$H，V相和W相都接220V、60W的灯泡，试判断V相和W相哪个灯亮，并画出有关相量图。

5-7 如图5-27所示的对称三相感性负载，经三相输电线接到对称三相电源上。已知负载端的线电压为380V，负载功率为20kW，功率因数 $\cos\varphi = 0.92$，输电线阻抗 $Z_L = (2 + j2)\Omega$，求电源线电压。

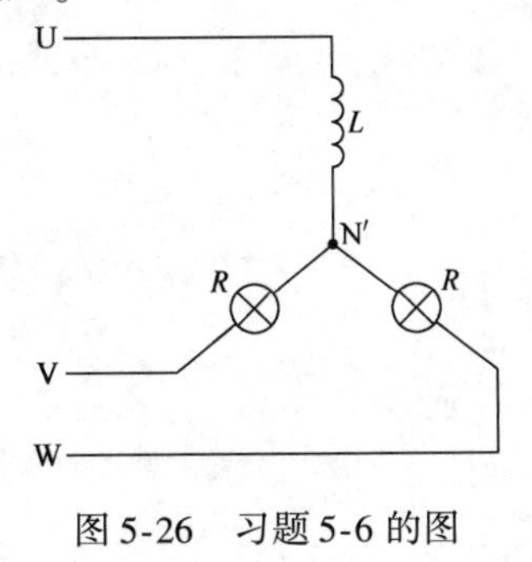

图5-26 习题5-6的图

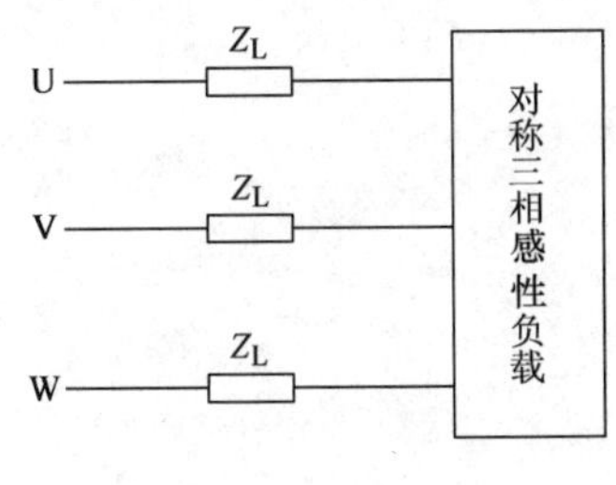

图5-27 习题5-7的图

5-8 星形联结的三相电动机接在380V的对称电源上，线电流为9.8A，电动机取用的功率为5.5kW。求负载的功率因数和每相阻抗。

5-9 一个三角形联结的输入功率3kW的三相电动机，其每组绕组的电阻为30Ω，感抗为20Ω。现将其接在380V的三相对称电源上，求负载的功率因数、相电流和线电流。

5-10　图5-28所示电路中，电源线电压 $U_L=380V$，各相负载的阻抗值均为10Ω。(1)三相负载是否对称？(2)试求各相电流，并用相量图计算中性线电流。(3)试求三相平均功率 P。

5-11　三相四线制电路，电源线电压为380V，不对称星形联结负载，各相复阻抗为 $Z_1=40\Omega$，$Z_2=10\Omega$，$Z_3=20\Omega$。试计算：(1)中性线接通时各相负载电压、电流和中性线电流。(2)中性线断开时，各相负载的电压和电流。

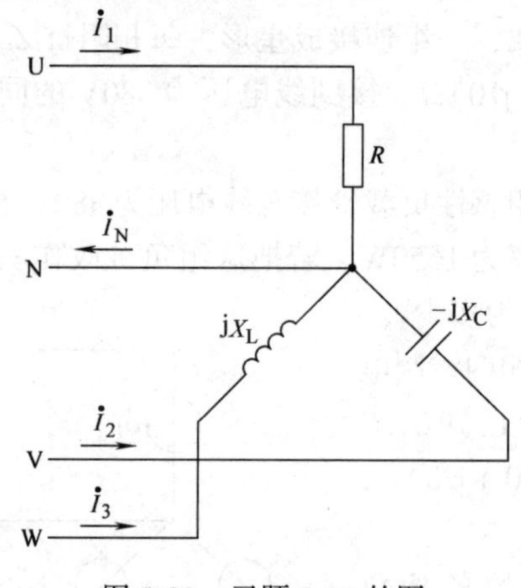

图5-28　习题5-10的图

第6章　磁路与变压器

前面各章着重分析了电路问题，但实际使用的各种电工设备(如变压器、电机、电磁铁等)都是依靠电与磁相互作用而工作的，它们的工作原理往往既涉及电路问题又涉及磁路问题。因此，只有同时掌握了电路和磁路的基本理论，才能对各种电工设备进行全面的分析。

本章结合磁路和铁心线圈电路的分析，讨论变压器和电磁铁，作为应用实例。

6.1　磁路

在变压器、电机和其他各种电磁设备中，为了能用较小的励磁电流产生较强的磁场，人们常把线圈绕在由磁性材料制成的铁心上，使磁通的绝大部分经过铁心而闭合，这种人为造成的磁通的闭合路径，称为磁路。图6-1所示为几种常用电气设备的磁路。图6-1a所示是电磁铁的磁路，磁路中有很短的空气隙；图6-1b所示是变压器的一种磁路，它由同一种磁性材料组成，且各段截面积基本相等，这种磁路称为均匀磁路；图6-1c所示是直流电机的磁路，磁路中也有空气隙，且磁路的磁性材料不一定相同。

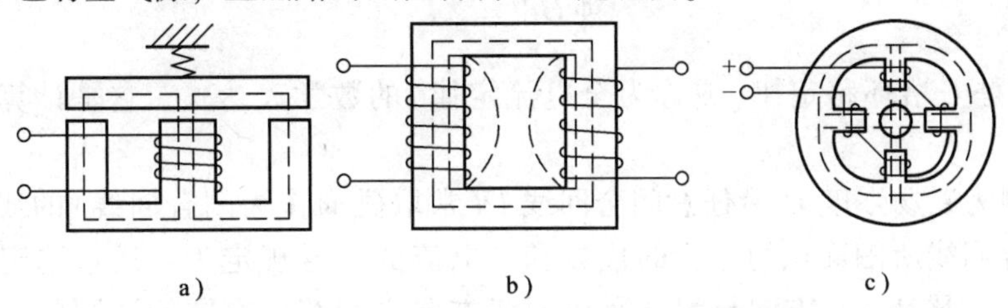

图6-1　几种常用电气设备的磁路

a）电磁铁的磁路　b）变压器的磁路　c）直流电机的磁路

由于磁路问题实际上是局限在一定路径内的磁场问题，因此物理学中有关磁场的主要物理量和基本定律完全适用于磁路。

6.1.1　磁场的基本物理量

1. 磁感应强度

磁感应强度 $\boldsymbol{B}$ 是表示磁场内某点的磁场强弱和方向的物理量，它是一个矢量。它与电流(电流产生磁场)之间的方向关系可用右手螺旋定则来确定，其大小可用一根通电导线(该导线与磁场方向垂直)在磁场中受力的大小来衡量，即

$$\boldsymbol{B}=\frac{F}{Il} \tag{6-1}$$

磁感应强度的大小也可用通过垂直于磁场方向单位面积的磁力线数目来表示。

如果磁场内各点的磁感应强度的大小相等、方向相同，这样的磁场则称为均匀磁场。

2. 磁通

磁感应强度 B(如果不是均匀磁场,则取 B 的平均值)与垂直于磁场方向的某一截面积 S 的乘积，称为通过该面积的磁通 Φ，即

$$\Phi = BS \quad 或 \quad B = \frac{\Phi}{S} \tag{6-2}$$

由式(6-2)可见，磁感应强度在数值上可以看成与磁场方向相垂直的单位面积上所通过的磁通，故又可称为磁通密度。换句话说，磁通 Φ 是垂直穿过某一截面磁力线的总数。

根据电磁感应定律的公式

$$e = -N\frac{\mathrm{d}\Phi}{\mathrm{d}t} \tag{6-3}$$

可知，在国际单位制(SI)中，磁通的单位为 V · s（伏 · 秒)，通常称为 Wb（韦伯)，在工程中常用电磁制单位 Mx（麦克斯韦)，两者的关系是

$$1\,\mathrm{Wb} = 10^8\,\mathrm{Mx}$$

在国际单位制中，磁感应强度的单位是 T(特斯拉)，特斯拉也就是 $\mathrm{Wb/m^2}$(韦伯每平方米)。在工程中常用电磁制单位 Gs(高斯)。两者的关系是

$$1\,\mathrm{T} = 10^4\,\mathrm{Gs}$$

3. 磁场强度

磁场强度 $\boldsymbol{H}$ 是计算磁场时所引用的一个物理量，也是矢量，通过它来确定磁场与电流之间的关系，即

$$\oint_l \boldsymbol{H}\mathrm{d}l = \sum I \tag{6-4}$$

式(6-4)是安培环路定律(或称为全电流定律)的数学表达式。它是计算磁路的基本公式。

式中左侧为磁场强度 $\boldsymbol{H}$ 沿任意闭合回线 l（常取磁通作为闭合回线)的线积分；右侧是穿过该闭合回线所围面积的电流的代数和。电流的符号规定为：任意选定一个闭合回线的围绕方向，凡是参考方向与闭合回线围绕方向之间符合右螺旋法则的电流为正，反之为负。

以图 6-2 环形线圈为例，计算线圈内的磁场强度。

线圈内为均匀媒质，取磁力线作为闭合回线，且以磁场强度的方向为回线的绕行方向。于是

$$\oint_l \boldsymbol{H}\mathrm{d}l = H_x l_x = 2\pi x H_x$$

而

$$\sum I = IN$$

所以

$$H_x = \frac{NI}{2\pi x} = \frac{NI}{l_x} \tag{6-5}$$

式中，N 为线圈的匝数；l_x 是半径为 x 的圆周长；H_x 是半径 x 处的磁场强度。

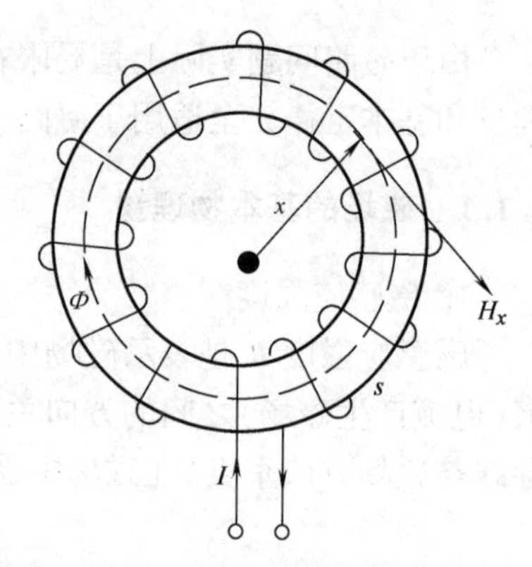

图 6-2 环形线圈

式(6-5)中线圈匝数与电流的乘积 NI 称为磁通势，用字母 F 表示，即

$$F = NI \tag{6-6}$$

磁通就是由它产生的，单位是安·匝。

4. 磁导率

磁导率μ是一个用来表示磁场媒质磁性的物理量，也就是用来衡量物质导磁能力的物理量。它与磁场强度的乘积就等于磁感应强度，即

$$B=\mu H \tag{6-7}$$

因此在图6-2中，线圈内部半径为x处各点的磁感应强度可从式(6-5)得出，即

$$B_x=\mu H_x=\mu\frac{NI}{l_x} \tag{6-8}$$

磁导率μ的单位是H/m(亨利每米)，即

$$\mu\text{的单位}=\frac{B\text{的单位}}{H\text{的单位}}=\frac{\text{Wb/m}^2}{\text{A/m}}=\frac{\text{V}\cdot\text{s}}{\text{A}\cdot\text{m}}=\frac{\Omega\cdot\text{s}}{\text{m}}=\frac{\text{H}}{\text{m}}$$

由实验测出，真空的磁导率

$$\mu_0=4\pi\times10^{-7}\text{H/m}$$

因为这是一个常数，所以将其他物质的磁导率和它去比较是很方便的。

任意一种物质的磁导率μ和真空的磁导率μ_0的比值，称为该物质的相对磁导率，用μ_r表示，即

$$\mu_r=\frac{\mu}{\mu_0}=\frac{\mu H}{\mu_0 H}=\frac{B}{B_0} \tag{6-9}$$

式(6-9)说明，在同样电流的情况下，磁场空间某点的磁感应强度与该点媒质的磁导率有关，若媒质的磁导率为μ，则磁感应强度B将是真空中磁感应强度的μ_r倍。

自然界的所有物质按磁导率的大小，大体上可分为磁性材料和非磁性材料两大类。非磁性材料的相对磁导率为常数且接近于1；磁性材料的相对磁导率则很大。

6.1.2 磁性材料的磁性能

1. 高导磁性

磁性材料的磁导率很高，$\mu_r\gg1$，可达数百、数千，乃至数万之值。这就使它们具有被强烈磁化(呈现磁性)的特性。

磁性物质具有被磁化的特性，可以这样来理解：在物质的分子中因电子环绕原子核运动和本身的自转运动而形成分子电流，分子电流也要产生磁场，因此每个分子相当于一个基本小磁铁。同时，在磁性物质内部还分成许多小区域，由于磁性物质的分子间有一种特殊的作用力而使每一区域内的分子磁铁都排列整齐，从而显示磁性。这些小区域称为磁畴。在没有外磁场作用时，各个磁畴排列混乱，磁场互相抵消，对外就显示不出磁性来，如图6-3a所示。在外磁场作用下，其中的磁畴就顺外磁场方向转向，显示出磁性来。随着外磁场的增强，磁畴就逐渐转到与外磁场相同的方向上，如图6-3b所示。这样就产生了一个与外磁场方向相同的很强的磁化磁场，从而使磁性物质的磁感应强度大大增加。这就是说磁性物质被强烈地磁化了。

磁性物质的这种磁性能被广泛地应用于电工设备中，例如电机、变压器及各种铁磁元件的线圈中都放有铁心。在这种具有铁心的线圈中通入不大的励磁电流，便可产生足够大的磁通和磁感应强度。这就解决了既要磁通大，又要励磁电流小的矛盾。如果采用优质的磁性材

料，变压器、电机等的重量和体积便可以大大减轻和减小。

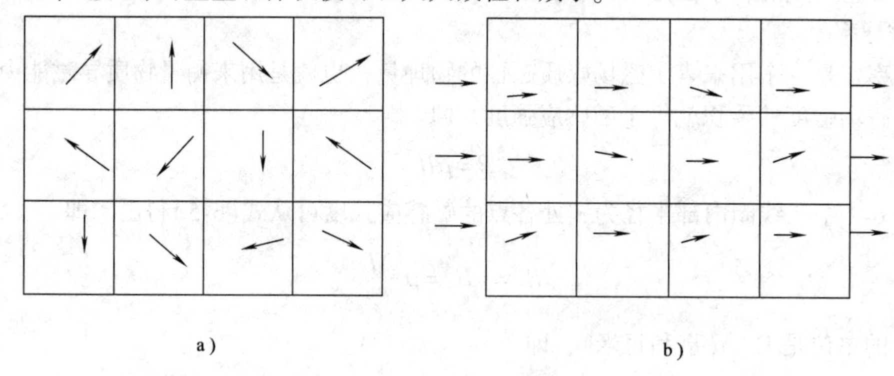

图 6-3　磁性物质的磁化示意图

a）无外磁场，磁畴排列杂乱无章　b）在外磁场作用下，磁畴排列逐渐进入有序化

2. 磁饱和性

磁性物质的磁化磁场不会随着外磁场的增强而无限制地增加。当外磁场（或励磁电流）增大到一定值时，全部磁畴的磁场方向都会转向与外磁场的方向一致。这时磁化磁场的磁感应强度 B_J 即达饱和值，如图 6-4 所示。图中的 B_0 是在外磁场作用下磁场内不存在磁性物质时的磁感应强度。将 B_J 曲线和 B_0 直线相加，便得出 $B-H$ 磁化曲线。各种磁性材料的磁化曲线可通过实验得出，在磁路计算上极为重要。

当有磁性物质存在时，B 与 H 也不成正比，所以磁性物质的磁导率 μ 不是常数，随 H 而变，如图 6-5 所示。

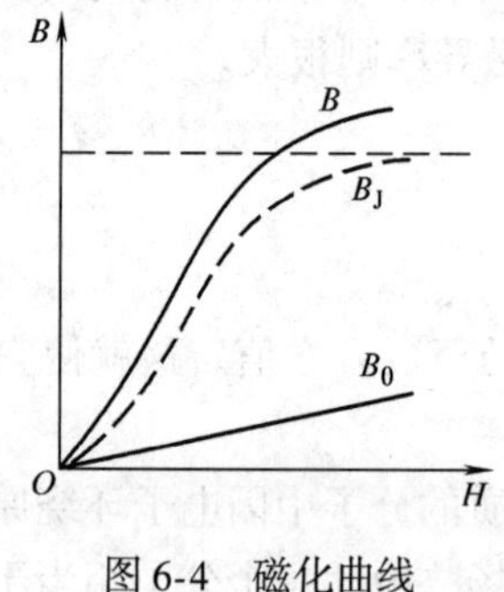

图 6-4　磁化曲线

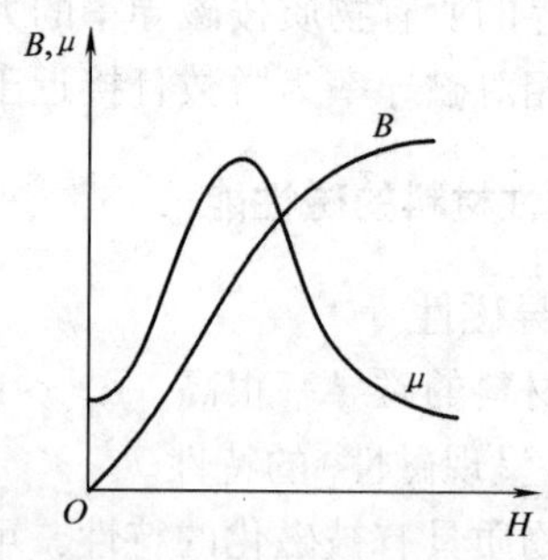

图 6-5　B 和 μ 与 H 的关系

由于磁通 Φ 与 B 成正比，产生磁通的励磁电流 I 与 H 成正比，因此在存在磁性物质的情况下，Φ 与 I 也不成正比。Φ 与 I 的关系与 B 和 H 的关系有些相似。

3. 磁滞性

当铁心线圈中通有交流电时，铁心就要受到交变磁化。在电流变化一次时，磁感应强度 B 随磁场强度 H 而变化的关系如图 6-6 所示。由图可见，当 H 已减到零值时，B 并未回到零值，出现剩磁 B_r。这种磁感应强度滞后于磁场强度变化的性质称为磁滞性。图 6-6 所示的曲线也就称为磁滞回线。

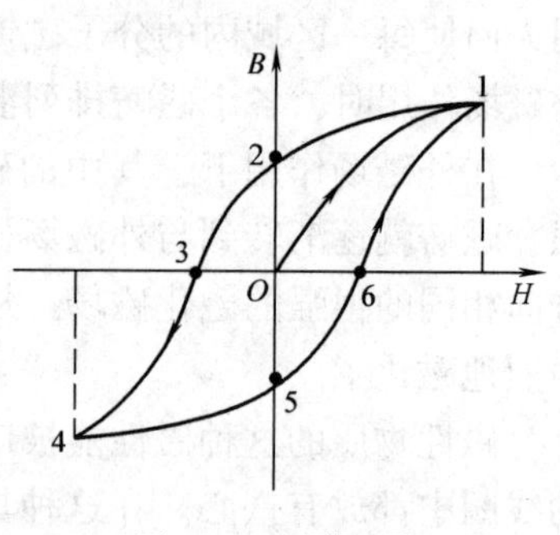

图 6-6　磁滞回线

当线圈中的电流减为零(即 $H=0$)时，铁心在磁化时所获得的磁性并未完全消失。这时铁心中保留的磁感应强度称为剩磁感应强度 B_r(剩磁)，在图6-6中即为纵坐标 $O2$ 和 $O5$，永久磁铁的磁性就是由剩磁产生的。但对剩磁也要一分为二，有时它是有害的。例如，当工件在平面磨床上加工完毕后，由于电磁吸盘有剩磁，还将工件吸住。为此，要通入反向去磁电流，去掉剩磁，才能将工件取下。再如某些铁磁材料工件在平面磨床上加工后也必须将剩磁去掉，希望剩磁越小越好。

如果要使铁心的剩磁消失，通常改变线圈中励磁电流的方向，也就是改变磁场强度 H 的方向来进行反向磁化，使 $B=0$ 时的 H 值，在图6-6中用 $O3$ 和 $O6$ 代表，称为矫顽力 H_c。

磁性物质不同，其磁滞回线和磁化曲线也不同(由实验得出)，图6-7中示出了几种磁性材料的磁化曲线。

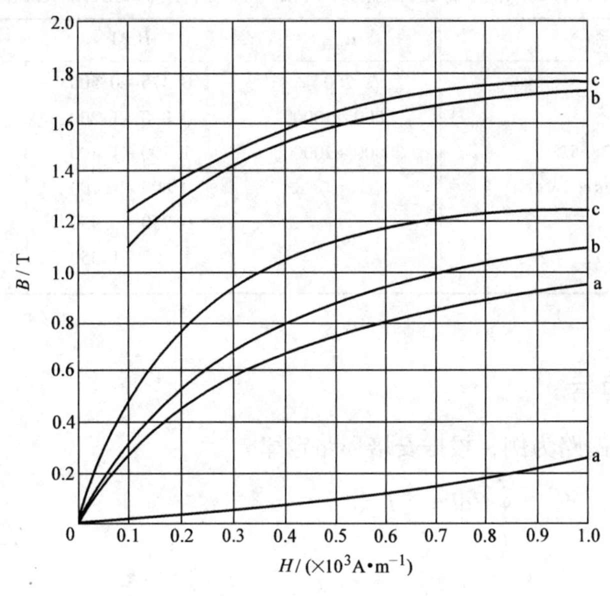

图6-7 铸铁、铸钢及硅钢片的磁化曲线

a—铸铁 b—铸钢 c—硅钢片

按磁性物质的磁性能，磁性材料可分成以下3种类型：

(1) 软磁材料 这类材料的剩磁 B_r 和矫顽力 H_c 均较小，磁滞回线较窄，如图6-8a所示。它的磁导率较高。一般多用来制造电机、电器及变压器等的铁心。常用的有铸铁、硅钢、坡莫合金及铁氧体等。

(2) 永磁材料(硬磁材料) 这类材料的剩磁 B_r 和矫顽力 H_c 均较大，磁滞回线较宽，如图6-8b所示。它们被磁化后，其剩磁不易消失，一般用来制造永久磁铁。这类材料常用的有碳钢、钴钢、铁镍铝钴合金等。近年来稀土永磁材料发展很快，像稀土钴、稀土钕铁硼等，其矫顽力更大。

(3) 矩磁材料 这类材料具有较小的矫顽力 H_c 和较大的剩磁 B_r，磁滞回线接近矩形，如图6-8c所示。它的稳定性也良好，在计算机和控制系统中广泛用作记忆元件、开关元件和逻辑元件。此类材料有镁锰铁氧体和某些铁镍合金等。

常用的几种磁性材料的最大相对磁导率、剩磁及矫顽力列在表6-1中。

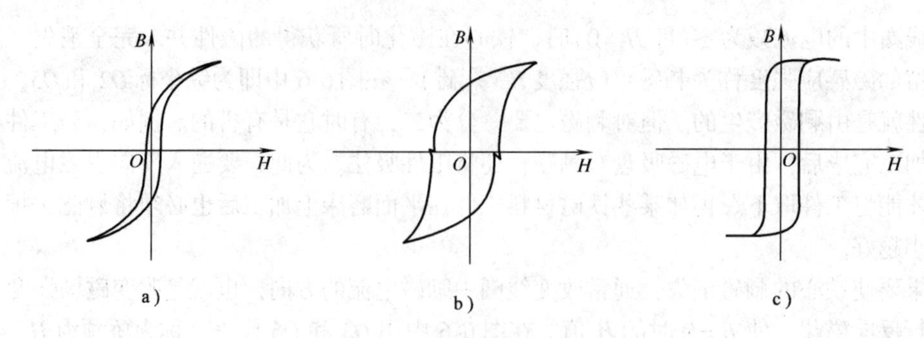

图 6-8　磁性物质的分类

表 6-1　常用磁性材料的最大相对磁导率、剩磁及矫顽力

材 料 名 称	μ_{max}	B_r/T	H_c/(A·m^{-1})
铸铁	200	0.475～0.500	880～1040
硅钢片	8000～10000	0.800～1.200	32～64
坡莫合金 w_{Ni}=78.5%	20000～200000	1.100～1.400	4～24
碳钢 w_C=0.45%		0.800～1.100	2400～3200
钴钢		0.750～0.950	7200～20000
铁镍铝钴合金		1.100～1.350	40000～52000

6.1.3　磁路的分析方法

以图 6-9 所示的磁路为例，根据安培环路定律

$$\oint_l H\mathrm{d}l = \sum I$$

可得出

$$Hl = NI \tag{6-10}$$

将 $H = B/\mu$ 和 $B = \Phi/S$ 代入式(6-10)，得

$$\Phi = \frac{NI}{\dfrac{l}{\mu S}} = \frac{F}{R_m} \tag{6-11}$$

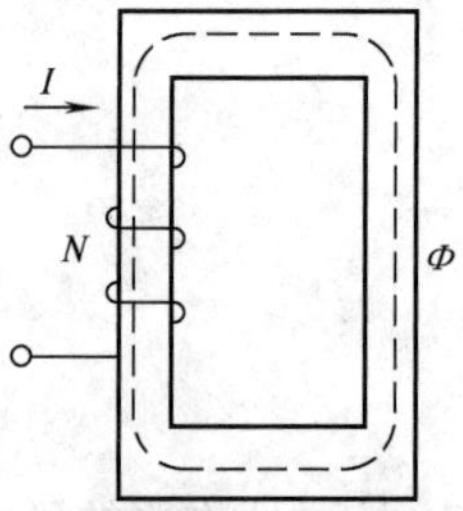

图 6-9　磁路

式中，R_m 称为磁路的磁阻，是表示磁路对磁通具有阻碍作用的物理量；S 为磁路的截面积。

式(6-11)与电路的欧姆定律在形式上相似，所以称为磁路的欧姆定律。两者对照如表 6-2 所示。

计算磁路问题时，往往预先给定铁心中的磁通(或磁感应强度)，而后按照所给的磁通及磁路各段的尺寸和材料去求产生预定磁通所需的磁通势 $F = NI$。

计算磁路一般不能直接应用磁路的欧姆定律，由于磁路的磁导率 μ 不是常数(随励磁电流而变)，其 R_m 也不是常数，故式(6-11)主要用来定性分析磁路。磁路的计算往往要借助于磁场强度 H 这个物理量，见式(6-10)。

式(6-10)是对均匀磁路而言的。如果磁路是由不同的材料或不同长度和截面积的几段组成的，即磁路由磁阻不同的几段串联而成，则

$$NI = H_1 l_1 + H_2 l_2 + \cdots = \sum (Hl) \tag{6-12}$$

这是计算磁路的基本公式。

图 6-10 所示继电器的磁路是由 3 段串联而成的。若已知磁通和各段的材料及尺寸，则可按下面表示的步骤去求磁通势。

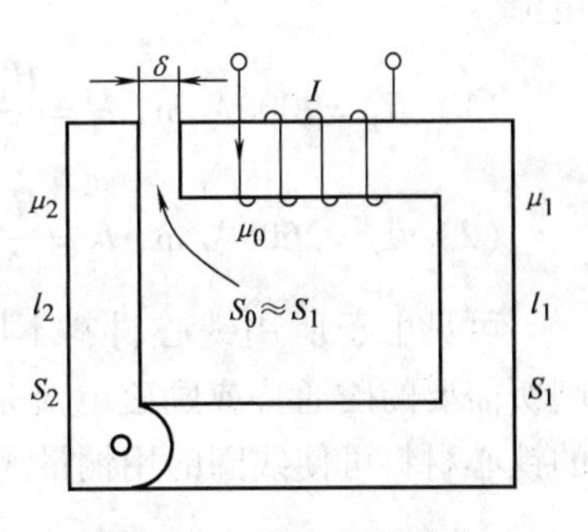

图 6-10　继电器的磁路

1）由于各段磁路的截面积不同，但其中又通过同一磁通，因此各段磁路的磁感应强度也就不同，可分别按下列各式计算：

$$B_1 = \Phi / S_1,\quad B_2 = \Phi / S_2,\ \cdots$$

2）根据各段磁路材料的磁化曲线 $B = f(H)$，找出与上述 B_1、B_2、…及相对应的磁场强度 H_1、H_2、…。各段磁路的 H 也是不同的。

计算空气隙或其他非磁性材料的磁场强度 H_0（单位为 A/m）时，可直接应用下式：

$$H_0 = \frac{B_0}{\mu_0} = \frac{B_0}{4\pi \times 10^{-7}}$$

式中，B_0 的单位为 T。

3）计算各段磁路的磁压降 Hl。

4）应用式(6-12)求出磁通势 NI。

磁路与电路对照如表 6-2 所示。

表 6-2　磁路与电路对照

磁　　路	电　　路
磁通势 F	电动势 E
磁通 Φ	电流 I
磁感应强度 B	电流密度 J
磁阻 $R_m = \frac{l}{\mu S}$	电阻 $R = \frac{l}{\gamma S}$
I　N　Φ	I　E　R
$\Phi = \frac{F}{R_m}$	$I = \frac{E}{R}$

例 6-1　如图 6-11 所示，一均匀闭合铁心线圈，匝数为 300，铁心中磁感应强度为 0.9T，磁路的平均长度为 45cm。试求：(1)铁心材料为铸铁时线圈中的电流；(2)铁心材料为硅钢片时线圈中的电流。

解：先从磁化曲线中查出磁场强度 H 值，然后再计算电流。

（1）$H_1=9000\text{A/m}$，$I_1=\frac{H_1 l}{N}=\frac{9000\times0.45}{300}\text{A}=13.5\text{A}$

（2）$H_2=2600\text{A/m}$，$I_2=\frac{H_2 l}{N}=\frac{2600\times0.45}{300}\text{A}=3.9\text{A}$

可见由于所用铁心材料不同，要得到相同的磁感应强度，则所需要的磁通势或励磁电流是不同的。因此，采用高磁导率的铁心材料可使线圈的用铜量大为降低。

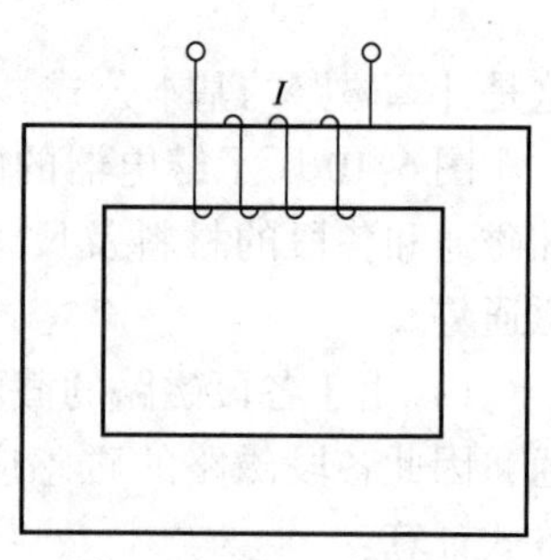

图 6-11　继电器的磁路

练习与思考

6.1.1　铁磁性材料有哪些特性？

6.1.2　为什么铁磁性材料的 μ 不是常值？什么情况下 μ 最大，什么情况下 μ 最小？

6.1.3　磁路中有空气隙时，为什么磁路的磁阻会大大增加？

6.1.4　为什么以铁磁材料为铁心绕成的线圈，在通入较小的电流时就能在铁心中产生较大的磁通？

6.2　交流铁心线圈电路

铁心线圈分为两种：直流铁心线圈通直流来励磁（如直流电机的励磁线圈、电磁吸盘及各种直流电器的线圈）。因为励磁电流是直流，产生的磁通是恒定的，在线圈和铁心中不会感应出电动势来，在一定电压 U 下，线圈中的电流 I 只与线圈本身的电阻 R 有关，功率损耗也只有 I^2R，所以分析直流铁心线圈比较简单些。交流铁心线圈通交流来励磁（如交流电机、变压器及各种交流电器的线圈），其电磁关系、电压电流关系及功率损耗等几个方面和直流铁心线圈是有所不同的。

6.2.1　电磁关系

交流铁心线圈电路如图 6-12 所示，磁通势 $F=iN$ 产生的磁通绝大部分通过铁心而闭合，这部分磁通称为主磁通或工作磁通 Φ。此外还有很少的一部分磁通经过空气或其他非导磁媒质而闭合，这部分磁通称为漏磁通 Φ_σ。这两个磁通在线圈中产生两个感应电动势：主磁通产生的电动势 e 和漏磁电动势 e_σ。这个电磁关系可表示如下：

$$u\longrightarrow i(iN)\begin{cases}\Phi\longrightarrow e=\frac{\mathrm{d}\Psi}{\mathrm{d}t}=-N\frac{\mathrm{d}\Phi}{\mathrm{d}t}\\ \Phi_\sigma\longrightarrow e_\sigma=-N\frac{\mathrm{d}\Phi_\sigma}{\mathrm{d}t}=-L_\sigma\frac{\mathrm{d}i}{\mathrm{d}t}\end{cases}$$

由于漏磁通经过的路径主要是空气，其磁导率为一常数，所以励磁电流 i 与 Φ_σ 之间呈线性关系，铁心线圈的漏磁电感为

$$L_\sigma=\frac{N\Phi_\sigma}{i}=\text{常数}$$

主磁通通过铁心，所以 i 与 Φ 之间不存在线性关系，i 与 Φ 的关系如图 6-13 所示。铁

心线圈的主磁电感 L 不是一个常数，它随励磁电流变化而变化的关系和 μ 随 H 变化而变化的关系相似，也在图 6-13 中画出。因此，铁心线圈是一个非线性电感元件。

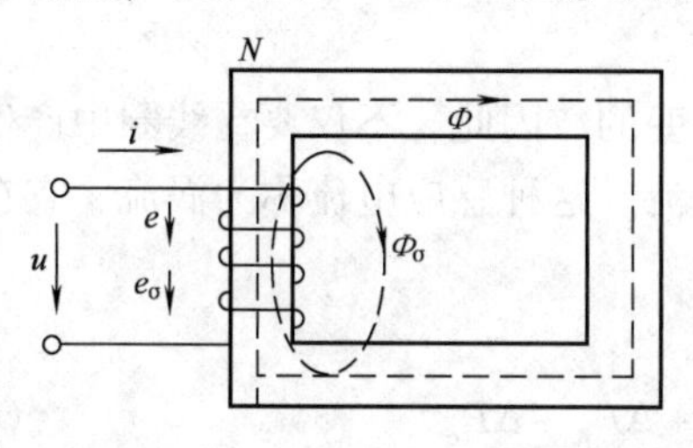

图 6-12　交流铁心线圈电路

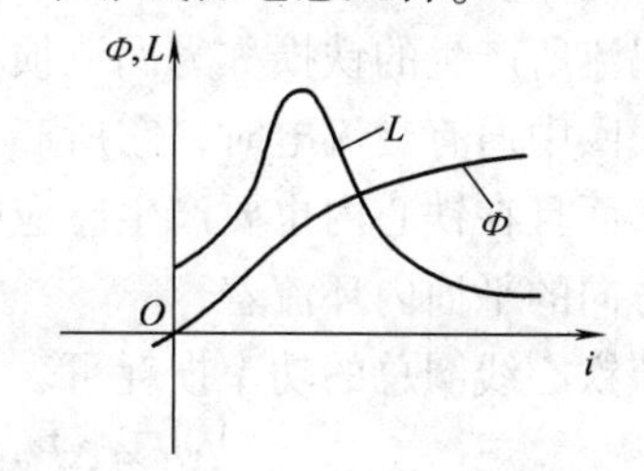

图 6-13　Φ、L 与 i 的关系

6.2.2　电压和电流关系

铁心线圈交流电路的电压和电流之间的关系也可由基尔霍夫电压定律得出，即

$$u + e + e_\sigma = Ri$$

或

$$u = iR - e - e_\sigma = iR - e - \left(-L_\sigma \frac{\mathrm{d}i}{\mathrm{d}t}\right) = iR + L_\sigma \frac{\mathrm{d}i}{\mathrm{d}t} + (-e) = u_R + u_\sigma + u' \tag{6-13}$$

当 $u = U_m \sin \omega t$ 为正弦量时，式(6-13)中的各量均为正弦量，于是式(6-13)可用相量表示为

$$\dot{U} = \dot{U}_R + jX_\sigma \dot{I} + \dot{U}' \tag{6-14}$$

式中，X_σ 为漏磁感抗；R 为线圈的电阻。

设

$$\Phi = \Phi_m \sin\omega t$$

则

$$e = -N\frac{\mathrm{d}\Phi}{\mathrm{d}t} = -N\omega\Phi_m \cos \omega t \tag{6-15}$$

$$= 2\pi f N \Phi_m \sin(\omega t - 90^\circ)$$

$$= E_m \sin(\omega t - 90^\circ)$$

有效值为

$$E = \frac{E_m}{\sqrt{2}} = \frac{2\pi f N \Phi_m}{\sqrt{2}} = 4.44 f N \Phi_m \tag{6-16}$$

通常由于线圈的电阻 R 和感抗 X_σ 较小，因而它们上边的电压降也较小，与主磁通产生的电动势比较起来，可以忽略不计。于是

$$\dot{U} \approx -\dot{E}$$

$$U \approx 4.44 f N \Phi_m = 4.44 f N B_m S \tag{6-17}$$

式中，B_m 为铁心中磁感应强度的最大值（T）；S 为铁心截面积（m^2）。

6.2.3　功率损耗

交流铁心线圈中的功率损耗有两部分：一部分是铜损 ΔP_{Cu}（$\Delta P_{Cu} = I^2 R_{Cu}$），它是线圈电阻 R_{Cu} 通过电流发热产生的损耗；另一部分是铁心的磁滞损耗 ΔP_h 和涡流损耗 ΔP_e，两者合称为铁损，用 ΔP_{Fe} 表示。为了减小磁滞损耗，应选择软磁性材料做铁心。为了减小涡流损耗，交流铁心线圈的铁心都做成叠片状。铁心中的涡流如图 6-14 所示。

由磁滞所产生的铁损称为磁滞损耗 ΔP_h。可以证明，交变磁化一周在铁心的单位体积内所产生的磁滞损耗能量与磁滞回线所包围的面积成正比。

由涡流所产生的铁损称为涡流损耗 ΔP_e。

当线圈中通有交流电时，它所产生的磁通也是交变的。因此，不仅要在线圈中产生感应电动势，而且在铁心内也要产生感应电动势和感应电流。这种感应电流称为涡流，它在垂直于磁通方向的平面内环流着。

交流铁心线圈总的功率损耗可表示为

$$\Delta P = \Delta P_{Cu} + \Delta P_{Fe} = I^2 R_{Cu} + \Delta P_h + \Delta P_e \tag{6-18}$$

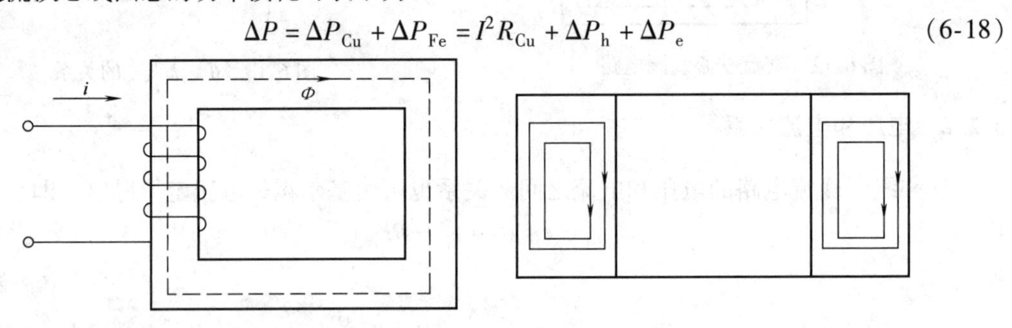

图 6-14　铁心中的涡流

例 6-2　有一铁心线圈，接到 $U = 220V$、$f = 50Hz$ 的交流电源上，测得电流 $I = 2A$，功率 $P = 50W$。

（1）不计线圈电阻及漏磁通，试求铁心线圈等效电路的 R_0 及 X_0；

（2）若线圈电阻 $R = 1\Omega$，试计算该线圈的铜损及铁损。

解：（1）由 $P = UI\cos\varphi$，得

$$\varphi = \arccos\frac{P}{UI} = \arccos\frac{50}{220\times 2} = 83.5°$$

$$Z = R_0 + jX_0 = \frac{U}{I}\angle\varphi = \frac{220}{2}\angle 83.5°\ \Omega = 110\angle 83.5°\ \Omega = (12.5 + j109.3)\Omega$$

$$R_0 = 12.5\Omega,\ X_0 = 109.3\Omega$$

（2）铜损：$\Delta P_{Cu} = I^2R = 2^2 \times 1W = 4W$

铁损：$\Delta P_{Fe} = P - \Delta P_{Cu} = (50 - 4)W = 46W$

或

$$\Delta P_{Fe} = I^2R'_0 = 2^2 \times (12.5 - 1)W = 46W$$

例 6-3　要绕制一个铁心线圈，已知电源电压 $U = 220V$，频率 $f = 50Hz$，铁心截面积为 $30.2cm^2$，铁心由硅钢片叠成，设叠片间隙系数为 0.91（一般取 0.9 ~ 0.93）。

（1）如取 $B_m = 1.2T$，问线圈匝数应为多少？（2）如磁路平均长度为 60cm，问励磁电流应为多大？

解：铁心的有效面积为　$S = 30.2 \times 0.91cm^2 = 27.5cm^2$

（1）线圈匝数可根据 $U = 4.44fNB_mS$ 求出

$$N = \frac{U}{4.44fB_mS} = \frac{220}{4.44\times 50\times 1.2\times 27.5\times 10^{-4}} = 300$$

（2）根据图 6-7 当 $B_m = 1.2T$ 时，$H_m = 700A/m$，所以

$$I = \frac{H_m L}{\sqrt{2}N} = \frac{700 \times 60 \times 10^{-2}}{\sqrt{2} \times 300}\text{A} = 1\text{A}$$

练习与思考

6.2.1　为什么空心线圈的电感量是常数，而铁心线圈的电感量不是常数？

6.2.2　为什么铁心线圈的电感量远大于空心线圈？

6.2.3　在铁心线圈的磁路上再绕一个线圈，此线圈中感应电动势与磁路的磁通 Φ_m 之间有何关系？

6.2.4　直流铁心线圈的电流和磁通各取决于哪些因素？直流铁心线圈有什么损耗？

6.2.5　交流铁心线圈的磁通取决于哪些因素？怎样减小交流铁心线圈的各种损耗？

6.2.6　交流铁心线圈接到与其额定电压值相等的直流电压上时，会产生什么现象？

6.3　变压器

变压器是根据电磁感应原理制成的一种电气设备，它具有变换电压、变换电流和变换阻抗的功能，因而在各领域中获得广泛的应用。

变压器是电力系统中不可缺少的重要设备。在发电厂或电站，当输送一定的电功率且线路的 $\cos\varphi$ 一定时，由于 $P = UI\cos\varphi$，则电压 U 越高，线路电流 I 就越小，可见高压送电既减小了输电导线的截面积，也减少了线路损耗。所以电力系统中均采用高电压输送电能，再用变压器将电压降低供用户使用。

在电子线路中，变压器可用来传递信号和实现阻抗匹配。此外，还有用于调节电压的自耦变压器、电加工用的电焊变压器和电炉变压器、测量电路用的仪用变压器等。

6.3.1　变压器的基本结构

虽然变压器种类繁多、形状各异，但其基本结构是相同的。变压器的主要组成部分是铁心和绕组。

铁心构成变压器的磁路。按照铁心结构的不同，变压器可分为心式和壳式两种。图 6-15a 和图 6-15c 为心式铁心变压器，其绕组套在铁心柱上，容量较大的变压器多为这种结构。图 6-15b 为壳式铁心变压器，铁心把绕组包围在中间，常用于小容量的变压器中。

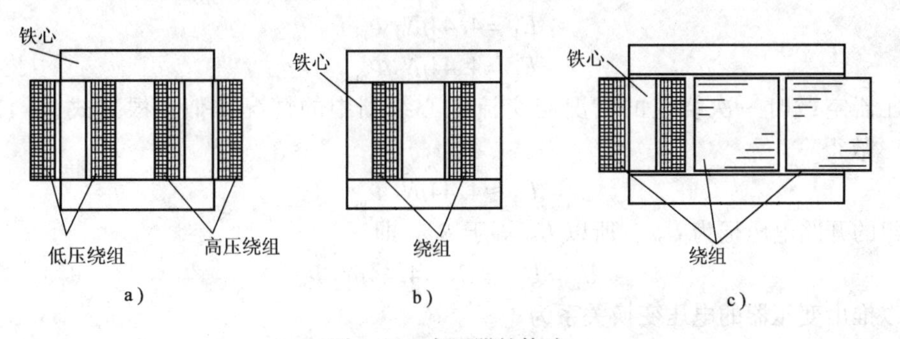

图 6-15　变压器的构造

a)、c) 心式铁心变压器　b) 壳式铁心变压器绕组是变压器的电路部分。与电源相连的称为一次绕组，与负载相连的称为二次绕组。一次绕组与二次绕组及各绕组与铁心之间都进行绝缘。为了减小各绕组与铁心之间的绝缘等级，一般将低压绕组绕在里层，将高压绕组绕在外层，如图6-15所示。

大容量的变压器一般都配备散热装置，例如，三相变压器配备散热油箱、油管等。

6.3.2 变压器的工作原理

下面以双绕组的单相变压器为例介绍变压器的工作原理。

图6-16是单相变压器空载时的原理图。为了分析问题方便，将一次绕组和二次绕组分别画在两侧。一、二次绕组的匝数分别为 N_1 和 N_2。由于线圈电阻产生的压降及漏磁通产生的漏磁电动势都非常小，因此以下讨论时均被忽略。

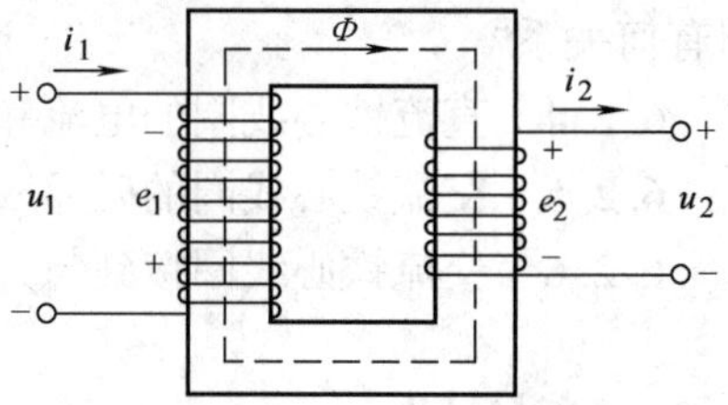

图6-16 单相变压器的原理图(空载)

当一次绕组接上交流电压 u_1 时，一次绕组中便有电流 i_1 通过。一次绕组的磁通势 N_1i_1 产生的磁通绝大部分通过铁心而闭合，从而在二次绕组中感应出电动势。如果二次绕组接有负载，那么二次绕组中就有电流 i_2 通过。二次绕组的磁通势 N_2i_2 也产生磁通，其绝大部分也通过铁心而闭合。因此，铁心中的磁通是一个由一、二次绕组的磁通势共同产生的合成磁通，它称为主磁通，用 Φ 表示。主磁通穿过一次绕组和二次绕组而在其中感应出的电动势分别为 e_1 和 e_2。此外，一、二次绕组的磁通势还分别产生漏磁通 Φ_{σ_1} 和 Φ_{σ_2}(仅与本绕组相连)，从而在各自的绕组中分别产生漏磁电动势 e_{σ_1} 和 e_{σ_2}。

图中各量的参考方向是这样选定的：一次侧是电源的负载，u_1 与 i_1 的参考方向选得一致；i_1、e_1 及 e_2 的参考方向与主磁通 Φ 的参考方向之间符合右手螺旋法则，因此 e_1 与 i_1 的参考方向是一致的；二次侧是负载的电源，规定 i_2 与 e_2 的参考方向一致。

1. 电压变换

(1) 变压器的空载运行　变压器的空载运行是指二次侧开路、不接负载的情况，如图6-16所示。变压器空载运行时，一次侧电流 $i_1=i_0$，i_0 称为空载电流，也称为空载励磁电流。一、二次绕组同时与主磁通 Φ 交链，根据电磁感应原理，主磁通在一、二次绕组中分别产生频率相同的感应电动势 e_1 和 e_2，而 e_1 和 e_2 与主磁通 Φ 之间都满足交流铁心线圈的基本电磁关系，即

$$E_1=4.44fN_1\Phi_{\mathrm{m}}$$

$$E_2=4.44fN_2\Phi_{\mathrm{m}}$$

变压器空载时一次绕组的情况与交流铁心线圈中的情况类似。根据式(6-17)可知，$U_1\approx E_1$，故得

$$U_1\approx 4.44fN_1\Phi_{\mathrm{m}} \tag{6-19}$$

二次绕组的开路电压记为 U_{20}，所以 U_{20} 等于 E_2，即

$$U_2=U_{20}=E_2=4.44fN_2\Phi_{\mathrm{m}} \tag{6-20}$$

由此可以推出变压器的电压变换关系为

$$\frac{U_1}{U_2}=\frac{N_1}{N_2}=k \tag{6-21}$$

式中，k 称为变压器的电压比，亦即一、二次绕组的匝数比。可见，当电源电压 U_1 一定时，只要改变匝数比，就可得出不同的输出电压 U_2。

电压比在变压器的铭牌上注明，它表示一、二次绕组的额定电压之比。所谓二次绕组的额定电压是指一次绕组加上额定电压时二次绕组的空载电压。由于变压器有内阻抗压降，所以二次绕组的空载电压一般应较满载时的电压高5%～10%。

（2）变压器的有载运行　当变压器接有负载时，在二次绕组中将产生电流 i_2，如图6-17所示。

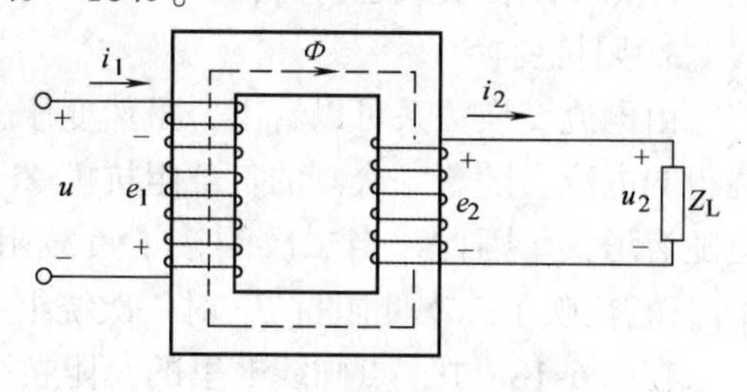

图6-17　变压器的有载运行

若忽略二次绕组电阻和漏磁通的影响时，则 $u_2 \approx e_2$。所以此时一次、二次电压仍有 $U_1/U_2 \approx k$ 的关系。

虽然变压器的一次、二次电压取决于电压比，但使用变压器时却不能只根据电压比来选用变压器。例如，一次、二次电压为220V/110V、匝数比为2000/1000的变压器，若用来变换1000V/500V的电压就会烧坏变压器。这是因为，设计变压器时，一、二次侧的电磁关系分别满足 $U_1 \approx 4.44fN_1\Phi_m$ 和 $U_2 \approx 4.44fN_2\Phi_m$。对一次侧来讲，当 f、N_1 不变时，电源电压 U_1 的升高会使 Φ_m 增加，由于磁饱和（见图6-4），Φ_m 的增大将会使 I_1 剧烈增加，因而造成一次绕组中电流过大而烧坏变压器。同理，U_2 的升高也会使二次绕组产生过电流。

2. 电流变换

当变压器的一次侧接电源、二次侧接负载 Z_L 时，一次侧电流为 i_1，铁心中的交变主磁通在二次绕组中感应出电动势 e_2，由 e_2 又产生 i_2 及磁通势 i_2N_2。

由式（6-19）可知，无论变压器空载还是有载，只要电源电压 U_1、N_1 及频率 f 一定时，Φ_m 就是一个确定不变的值。当变压器空载时主磁通由磁通势 i_0N_1 产生，此时的 i_0 称为空载电流，主要用于励磁。当变压器负载运行时，主磁通由合成磁通势（$i_1N_1+i_2N_2$）产生。由于空载和有载时主磁通 Φ_m 值相同，因此变压器在空载及有载运行时的磁通势应相等，即

$$i_1N_1+i_2N_2=i_0N_1 \tag{6-22}$$

用相量可表示为

$$\dot{I}_1N_1+\dot{I}_2N_2=\dot{I}_0N_1 \tag{6-23}$$

由于变压器的空载电流 I_0 很小，在变压器接近满载（额定负载）时，一般 I_0 约为一次绕组额定电流 I_{1N} 的2%～10%，即 I_0N_1 远小于 I_1N_1 和 I_2N_2。所以相对 I_1N_1 和 I_2N_2，I_0N_1 可视为零，即

$$\dot{I}_1N_1+\dot{I}_2N_2=0 \tag{6-24}$$

或

$$\dot{I}_1N_1\approx -\dot{I}_2N_2 \tag{6-25}$$

式（6-25）中的负号说明 i_1 和 i_2 的相位相反，即 i_2N_2 对 i_1N_1 有去磁作用。

由式（6-25）可得出一次、二次绕组电流有效值之比为

$$\frac{I_1}{I_2}\approx\frac{N_2}{N_1} \tag{6-26}$$

式（6-26）说明了变压器的电流变换作用，当变压器负载运行时，其一次绕组和二次绕

组电流有效值之比近似等于它们的匝数比的倒数。

变压器的电流变换作用反映了变压器通过磁路传递电能的过程。当变压器加负载致使 I_2 增大时，根据式(6-26)可知一次绕组电流 I_1 必随之增大，磁通势 I_1N_1 也必随之增大，以抵消 I_2N_2 的去磁作用，从而保持磁路中的 Φ_m 不变。I_1 增大说明变压器从电源取得更多的能量。可见变压器负载运行时，一、二次绕组的电流 i_1、i_2 是通过主磁通紧密联系的。

3. 阻抗变换

由电流变换关系可以看出，虽然变压器一次、二次绕组之间没有直接电的联系，但一次绕组的电流会随着二次侧的负载阻抗模 Z_L 的大小而变化。若 Z_L 减小，则 I_2 增大，$I_1=I_2/k$ 也随着增大。因此，当二次侧接了负载阻抗 Z_L，相当于一次侧电路存在一个等效的阻抗 Z'_L，它反映了二次侧阻抗 Z_L 对一次绕组电流 I_1 的影响。

在图6-18a中，点画线框里的总阻抗可用图6-18b中等效阻抗 Z'_L 来代替。所谓等效，就是保证图a和图b中的电压、电流均相同。Z'_L 与 Z_L 的数值关系为

$$|Z'_L|=\frac{U_1}{I_1}=\frac{kU_2}{I_2/k}=k^2|Z_L| \tag{6-27}$$

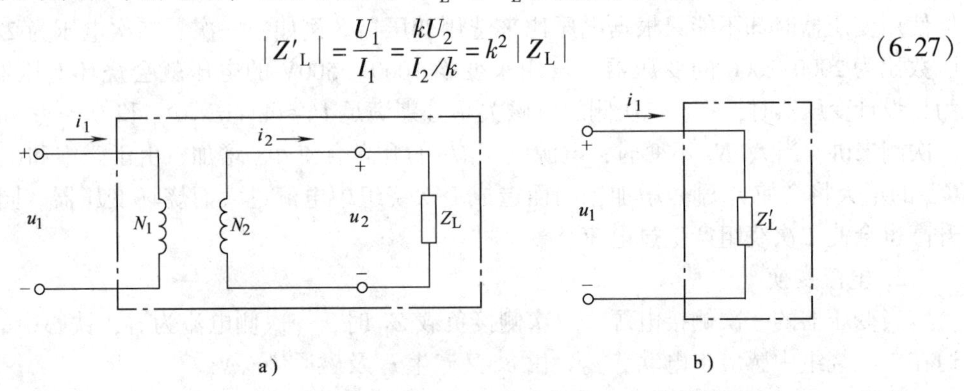

图6-18　变压器的阻抗变换

式(6-27)说明，接在变压器二次侧的阻抗 Z_L 折算到变压器一次侧的等效阻抗 $Z'_L=k^2Z_L$，这就是变压器的阻抗变换作用。

变压器的阻抗变换作用常用于电子电路中。例如，当负载与信号源内阻相等时，负载可获得信号源输出的最大功率，此时称为阻抗匹配。若负载与信号源内阻不相等时，可利用变压器进行阻抗变换，以实现阻抗匹配。

例6-4　交流信号源电动势 $E=80\text{V}$，内阻 $R_0=400\Omega$，负载电阻 $R_L=4\Omega$。

(1) 负载直接接在信号源上，试计算信号源的输出功率。

(2) 如按图6-19的方法接入负载时，欲使折算到一次侧的等效电阻 $R'_L=400\Omega$，求变压器电压比及信号源输出的功率。

解：(1) 负载直接接在信号源上，信号源的输出电流为

$$I=\frac{E}{R_0+R_L}=\frac{80}{400+4}\text{A}=0.198\text{A}$$

输出功率为

$$P=I^2R_L=(0.198)^2\times4\text{W}=0.16\text{W}$$

(2) 当 $R'_L=R_0$ 时，输出变压器的电压比为

$$k=\sqrt{R'_L/R_L}=\sqrt{400/4}=10$$

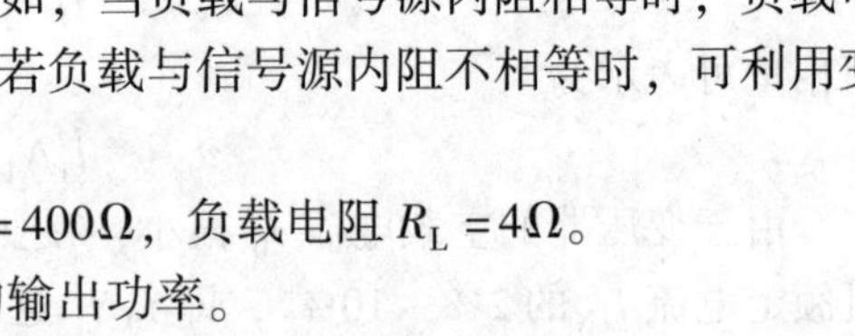

图6-19　例6-4的图

输出功率为

$$P=\left(\frac{80}{400+400}\right)^2\times 400\text{W}=4\text{W}$$

由本例可见，经过阻抗匹配后负载上取得的功率显然增大。

6.3.3 变压器的效率和损耗

正确地使用变压器，不仅能保证变压器正常工作，并能使其具有一定的使用寿命，因此必须了解变压器的效率和损耗。变压器的效率和损耗和交流铁心线圈一样，包括两部分：一部分是铜损 $\Delta P_{\text{Cu}}(\Delta P_{\text{Cu}}=I^2R_{\text{Cu}})$，它是线圈电阻 R_{Cu} 通过电流发热产生的损耗；另一部分是铁心的磁滞损耗 ΔP_{h} 和涡流损耗 ΔP_{e}，两者合称为铁损，用 ΔP_{Fe} 表示。

变压器的效率 η 为变压器的输出功率 $P_{2\text{N}}$ 与对应的输入功率 $P_{1\text{N}}$ 的比值，通常用小数或百分数表示：

$$\eta=\frac{P_{2\text{N}}}{P_{1\text{N}}}=\frac{P_2}{P_2+\Delta P_{\text{Cu}}+\Delta p_{\text{Fe}}} \tag{6-28}$$

前面对变压器的讨论均忽略了其各种损耗，而变压器是典型的交流铁心线圈电路，其运行时一次侧和二次侧必然有铜损和铁损，所以实际上变压器并不是百分之百地传递电能。但一般变压器的损耗较小，效率较高，大型电力变压器的效率可达 99%，小型变压器的效率为 60% ~90%。

6.3.4 特殊变压器

下面介绍几种特殊用途的变压器。

1. 自耦变压器

自耦变压器的二次绕组是一次绕组的一部分，两者同在一个磁路上，如图 6-20 所示。根据交流铁心线圈的基本电磁关系可知，$U_1=4.44fN_1\Phi_{\text{m}}$，$U_2=4.44fN_2\Phi_{\text{m}}$，所以自耦变压器的一次、二次电压之比与双绕组变压器相同。改变二次绕组的匝数，就可以获得不同的输出电压 U_2。一般，自耦变压器的二次绕组设置几个抽头，从不同抽头可以引出不同的电压。

与双绕组的变压器相比较，自耦变压器虽然节约了一个独立的二次绕组，但是由于一次、二次绕组间有直接的电联系，在不当的接线或公共绕组部分断开的情况下二次侧会出现高电压，这将危及操作人员的安全。例如在图 6-20 中，若公共绕组部分断开，则负载上的电压是 U_1 而不是 U_2。又如在图 6-20 中，当变压器的输入端子 A 接电源的相线时(这是很难避免的)，那么输出端子 B 也是相线电位，不注意这一点极易发生触电事故。

由上述分析可见，自耦变压器属于不安全变压器，所以行灯和机床照明灯等与操作人员直接接触的电器设备不准使用自耦变压器变换电压。

二次侧匝数可以自由调节的自耦变压器称为自耦调压器，如图 6-21 所示。自耦调压器可以方便地取得不同的二次电压 U_2 值，因此实验室里经常用它调节电压。同样，自耦调压器也是不安全变压器，使用时要特别注意。

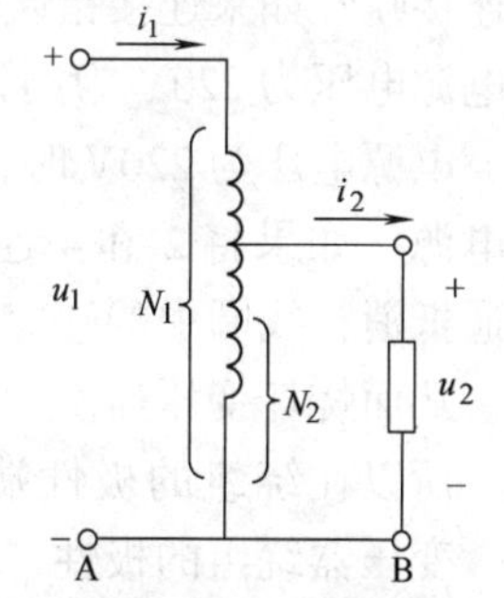

图 6-20　自耦变压器原理图

另外，自耦调压器的一次、二次侧不要接反。例如，不慎将自耦调压器二次侧接入电源时，假定此时 $N_2=0$（滑动触头与公共端重合），则会使电源短路；若 N_2 不为 0，由于一次侧的高电压加在二次侧，则可能烧坏二次绕组。

2. 电流互感器

电流互感器是根据变压器的变流原理制成的，一般用来测量交流大电流，或进行交流高电压下电流的测量。图 6-22a 是电流互感器的接线图，图 6-22b 是电流互感器的符号图。

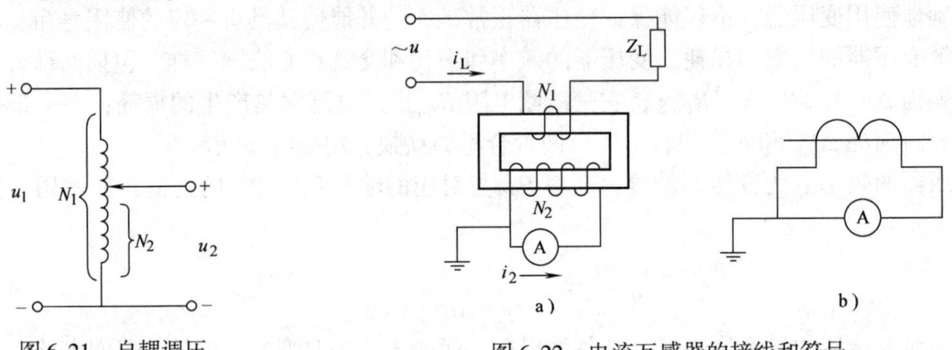

图 6-21　自耦调压器原理图

图 6-22　电流互感器的接线和符号

根据变压器变换电流的原理，电流互感器中流过电流表的电流为

$$I_2=\frac{I_1N_1}{N_2} \tag{6-29}$$

由于电流互感器一次绕组匝数 N_1 很少，二次绕组匝数 N_2 很多，所以流过电流表的电流 I_2 很小。所以电流互感器实际上是利用小量程的电流表来测量大电流。电流互感器二次绕组使用的电流表规定为 5A 或 1A。

尽管电流互感器一次绕组匝数很少，但其中流过很大的负载电流，因此磁路中的磁通势 I_1N_1 和磁通都很大。所以使用电流互感器时二次绕组绝对不得开路，否则会在二次侧产生过高的电压而危及操作人员的安全。为安全起见，电流互感器的铁心及二次绕组的一端应该接地。

6.3.5　变压器绕组的极性

图 6-23 所示电路中，变压器的一次侧有两个额定电压为 110V 的绕组：当电源电压为 220V 时，需要将两个绕组串联；电源电压为 110V 时，则需要将两个绕组并联。应该如何进行连接呢？如果连接错误会如何？结果是有可能烧毁变压器。现以电源电压为 220V 为例分析如下：

电源电压为 220V 时，正确的接法是 2 和 3 连接，1 和 4 两端接电源，如果将 2 和 4 连接，1 和 3 接电源，由于两个线圈中的磁通抵消，线圈中的感应电动势近似为零，会使绕组中的电流很大，从而烧坏变压器。

所以在绕组的极性端不明确时，一定要先测定好极性再通电。变压器绕组的极性，指的是它的一、二次绕组端子在瞬时极性上的对应关系。

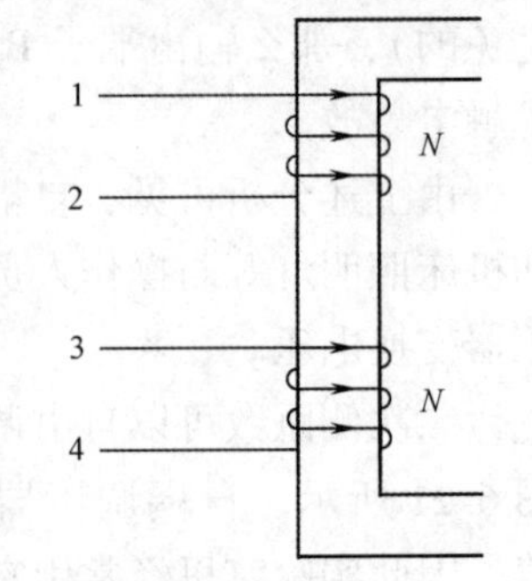

图 6-23　变压器绕组的极性

1. 同名端

两个绕组具有相同瞬时极性的端子称为同极性端或同名端，通常标以相同字母或符号。

或者说，当铁心中磁通变化时，在两绕组中产生的感应电动势极性相同的两端为同极性端。

同极性端用“·”表示。同极性端和绕组的绕向有关。

2. 变压器极性的测定

当两个电流分别从两个绕组的对应端子同时流入或流出，若所产生的磁通相互加强，则这两个对应端子称为两互感绕组的同名端。

对于已经做好的变压器，由于经过包扎绝缘及其他工艺处理，从外观上已无法辨认两绕组绕向，同极性端也就无法靠观察确定。如引出线端未注明极性，需用实验的方法来测定两绕组的同极性端。

（1）用交流法测定绕组极性　实验电路如图6-24a所示。图中1、2为一个绕组的两端，3、4为另一个绕组的两端，将两个绕组的任意两端（如2和4）连接起来，在一个绕组的两端（如1、2）加一个比较低的便于测量的交流电压，用电压表分别测出1、3两端之间的电压U_{13}，1和2两端之间的电压U_{12}，3和4两端之间的电压U_{34}。如果$U_{13}=|U_{12}-U_{34}|$，那么1和3为同极性端；如果$U_{13}=|U_{12}+U_{34}|$，则1和4是同极性端。

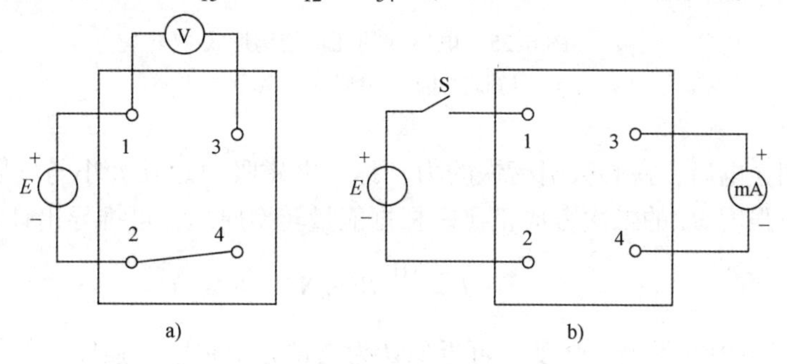

图6-24　测定变压器绕组的极性

（2）用直流法测定绕组极性　其实验电路如图6-24b所示。在开关S接通瞬间，若毫安表指针正向偏转，则1、3是同极性端。

练习与思考

6.3.1　一台220V/24V的变压器，如果把一次绕组接在220V直流电源上，会产生什么后果？

6.3.2　当变压器接负载后，磁路中的主磁通是否发生变化？为什么？

6.3.3　不慎将220V/110V的变压器的二次侧接入电源，会产生什么后果？为什么？

6.3.4　某变压器的额定频率为50Hz，用于25Hz的交流电路中，能否正常工作？

6.3.5　变压器的二次侧短路会造成什么后果？

6.3.6　用自耦调压器进行220V/12V电压变换时，当一次侧、二次侧的公共端接电源的相线时，为什么可能会发生触电事故？

*6.4 电磁铁

电磁铁是利用通电的铁心线圈吸引衔铁的一种电器，常用来操纵、牵引机械装置以完成预期的动作，或用于钢铁零件的吸持固定、铁磁物件的起重搬运等。电磁铁是构成电磁开关、电磁阀门、继电器和接触器的基本部件，因此用途十分广泛。

电磁铁由线圈、铁心和衔铁3部分构成。它们的结构形式通常如图6-25所示的几种。工作时线圈通入励磁电流，在铁心中产生磁场，衔铁被吸引；断电时磁场消失，衔铁被释放。

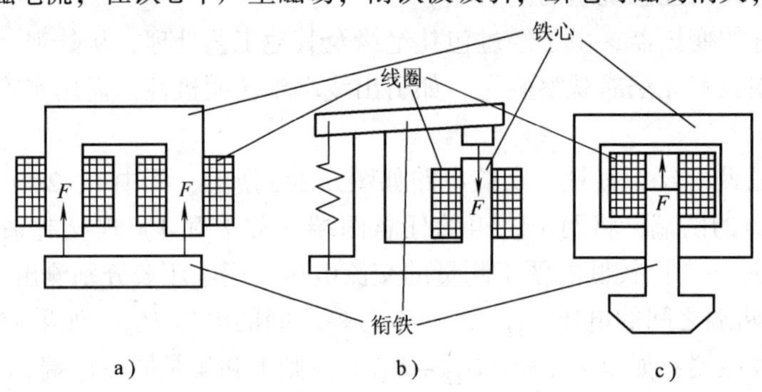

图6-25　电磁铁的几种结构形式

a）马蹄式　b）拍合式　c）螺管式

电磁铁线圈通电后，铁心吸引衔铁的力，称为电磁吸力。其大小与气隙的截面积 S_0 及气隙中的磁感应强度 B_0 的二次方成正比。根据能量转换原理，可推导出计算吸力的公式为

$$F=\frac{10^7}{8\pi}B_0^2S_0\text{N} \tag{6-30}$$

式中，B_0 为空气隙中的磁感应强度，可近似认为与铁心中磁感应强度相等（T）；S_0 为空气隙的有效截面积（m^2）；F 为电磁吸力（N）。

电磁铁按其励磁电流种类的不同可分为直流电磁铁和交流电磁铁两种。

1. 直流电磁铁

直流电磁铁的励磁电流是恒定不变的，其大小只决定于线圈上所加的直流电 U 和线圈电阻 R 的大小，所以磁通势 NI 也是恒定的。恒定的磁通不会在铁心中产生磁滞和涡流损耗，因此直流电磁铁的铁心常采用整块的铸钢、软钢或工程纯钢等制成。随着衔铁的吸合，空气隙要逐渐减小。吸合后空气隙消失，磁路的磁阻明显减小，磁通增大，因此吸合后的电磁力 F 要比吸合前大得多。

例6-5　如图6-26所示的直流电磁铁，已知线圈匝数为4000匝，铁心和衔铁的材料均为铸钢，由于存在漏磁，衔铁中的磁通只有铁心中磁通的90%，如果衔铁处在图示位置时铁心中的磁感应强度为1.6T，试求线圈中电流和电磁吸力。

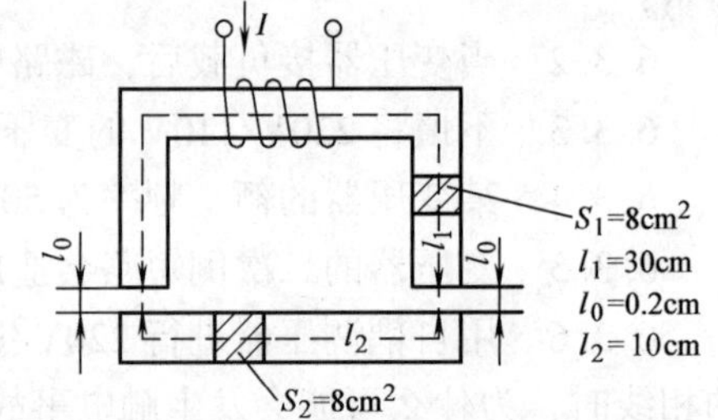

图6-26　例6-5的图

解：查图6-8，铁心中磁感应强度 $B=1.6\text{T}$ 时，磁场强度 $H_1=5300\text{A/m}$。

铁心中的磁通：

$$\Phi_1 = B_1 S_1 = 1.6 \times 8 \times 10^{-4}\,\text{Wb} = 1.28 \times 10^{-3}\,\text{Wb}$$

气隙和衔铁中的磁通：

查图 6-8 衔铁中的磁场强度为

$$H_2 = 3500\,\text{A/m}$$

气隙中的磁场强度为 $H_0 = \dfrac{B_0}{\mu_0} = \dfrac{1.44}{4\pi \times 10^{-7}}\,\text{A/m} = 1.146 \times 10^6\,\text{A/m}$

线圈的磁通势：

$$\begin{aligned} NI &= H_1 l_1 + H_2 l_2 + 2H_0 l_0 \\ &= (5300 \times 30 \times 10^{-2} + 3500 \times 10 \times 10^{-2} + 2 \times 1.146 \times 10^6 \times 0.2 \times 10^{-2})\,\text{A} \\ &= 6524\,\text{A} \end{aligned}$$

线圈电流为

$$I = \frac{NI}{N} = \frac{6524}{4000}\,\text{A} = 1.631\,\text{A}$$

电磁铁的吸力 $F = 4B_0^2 S \times 10^5 = 4 \times 1.44^2 \times 2 \times 8 \times 10^{-4} \times 10^5\,\text{N} = 1327\,\text{N}$

2. 交流电磁铁

交流电磁铁的励磁电流是交变的，它所产生的磁场也是交变的，因此电磁吸力的大小也随时间而变化。

设气隙中的磁感应强度为 $B_0(t) = B_\text{m} \sin \omega t$

则电磁铁吸力瞬时值为

$$f(t) = \frac{B_0^2(t)}{2\mu_0} S = \frac{B_\text{m}^2 S}{2\mu_0} \sin^2 \omega t = \frac{B_\text{m}^2 S}{2\mu_0}(1 - \cos 2\omega t) \tag{6-31}$$

式中，$\dfrac{B_\text{m}^2 S}{2\mu_0} = F_\text{m}$，$F_\text{m}$ 为吸力的最大值；S 为气隙的截面积。

在计算时，只考虑吸力的平均值，即

$$\begin{aligned} F_\text{av} &= \frac{1}{T}\int_0^T f(t)\,\text{d}t = \frac{1}{T}\int_0^T \frac{B_\text{m}^2 S}{2\mu_0}(1 - \cos 2\omega t)\,\text{d}t \\ &= \frac{B_\text{m}^2 S}{4\mu_0} \approx 2B_\text{m}^2 S \times 10^5 \end{aligned} \tag{6-32}$$

由式(6-31)可知，吸力在零与最大值之间变化，因而衔铁以两倍电源频率在颤动，故产生噪声。这样，触头很容易损坏。为了消除这种现象，可在铁心的某一端部安装一个闭合的铜环，称短路环或分磁环，分磁环中产生感应电流，以阻碍磁通的变化，从而消除了衔铁的颤动。

在交流电磁铁中，为了减少铁损，铁心由硅钢片制成。

交流电磁铁在吸合过程中，电磁吸力的平均值基本不变，随着空气隙的减少直到消失，磁阻显著减少，所以吸合后的励磁电流比吸合前小得多。因此，交流电磁铁在工作时衔铁和铁心一定要吸合好，若有空气隙，则线圈就会因长时间通过大电流而过热，甚至烧毁。

练习与思考

6.4.1 直流电磁铁在吸合过程中气隙不断减小，试指出线圈电流、磁路中的磁阻、铁心中的磁通最大值以及吸力如何变化？

6.4.2 交流电磁铁在吸合过程中气隙不断减小，试指出线圈电流、磁路中的磁阻、铁心中的磁通最大值以及吸力如何变化？

6.4.3 若不慎将交流电磁铁的线圈接入与其额定值相同的直流电源上，会产生什么后果？为什么？

习 题 6

6-1 当一交流铁心线圈接在 $f=50\text{Hz}$ 的正弦电源上时，铁心中磁通的最大值 $\Phi_m=2.25\times10^{-3}\text{Wb}$。在此铁心上再绕一个 200 匝的线圈。当此线圈开路时，求其两端电压？

6-2 将一铁心线圈接于 $U=100\text{V}$，$f=50\text{Hz}$ 的交流电源上，其电流 $I_1=5\text{A}$，$\cos\varphi=0.7$。若将此线圈中的铁心抽出，再接于上述电源上，则线圈中电流 $I_2=10\text{A}$，$\cos\varphi=0.05$。试求此线圈在具有铁心时的铜损和铁损。

6-3 有一台 10000V/230V 的单相变压器，其铁心截面积 $S=120\text{cm}^2$，磁感应强度最大值 $B_m=1\text{T}$，电源频率为 $f=50\text{Hz}$。求一次、二次绕组的匝数 N_1、N_2 各为多少？

6-4 有一单相照明变压器，容量为 10kV·A，额定电压为 3300V/220V。

（1）求一次、二次绕组的额定电流？

（2）今欲在二次侧接上 220V、40W 的白炽灯(可视为纯电阻)，如果要求变压器在额定情况下运行，这种电灯最多可接多少盏？

6-5 在图 6-19 中，将 $R=8\Omega$ 的扬声器接在变压器的二次侧，已知 $N_1=300$，$N_2=100$，信号源电动势 $E=6\text{V}$，内阻 $R_0=100\Omega$。试求此时信号源输出的功率为多少？

6-6 一台 50kV·A、6000V/230V 的变压器，试求：

（1）电压比 k 及 I_{1N} 和 I_{2N}。

（2）该变压器在满载情况下向 $\cos\varphi=0.85$ 的感性负载供电时，测得二次电压为 220V，求此时变压器输出的有功功率。

6-7 变压器的同极性端如图 6-27 所示。当 S 接通瞬间，试指出电流表是正向偏转还是反向偏转。

6-8 在图 6-28 所示电路中，输出变压器的二次绕组有中间抽头，以便接 8Ω 或 3.5Ω 的扬声器，两者都能达到阻抗匹配。试求二次绕组两部分匝数之比。

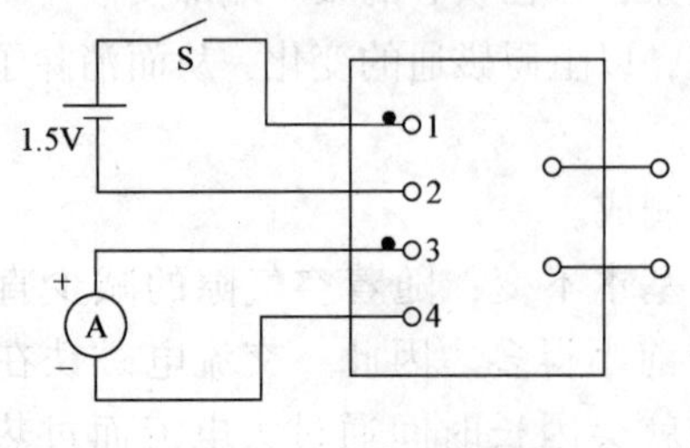

图 6-27 习题 6-7 的图

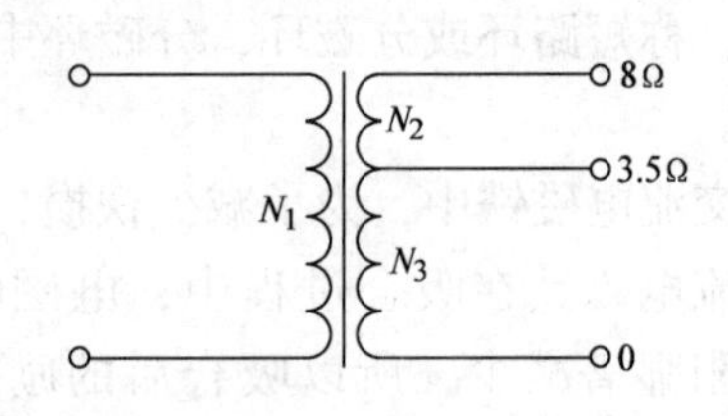

图 6-28 习题 6-8 的图

6-9　图 6-29 所示的变压器一次侧有两个额定电压为 110V 的绕组，二次绕组的电压为 6.3V。

（1）若电源电压是 220V，一次绕组的 4 个接线端应如何正确连接才能接入 220V 的电源上？

（2）若电源电压是 110V，一次绕组要求并联使用，这两个绕组应当如何连接？

（3）在上述两种情况下，一次侧每个绕组中的额定电流有无不同，二次电压是否有改变？

6-10　图 6-30 所示是一电源变压器，一次绕组有 550 匝，接 220V 电压。二次绕组有两个：一个电压 36V，负载 36W；另一个电压 12V，负载 24W。两个都是纯电阻负载。求一次电流 I_1 和两个二次绕组的匝数。

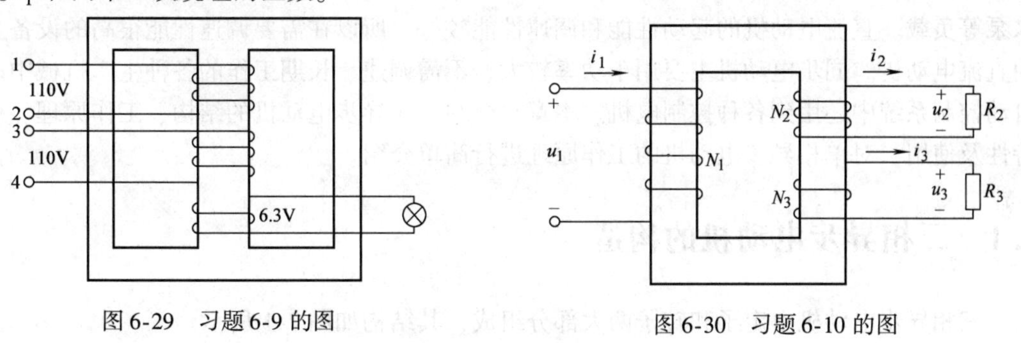

图 6-29　习题 6-9 的图　　　　图 6-30　习题 6-10 的图

6-11　当闭合 S 时(见图 6-31)，画出两回路中电流的实际方向。

6-12　图 6-32 所示电路是一个有 3 个二次绕组的电源变压器，根据图中各二次绕组所标输出电压，通过不同的连接方式，能得出多少种输出电压？

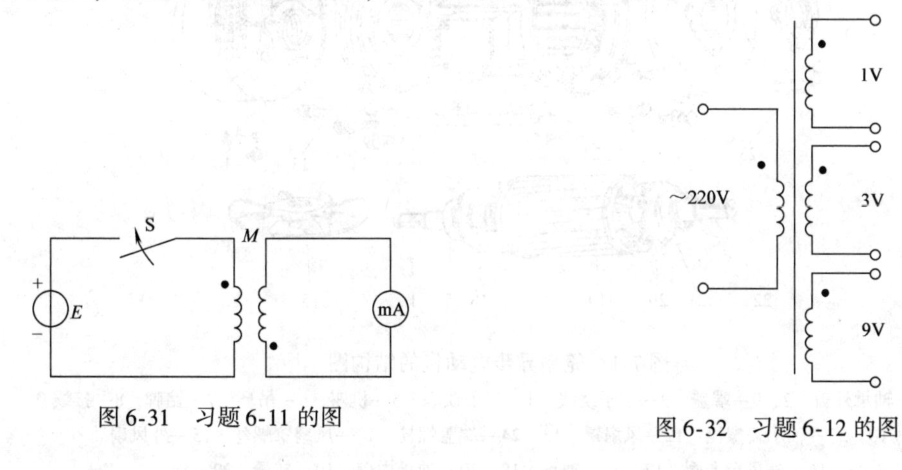

图 6-31　习题 6-11 的图　　　　图 6-32　习题 6-12 的图

第7章　异步电动机

电动机的作用是将电能转换为机械能。现代各种生产机械都广泛应用电动机来驱动。电动机可分为交流电动机和直流电动机两大类。直流电动机按照励磁方式的不同分为他励、并励、串励和复励4种。交流电动机又分为异步电动机和同步电动机。

本章主要讨论交流三相异步电动机，该电动机具有结构简单、运行可靠、维修方便及成本低等优点，因此被广泛用来驱动各种金属切割机床、起重机、锻压机、传送带、鼓风机、水泵等负载。直流电动机的起动性能和调速性能较好，所以在需要调速性能很高的设备上常用直流电动机。同步电动机主要用于功率较大、不需调速、长期工作的各种生产机械中。在自动控制系统中还用到各种控制电机。本章只介绍三相异步电动机的结构、工作原理、机械特性及使用，对单相异步电动机的工作原理进行简单介绍。

7.1　三相异步电动机的构造

三相异步电动机由定子和转子两大部分组成，其结构如图7-1所示。

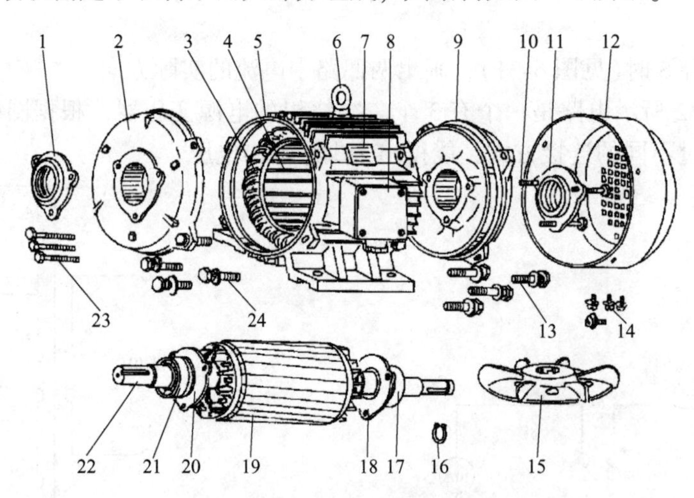

图7-1　笼型异步电动机的结构图

1、11—轴承外盖　2、9—端盖　3—定子绕线　4—定子铁心　5—机座　6—吊环　7—铭牌　8—接线盒　10、23—轴承盖螺栓　12—风扇罩　13、24—端盖螺栓　14—风扇罩螺丝　15—外风扇　16—外风扇卡圈　17、21—轴承　18、20—轴承内盖　19—转子　22—轴

三相异步电动机的定子由机座和装在机座内的圆形铁心及三相定子绕组3大部分组成。机座是用铸铁、铸钢或压铸(或挤压)铝合金制成的，用于固定和支撑定子铁心，要求机械强度较高。定子铁心是电动机磁路的一部分，它是由相互绝缘的0.35~0.5mm厚的硅钢片叠压而成，铁心的内圆周表面冲有槽，用以放置三相对称绕组。定子绕组是电动机的电路部分，其主要作用是通过电流产生旋转磁场以实现机电能量转换。定子绕组是用高强度绝缘漆

包铜线或绝缘扁铜线绕成不同形式的线圈，按一定规律连接起来的三相对称绕组 U_1U_2、V_1V_2、W_1W_2，有的连接成星形，有的连接成三角形。

三相异步电动机的转子由转子铁心、转子绕组和转轴等组成。

转子分笼型转子和绕线转子。转子铁心也是磁路的一部分，由硅钢片组成，铁心外圆冲有许多槽，用于安放转子绕组；转子绕组的作用是感应电动势、流过电流产生电磁转矩，实现机电能量转换。

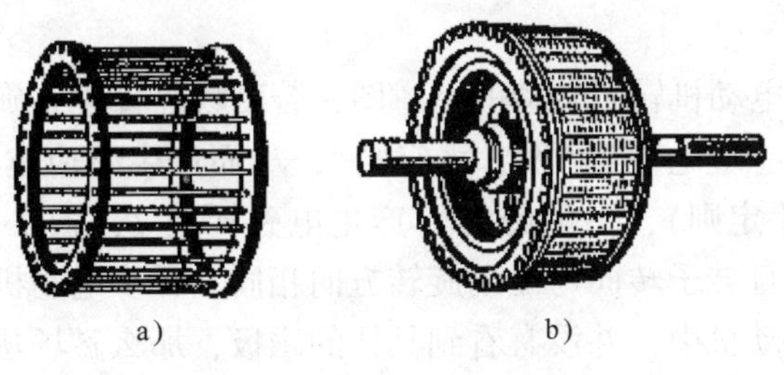

图 7-2　笼型转子的结构
a）笼型转子　b）转子外形

笼型转子绕组做成笼状，即在转子铁心的槽中放铜条，两端用端环短接，如图 7-2 所示。或在槽中浇铸铝液，将转子导条和端环铸在一起，铸成一个笼，如图 7-3 所示。这样便可以用比较便宜的铝来代替铜，而且也可以提高生产率。因此目前中小型笼型异步电动机的转子多是铸铝的。在特殊电动机中，如深井潜水电动机、潜油电动机采用铜条转子。

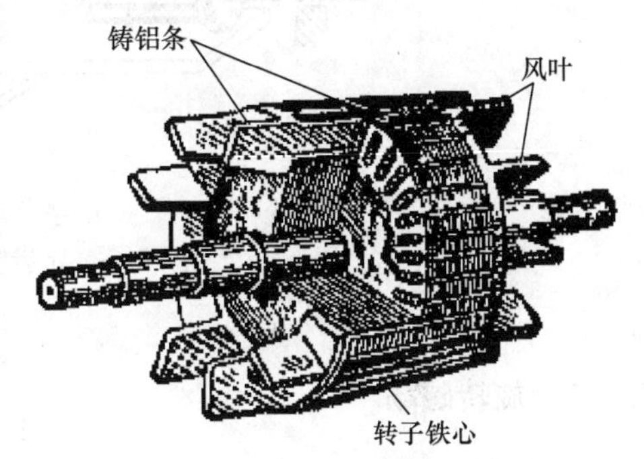

图 7-3　铸铝的笼型转子

绕线转子异步电动机的定子绕组与笼型异步电动机的相同，差别在转子绕组上。绕线转子的构造如图 7-4 所示，它的转子绕组与定子绕组一样，也是三相对称绕组，连接成星形。每相的始端分别连接在一个集电环上，集电环固定在转轴上，3 个集电环，环与环、环与轴之间彼此绝缘，在集电环上通过电刷与外电路相接。如在转子回路串电阻可实现起动、调速和制动。

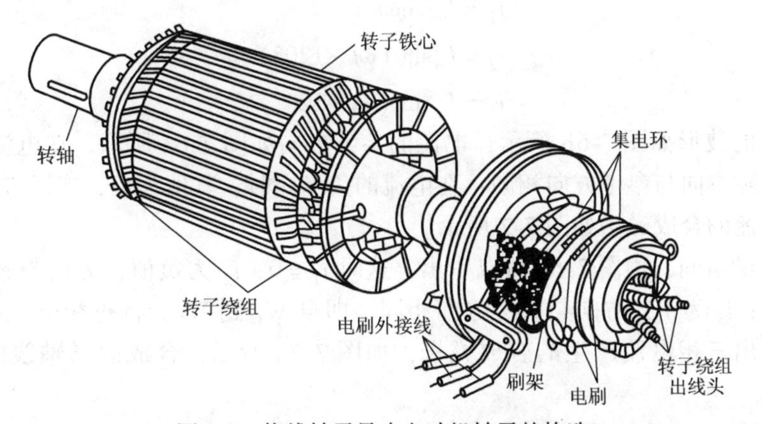

图 7-4　绕线转子异步电动机转子的构造

7.2 三相异步电动机的转动原理

三相异步电动机的转动依据如下两条：导体切割磁力线产生感应电动势；载流导体在磁场中受到电磁力的作用。

7.2.1 转动原理

图 7-5 所示是异步电动机转子转动的示意图，若磁场以转速 n 旋转，则旋转磁场切割转子铜条，在铜条中产生感应电动势(用右手定则)，从而产生感应电流。电流与磁场相互作用产生电磁力 F(用左手定则)，由电磁力 F 产生电磁转矩 T，若 T 大于所带机械负载的转矩，转子便会转动，而且转子转向与磁场旋转方向相同。异步电动机转子转动的原理与上述演示的相似。在异步电动机中，并没有看到具体的磁极，那么磁场从何而来，转子如何旋转呢？下面首先讨论这个问题。

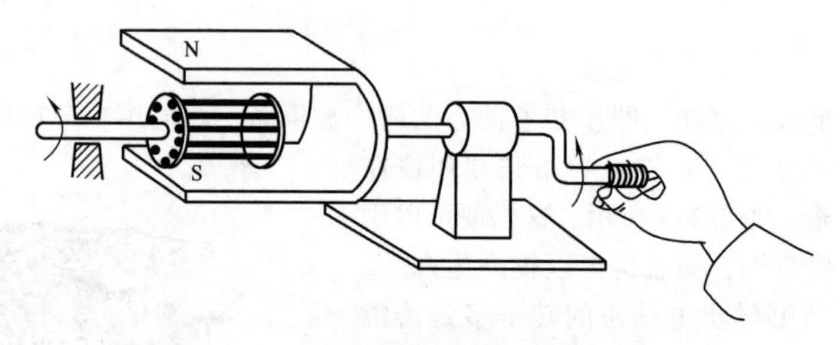

图 7-5 异步电动机转子转动的示意图

7.2.2 旋转磁场

1. 旋转磁场的产生

三相异步电动机的定子铁心中放有三相对称绕组 U_1U_2、V_1V_2、W_1W_2，如图 7-6a 所示。即三相绕组的始端(或末端)在空间必须相差 120°电角度。设定子绕组连接成星形，当定子绕组接通三相电源时，绕组中便有三相对称电流。

$$i_1 = I_m \sin\omega t$$

$$i_2 = I_m \sin(\omega t - 120°)$$

$$i_3 = I_m \sin(\omega t + 120°)$$

三相电流的波形如图 7-6b 所示，电流的参考方向如图 7-6a 所示。在电流的正半周时，其值为正，实际方向与参考方向相同；在电流的负半周时，其值为负，实际方向与参考方向相反。三相电流的合成磁场如图 7-7 所示。

在 $\omega t = 0°$的瞬间，由图 7-6b 可以看出，这时 $i_1 = 0$；i_2 为负值，方向与参考方向相反，即自 V_2 到 V_1；i_3 为正，方向与参考方向相同，即自 W_1 到 W_2。将每相电流产生的磁场相叠加，便可得出三相电流产生的合成磁场，如图 7-7a 所示，合成磁场轴线的方向是自上而下。

图 7-7b 是 $\omega t = 60°$时定子绕组中电流的方向和三相电流的合成磁场的方向。这时合成磁

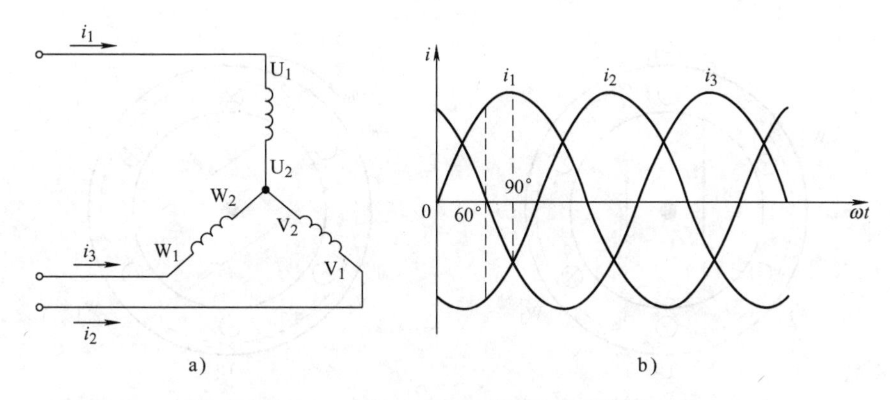

图 7-6　三相对称绕组及三相对称电流

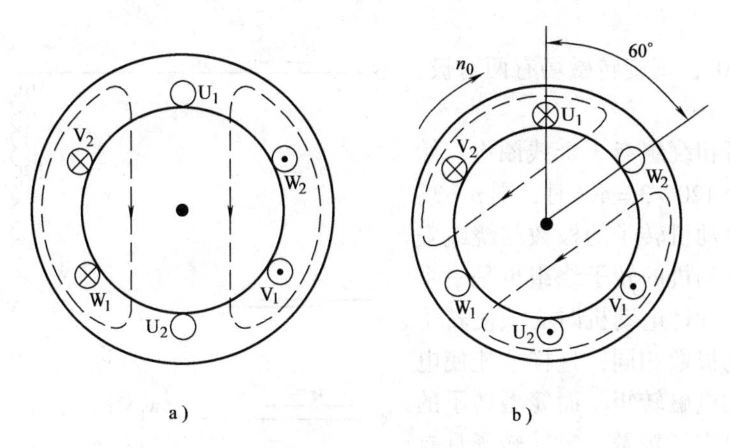

图 7-7　三相电流产生的旋转磁场($p=1$)

a) $\omega t=0°$　b) $\omega t=60°$

场已在空间转过了 60°。

由以上分析可知，当定子绕组通入三相对称电流后，它们共同产生的磁场是随电流的交变而在空间不断旋转的，这个合成磁场称为旋转磁场。该磁场如同磁极在空间旋转一样，切割转子导体，并在转子导体中产生感应电动势，由此产生转子电流。根据电磁感应定律的左手定则可知，转子绕组产生电磁力，从而转子轴上产生了电磁转矩 T，使转子转动，且转向与这个旋转磁场的方向相同。

2. 旋转磁场的转向

从电动机转动演示中已知，转子的转向与定子磁场旋转的方向相同。如果要转子反转，则要改变旋转磁场的方向。因定子合成磁场的转向与三相电流的相序有关，若将电源线的任意两根对调(如 V、W 两相对调)，则旋转磁场方向改变，随之转子的转向也改变，如图 7-8 所示。

3. 旋转磁场的极数

三相异步电动机的极数便是定子磁场的极数。而旋转磁场的极数与三相绕组的安排有关，前述的三相绕组每相只有一个线圈组，绕组的始端在空间互差 120°，这时旋转磁场只有一对极($p=1$)，如每相有两个线圈组顺序串联或顺序并联，如图 7-9 所示，始、末

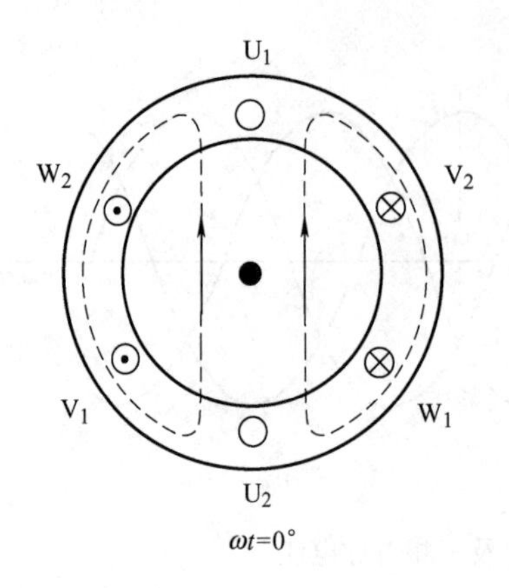

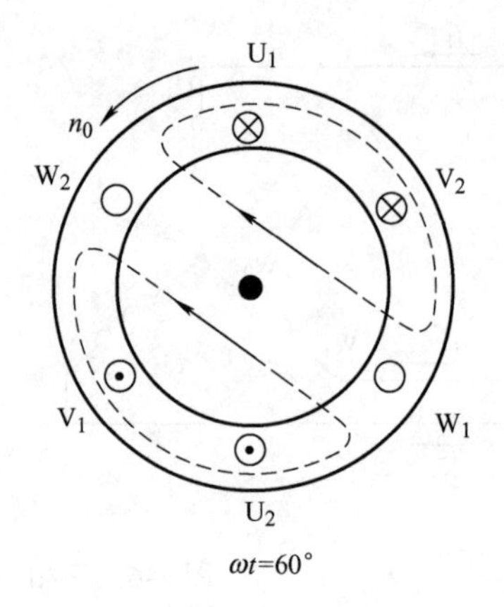

图 7-8　旋转磁场的反转

端在空间相差 60°，则旋转磁场有两对极，即 $p=2$。

同理，若每相绕组有 3 个线圈组，始末端在空间相差 120°/3 =40°时，则 $p=3$。

绕线转子电动机转子的极数与绕组安排有关，这种电动机的转子绕组也是一个三相对称绕组，设计电动机时必须使转子的极数与定子的极数相同，这样才能使电动机产生平稳的电磁转矩。而笼型转子的极数自动地满足定子极数。定、转子具有相同的极数是一切感应式电动机稳定运行的条件。

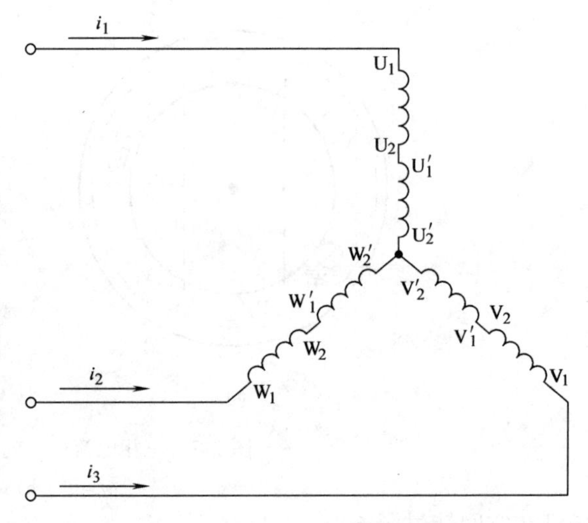

图 7-9　产生 4 极旋转磁场的定子绕组($p=2$)

4. 旋转磁场的转速

旋转磁场的转速取决于磁场的极数。由前分析可知，当 $p=1$ 时，由图 7-7 可见，当电流从 $\omega t=0°$ 到 $\omega t=60°$ 经历了 60°时，磁场在空间也旋转了 60°。电流交变了一次(一个周期)，磁场恰好在空间旋转了一转。设电流的频率为 f_1，即电流每秒钟交变 f_1 次，则旋转磁场的转速为 $n_0=60f_1$，转速的单位为 r/min。在磁场有 2 对极的情况下，当电流从 $\omega t=0°$ 到 $\omega t=60°$ 经历了 60°时，磁场在空间仅旋转了 30°，如图 7-10 所示。比 $p=1$ 慢了一半，所以 $n_0=\dfrac{60f_1}{2}$。

由此可推出，当电动机有 p 对极时，磁场转一圈，电流变化了 p 次，即

$$n_0=\frac{60f_1}{p} \tag{7-1}$$

n_0 与电流的频率和极对数有关，而极对数又取决于三相绕组的排列，对已制成的电动机，频率和极对数通常是一定的，所以旋转磁场转速 n_0 是一个常数。

在我国，频率 $f_1=50\text{Hz}$，于是由式(7-1)可得出对应于不同极对数时的旋转磁场的转速 n_0，见表 7-1。

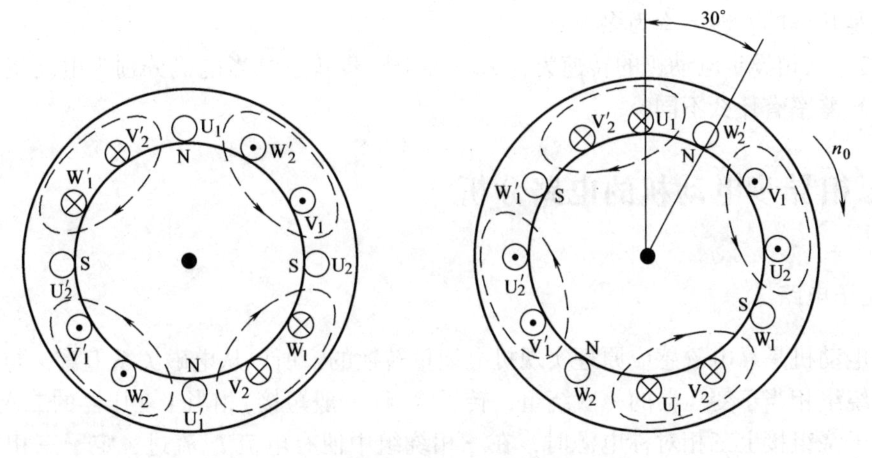

图 7-10　三相电流产生的旋转磁场($p=2$)

表 7-1　同步转速 n_0 与极对数 p 的关系

p	1	2	3	4	5	6
$n_0/(\mathrm{r\cdot min^{-1}})$	3000	1500	1000	750	600	500

7.2.3　转子转速和转差率

1. 转子转速

电动机的转速(转子转速)与定子磁场转速有关。而且，转子转向与定子旋转磁场方向一致，但转子转速 n 不可能达到与定子旋转磁场的转速 n_0 相等。否则转子导体与定子磁场之间没有相对运动，磁力线不切割转子导体，转子无电动势、无电流，也不会产生电磁转矩。因此，电动机的转速与定子磁场的转速之间必须有差别，这就是异步电动机名称的由来，定子磁场的转速称为同步转速。

2. 转差率

转差率用来表示定子磁场转速 n_0 与转子转速 n 相差的程度，即

$$s=\frac{n_0-n}{n_0} \tag{7-2}$$

转差率是异步电动机的一个重要物理量。转速越高，转差率越小，转子转速就越接近于同步转速。由于三相异步电动机的额定转速与同步转速相近，所以其转差率很小，通常 s_N 在0.02～0.06之间。当 $n=0$ 时，$s=1$，而 $n=n_0$ 时，$s=0$。

式(7-2)也可以写成

$$n=(1-s)n_0 \tag{7-3}$$

由此式可以计算电动机的转速。

练习与思考

7.2.1　什么是三相电源的相序？就三相异步电动机本身而言，有无相序？

7.2.2　已知一台三相异步电动机的额定转速 $n_N=720\mathrm{r/min}$，电源频率 $f=50\mathrm{Hz}$，试问

该电动机是几极的？转差率为多少？

7.2.3　三相异步电动机的转速为什么不等于同步转速？当电机分别为电动机和发电机运行时，转差率有什么不同？

7.3　三相异步电动机的电路分析

7.3.1　定子电路

异步电动机是靠电磁感应原理实现机电能量转换的，所以从电磁关系上看，与变压器相似，定子绕组相当于变压器的一次绕组，转子绕组(一般短接)相当于变压器的二次绕组。

当定子绕组接上三相对称电源时，在三相绕组中便有电流 i_1 流过，定子三相电流产生旋转磁场，其磁力线通过定、转子铁心而闭合，该磁场不仅在转子每相绕组中产生感应电动势 e_2，而且在定子每相绕组中也要产生感应电动势 e_1。转子绕组中有 e_2，便产生转子电流 i_2，该电流也要产生磁场，实际上三相异步电动机中的旋转磁场是由 i_1 和 i_2 共同建立的。

旋转磁场在空间旋转，其作用宛如一块永久磁铁在空间旋转，由于旋转磁场的磁感应强度沿定子与转子之间的空气隙是近于按正弦规律变化的，所以当磁场旋转时，通过每相定子绕组的磁通便随时间按正弦规律变化，即 $\Phi=\Phi_m\sin\omega t$，式中 Φ_m 是通过每相磁通的最大值，在数值上等于旋转磁场的每极下的磁通 Φ，即气隙中每极下的磁感应强度的平均值与每极面积的乘积。

设定子和转子每相绕组的匝数分别为 N_1 和 N_2，三相异步电动机的每相电路如图 7-11 所示。在定子绕组中，由旋转磁场产生的电动势为 $e_1=-N_1\dfrac{d\Phi}{dt}$也为一正弦量，其有效值为

$$E_1=4.44f_1N_1\Phi \tag{7-4}$$

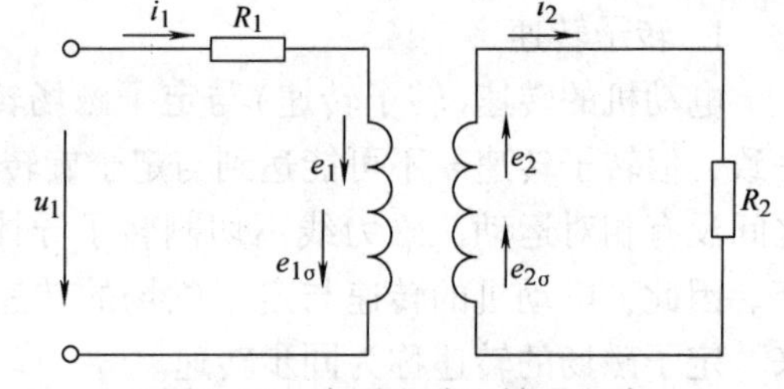

图 7-11　定子电路和转子电路

实际上，由于每相绕组分布于不同的槽中，感应电动势不同相，同时绕组一般不是整距(单层绕组除外)，即短距或长距绕组，所以还应引入分布系数和短距系数，即绕组系数，在此不作讨论。

f_1 是感应电动势 e_1 的频率，因旋转磁场和定子之间的相对速度为 n_0，所以

$$f_1=\frac{pn_0}{60} \tag{7-5}$$

即等于电源或定子电流的频率。

定子电流除产生磁通外，还产生只与定子绕组交链的磁通成为漏磁通 Φ_σ，它不参与机电能量转换，只起一个电压降的作用，即 $e_{1\sigma}=-N_1\dfrac{d\Phi_\sigma}{dt}=-L_{1\sigma}\dfrac{di_1}{dt}$，和变压器绕组一样，加在定子绕组上的电压也分为 3 个分量，即

$$u_1=R_1i_1+(-e_{1\sigma})+(-e_1)=R_1i_1+L_{1\sigma}\frac{di_1}{dt}+(-e_1) \tag{7-6}$$

若用相量来表示，则为

$$\dot{U}_1 = R_1\dot{I}_1 + \mathrm{j}X_1\dot{I}_1 + (-\dot{E}_1) \tag{7-7}$$

R_1、X_1 分别为定子绕组的电阻和漏抗，由于 R_1、X_1 较小可以忽略不计，故

$$\dot{U}_1 = -\dot{E}_1,\ U_1 = 4.44fN_1\Phi$$

与变压器完全相同。

7.3.2　转子电路

当磁场以 n_0 旋转时，切割转子导体，在导体中产生感应电动势 e_2，从而产生转子电流 i_2，i_2 与磁场相互作用产生电磁转矩，使电动机转动，因此，有电磁转矩是电动机转动的根本原因。在分析电磁转矩之前，首先分析一下转子电路的各个物理量。

1. 转子频率 f_2

因为旋转磁场相对于转子的转速为 $n_0 - n$，所以

$$f_2 = \frac{p(n_0 - n)}{60} = \frac{pn_0}{60}\frac{n_0 - n}{n_0} = \frac{pn_0}{60}s = sf_1 \tag{7-8}$$

即 f_2 与转差率 s（或转速 n）有关。当 $n = 0$ 时，$s = 1$，$f_2 = f_1$；而 $n = n_0$ 时，$s = 0$，$f_2 = 0$。

2. 转子绕组电动势 E_{2s}

旋转磁场在转子绕组中感应的电动势为 $e_2 = -N_2\frac{\mathrm{d}\Phi}{\mathrm{d}t}$，其有效值为

$$E_{2s} = 4.44f_2N_2\Phi_m = s4.44f_1N_2\Phi_m = sE_{20} \tag{7-9}$$

$E_{20} = 4.44f_1N_2\Phi_m$ 为转子不转时（$f_2 = f_1$）的感应电动势。

3. 转子旋转磁场的转速 n_{20}

转子感应电动势产生电流 i_2，i_2 也将产生磁场，它在空间也是旋转的，由 i_2 产生的磁场称为转子旋转磁场，它相对于转子的转速为

$$n_{20} = \frac{60f_2}{p} = s\frac{60f_1}{p} = sn_0 \tag{7-10}$$

电动机的旋转磁场是由 i_1、i_2 共同建立的，这和变压器相似。

转子磁场相对于定子的转速为

$$n_0' = n + n_{20} = n + (n_0 - n) = n_0 \tag{7-11}$$

即定、转子磁场在空间保持相对静止。这是一切感应式电动机正常工作的必要条件。

4. 转子电压平衡式

转子电流 i_2 在产生主磁通的同时，也产生只与转子绕组交链的漏磁通，其转子漏电动势为

$$e_{2\sigma} = -N_2\frac{\mathrm{d}\Phi_{2\sigma}}{\mathrm{d}t} = -L_{2\sigma}\frac{\mathrm{d}i_2}{\mathrm{d}t}$$

所以　$e_2 = i_2R_2 + L_{2\sigma}\frac{\mathrm{d}i_2}{\mathrm{d}t}$

$$\dot{E}_2 = \dot{I}_2R_2 + \mathrm{j}X_2\dot{I}_2 \tag{7-12}$$

R_2、X_2 为转子的电阻和漏抗。

5. 转子的漏抗 X_{2s}

$$X_{2s} = 2\pi f_2L_{2\sigma} = s2\pi f_1L_{2\sigma} = sX_{20} \tag{7-13}$$

$X_{20} = 2\pi f_1L_{2\sigma}$ 为转子不转时每相的漏抗。由式（7-13）可见，X_{2s} 也与转差率 s 有关。

6. 转子电流 I_2

由平衡方程式可求出：

$$\dot{I}_2 = \frac{\dot{E}_{2s}}{R + jX_{2s}}$$

$$I_2 = \frac{E_{2s}}{\sqrt{R^2 + (sX_{20})^2}} = \frac{sE_{20}}{\sqrt{R^2 + (sX_{20})^2}} \tag{7-14}$$

当 s 很小时，$R_2 \gg sX_{20}$，则 $I_2 = \frac{sE_{20}}{R_2} \propto s$；当 $s \approx 1$ 时，$sX_{20} \gg R_2$，$I_2 = \frac{E_{20}}{X_{20}} \approx C$。

7. 转子功率因数 $\cos\psi_2$

因为转子有漏抗 X_{2s}，因此 I_2 要滞后 E_2 一个角度 ψ_2

$$\cos\psi_2 = \frac{R_2}{\sqrt{R_2^2 + X_2^2}} = \frac{R_2}{\sqrt{R_2^2 + (sX_{20})^2}} \tag{7-15}$$

由此可见，$\cos\psi_2$ 与转差率 s 有关，当 s 很小时，$R \gg sX_{20}$，$\cos\varphi_2 \approx 1$；当 s 较大，接近于 1 时，$sX_{20} \gg R_2$，$\cos\psi_2 = \frac{R_2}{sX_{20}} \propto \frac{1}{s}$。

通过分析可见，转子电路的各个物理量均与转差率 s 有关，即与电动机转速有关，这是在学习三相异步电动机时所应注意的一点。在变压器中，由于是静止的，所以一次、二次绕组的频率相同。

练习与思考

7.3.1　当异步电动机的定子绕组接通电源后，若转子被堵转，对电动机有什么影响？

7.3.2　在三相异步电动机起动初始瞬间，为什么转子电流很大，而转子电路的功率因数很低？

7.3.3　Y160L1－4 型三相异步电动机的额定数据为：60kW，1460r/min，50Hz。试求额定转差率和转子电流的频率。

7.3.4　某人在维修三相异步电动机时，将转子抽出，而在定子绕组上加三相额定电压，会产生什么后果？

7.3.5　频率为 60Hz 的三相异步电动机，若接在 50Hz 的电源上使用，电动机的同步转速为多少？电动机会发生何种现象？

7.4　三相异步电动机的铭牌数据

要正确合理地使用三相异步电动机，必须要看懂铭牌，从铭牌数据大体上可看出电动机的性能，除了铭牌数据，还有两个比较重要的数据，即功率因数和效率。今以 Y160L1－4 为例，来说明铭牌上的各个数据的意义。

7.4.1　型号

为了适用不同用途和不同的工作环境需要，电动机制成不同的系列，各种系列用各种型号来表示。电动机的型号由汉语拼音、英文字母和阿拉伯数字组成。

例如：Y160L1－4

Y 为三相异步电动机；160 为机座中心高(mm)；L 为机座长度代号(S、M、L)；1 为铁心长度号；4 为电动机的极数。

异步电动机的产品名称代号及汉字意义见表7-2。

Y 系列笼型异步电动机是取代JO_2的产品，封闭自冷式。同样功率的电动机，Y 系列比JO_2系列体积小、重量轻、加权效率较高。

表7-2　异步电动机产品名称代号

产品名称	新代号	汉字意义	老代号
异步电动机	Y	异步	J、JO
绕线转子异步电动机	YR	异绕	JR、RO
防爆型异步电动机	YB	异爆	JB、JBS
高起动转矩异步电动机	YQ	异起	JQ、JQO
起重冶金用异步电动机	YZ	异重	JZ
起重冶金用绕线转子异步电动机	YZR	异重绕	JZR
多速异步电动机	YD	异多	JD

7.4.2　接法

指定子绕组的接法，一般笼型电动机的接线盒有 6 根出线，分别标有 U_1、U_2、V_1、V_2、W_1、W_2。其中 U_1、U_2 为一相绕组的两端；V_1、V_2 及 W_1、W_2 分别为另外两相的两端。根据实际需要，电动机可接成Y和△两种，如图 7-12 所示。通常三相异步电动机在 3kW 及以下的，连接成星形，4kW 及以上的，连接成三角形。

若电动机的 6 个接线端的标志牌脱落或未标 U_1、U_2、V_1、V_2、W_1、W_2 字样，可用下列方法测定各相首尾。

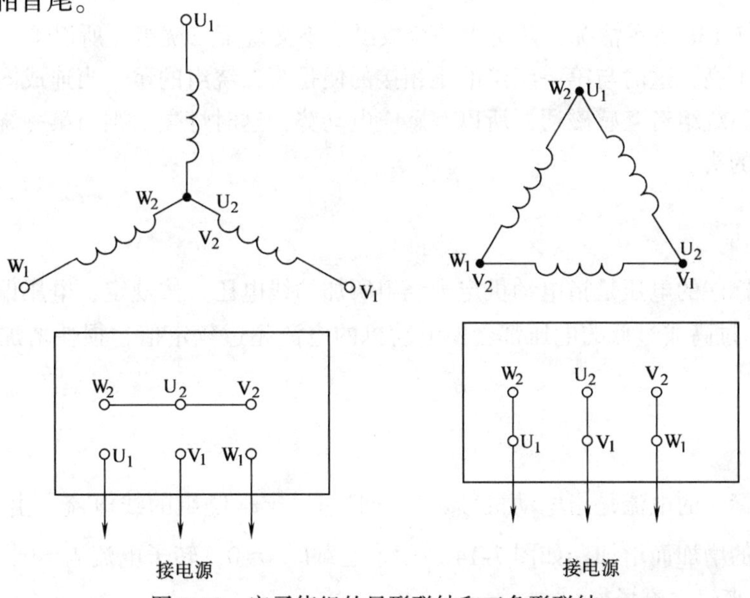

图 7-12　定子绕组的星形联结和三角形联结

先用万用表电阻档确定各相的两端，然后把任何一相的两线端先标出 U_1、U_2，按图 7-13 所示方式确定 V_1、V_2 和 W_1、W_2。

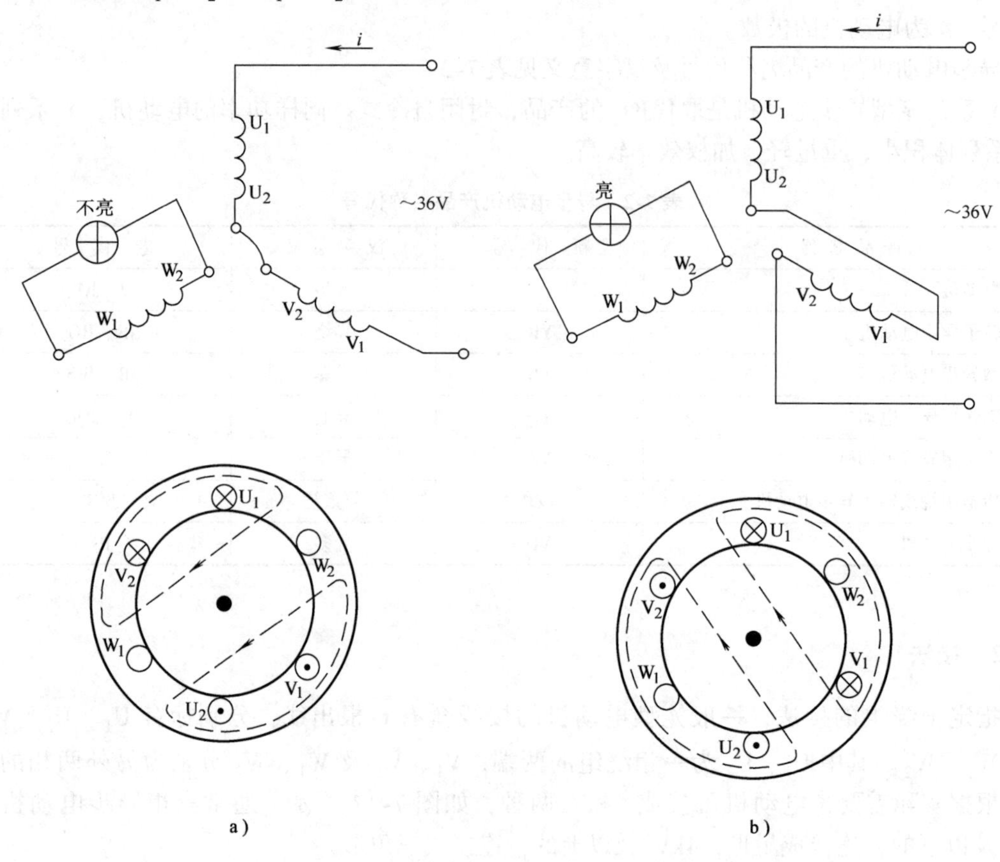

图 7-13　确定每相绕组首末端的方法

若连成图 7-13a 所示情况，两绕组的合成磁通不交链第三绕组，所以第三绕组无感应电动势。于是灯不亮，这时与第一绕组的尾相接的便是第二绕组的尾。当连成图 7-13b 所示的情况时，在第三绕组有互感磁通，所以有感应电动势，这时灯亮，则与第一绕组的尾相连接的是第二绕组的头。

7.4.3　电压

铭牌上所标注的电压是指电动机定子绕组所加的线电压。按规定，电压偏差不应超过额定值的 ±5%，过高或过低的电压都会使电动机的电流超过额定值，损耗增加，对电动机运行不利。

7.4.4　电流

铭牌上所标注的电流是指电动机额定运行时通过定子绕组的线电流。由 $I=f(P_2)$ 可求出电流随负载的增加而增加，如图 7-14 所示。空载时 $s\approx0$，转子电流 $I_2\approx0$，这时定子电流 $I_1>0$，主要用来建立磁场。

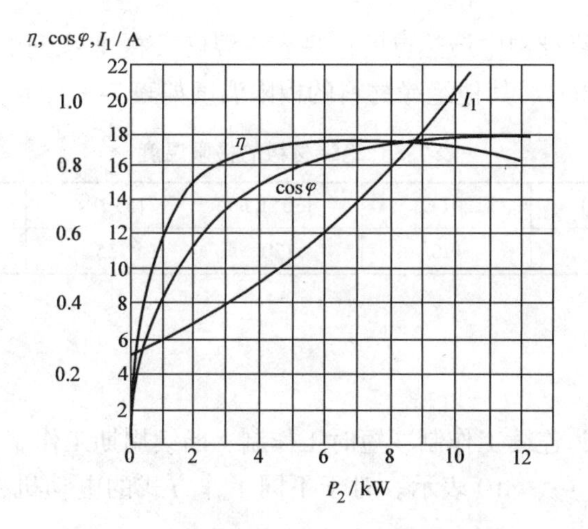

图 7-14　三相异步电动机的工作特性曲线

7.4.5　功率与效率

铭牌上的功率是指电动机额定运行时轴上输出的机械功率。它比输入功率小，其差值等于电动机本身的各种损耗，包括铜耗、铁耗和机械损耗。效率是输出功率与输入功率之比，即

$$\eta = \frac{P_2}{P_1} \times 100\% \tag{7-16}$$

$$P_1 = \sqrt{3}\, U_N I_N \cos\varphi$$

$$P_2 = \sqrt{3}\, U_N I_N \cos\varphi\,\eta \tag{7-17}$$

从图 7-14 中的 $\eta = f(P_2)$ 曲线可以看出，η 与 P_2 有关，空载时 $P_2 = 0$，$\eta = 0$。当负载由零逐渐增加时，$\sum p$ 增加较慢（主要为铁耗，不随负载而变，p_{Cu} 很小），所以 P_2 增加时，电动机的效率也增加；但若超过一定值时（不变损耗 = 可变损耗，$p_{Fe} = p_{Cu}$），$\sum p$ 增加的比负载增加的要快，所以效率要下降。由图 7-14 可看出，一般电动机在 $P_2 = (0.75 \sim 1)P_N$ 时效率达到最大值。

7.4.6　功率因数 cosφ

异步电动机是感性负载，定子电流要滞后电压一个角度 φ，$\cos\varphi$ 就是电动机的功率因数。从图 7-14 的功率因数特性曲线可以看出，$\cos\varphi = f(P_2)$，$\cos\varphi$ 与 P_2 有关，当空载或轻载时，$\cos\varphi$ 很低，s 很小，$I_2 \approx 0$，I_1 几乎全为励磁电流，因此一般不要空载运行，也不要用功率较大的电动机带动较轻的负载，一定要配合使用。

7.4.7　转速

由于生产机械对转速的要求不同，需要生产不同极数的异步电动机，因此异步电动机有不同的转速等级。

7.4.8　绝缘等级

绝缘等级是按照电动机绕组所用的绝缘材料在使用时允许的极限温度来分等级的。所谓

极限温度，是指电机绝缘结构中最热点的最高容许温度。在 Y 系列电动机中，采用 130(B) 级绝缘，极限温度为 130℃。其他绝缘材料的极限温度如表 7-3 所示。

表 7-3 绝缘材料的极限温度

绝缘等级	105(A)	120(E)	130(B)	155(F)	180(H)	200(N)
极限温度/℃	105	120	130	155	180	200

7.4.9 工作制

电动机的工作制分为连续工作制、短时工作制、断续周期工作制和连续周期工作制等共 10 种，分别用 S1、S2、…、S10 表示。对于不同工作方式的电动机，使用时要注意不可随便乱用。

练习与思考

7.4.1 有些三相异步电动机有 380V/220V 两种额定电压，定子绕组可以连接成星形，也可以连接成三角形。试问在什么情况下采用星形或三角形联结方法？采用这两种连接法时，电动机的额定值(功率、相电压、线电压、相电流、线电流、效率、功率因数、转速等)有无改变？

7.4.2 在电源电压不变的情况下，如果将电动机的三角形联结误连成星形联结，或者星形联结误连成三角形联结，其后果如何？

7.4.3 异步电动机工作时，为什么不希望长期空载或轻载运行？

7.5 三相异步电动机的转矩与机械特性

电磁转矩是三相异步电动机的一个重要物理量，而机械特性是异步电动机的主要特性。

7.5.1 电磁转矩的计算公式

由通电导体在磁场中的受力公式可知 $F=Bli$，每根转子导体的转矩

$$T_i=\frac{D}{2}F=\frac{D}{2}Bli_2$$

因此整个电动机的平均电磁转矩与 Φ 和 I_2 及结构有关，即 $T_i \propto \Phi I_2$。此外，还要讨论以下情况。

若 $R_2 \gg sX_{20}$，$\cos\psi_2 \approx 1$，此时 e_2、i_2 同相位，所有导体的转矩一致。

若电阻 $R_2 \ll X_2=sX_{20}$，则 $\cos\psi_2 \approx 0$，$\varphi_2=90°$，即 $\dot{E}_2$ 超前 $\dot{I}_2$ 90°，这时作用于转子导体的作用力相互抵消，则 $T=0$。

当 $0<\cos\psi_2<1$ 时，合成的作用力比 $\cos\psi_2=1$ 时小，而比 $\cos\psi_2=0$ 时大。由以上分析可得出：电磁转矩不仅与 Φ、I_2 的乘积有关，而且还与转子的功率因数有关。所以

$$T=k_T\Phi I_2\cos\psi_2 \tag{7-18}$$

式中，k_T 为转矩常数，与电动机的结构有关。

式(7-18)称为电磁转矩的物理表达式，它清楚地表示了电磁转矩产生的原因。若把

$$\Phi=\frac{E_1}{4.44f_1N_1}\approx\frac{U_1}{4.44f_1N_1}$$

$$I_2=\frac{sE_{20}}{\sqrt{R_2^2+(sX_{20})^2}}=\frac{s4.44f_1N_2\Phi}{\sqrt{R_2^2+(sX_{20})^2}}$$

$$\cos\psi_2=\frac{R_2}{\sqrt{R_2^2+(sX_{20})^2}}$$

代入电磁转矩表达式，得

$$\begin{aligned}T&=k_T\frac{U_1}{4.44f_1N_1}\frac{R_2}{\sqrt{R_2^2+(sX_{20})^2}}\frac{s4.44f_1N_2}{\sqrt{R_2^2+(sX_{20})^2}}\frac{U_1}{4.44f_1N_1}\\&=k_T\frac{N_2}{4.44N_1^2}\frac{sR_2U_1^2}{R_2^2+(sX_{20})^2}\end{aligned}$$

所以

$$T=k\frac{sR_2U_1^2}{R_2^2+(sX_{20})^2} \tag{7-19}$$

式(7-19)称为电磁转矩的参数表达式，它表示了电磁转矩与电动机的参数之间的关系。通过式(7-19)可以看出，电磁转矩 T 与定子相电压 U_1 的二次方成正比，所以当 U_1 变动时对 T 影响很大，此外 T 还与 R_2 有关。

7.5.2 机械特性曲线

在电源电压 U_1 和转子电阻 R_2 及电动机的其他参数不变的情况下，电磁转矩与转差率的关系曲线 $T=f(s)$（见图7-15），或转速与转矩的曲线 $n=f(T)$，称为电动机的机械特性曲线，如图7-16所示。

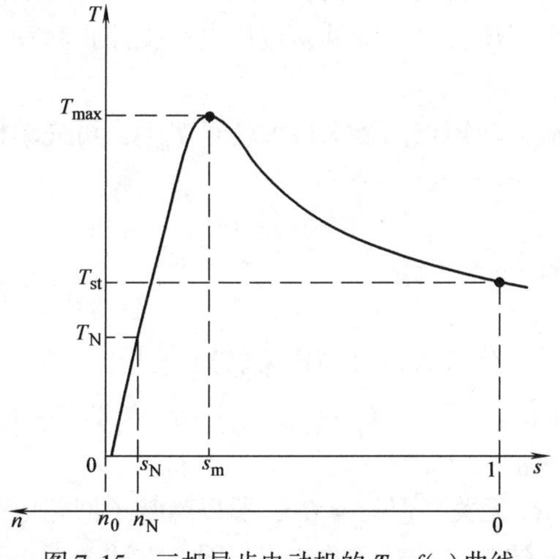

图7-15 三相异步电动机的 $T=f(s)$ 曲线

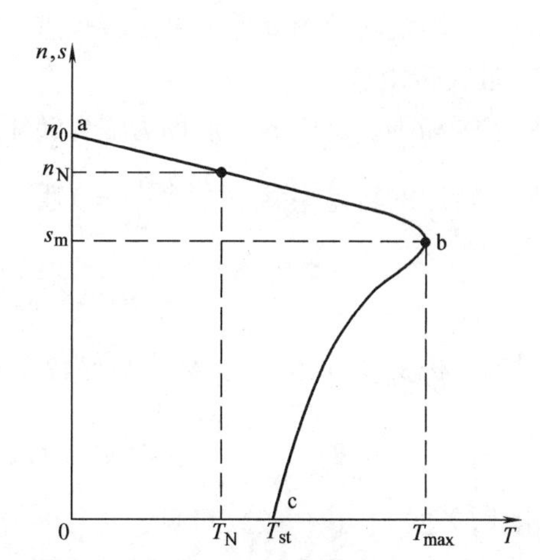

图7-16 三相异步电动机的 $n=f(T)$ 曲线

图 7-15 可由转矩表达式很容易求出，而图 7-16 如用表达式表示比较麻烦，但从图 7-15 可直接求出图 7-16，即把图 7-15 曲线顺时针方向转过 90°，再将电磁转矩 T 的横轴下移即可。

研究机械特性曲线的目的是为了分析电动机的运行性能，由图可看出，在机械特性曲线上有几个特殊点，现分析如下。

1. 同步转速点

在该点上 $n=n_0$、$T=0$，三相异步电动机不可能在该点运行，它是发电机与电动机的分界点。

2. 额定转矩点

电动机在稳定运行时，电磁转矩 T 必须与阻转矩相等，即 $T=T_Z$，制动转矩主要由负载转矩 T_2 和空载转矩 T_0 组成。由于 T_0 很小，可忽略。

$$T=T_2+T_0\approx T_2$$

所以

$$T\approx T_2=\frac{P_2}{\frac{2\pi n}{60}}\approx 9.55\,\frac{P_2}{n} \tag{7-20}$$

式中，n 为转速（r/min）；P_2 为输出功率（W）。

额定转矩是电动机带额定负载时的转矩，可从电动机铭牌上的额定功率(单位为 kW)、额定转速(单位为 r/min)求出额定转矩(单位为 N · m)

$$T_N=9550\,\frac{P_N}{n_N} \tag{7-21}$$

由机械特性曲线可看出，该曲线分为两部分。直线部分 ab 段为稳定运行区。如当负载转矩增大时，在最初瞬间 $T<T_Z$，所以它的转速 n 开始下降。随着转速的下降，由图 7-16 可见，电动机的转矩增加了。当 $T=T_Z$ 时，电动机在新的状态下又稳定运行。此时转速小于以前的转速。而且 ab 段较为平坦，当负载变动时，n 变化不大，这种特性称为硬机械特性。三相异步电动机这种硬特性非常适用于一般的金属切削机床。曲线部分 bc 称为不稳定运行区，因为当负载转矩增加时，由于在最初瞬间电磁转矩小于负载转矩，电动机的转速降低，随着电动机转速的降低，电磁转矩进一步减小，使转速又降低，最后电动机停止转动。

3. 最大转矩点

稳定区和不稳定区的交点称为临界转矩点或最大转矩点。要求最大转矩 T_{max}，可先求出产生最大转矩的转差率 s_m，可令$\frac{dT}{ds}=0$ 得

$$s_m=\pm\frac{R_2}{X_{20}} \tag{7-22}$$

对电动机 s_m 取正值。s_m 称为临界转差率。将 s_m 代入式(7-19)电磁转矩公式中可得

$$T_{max}=k\,\frac{U_1^2}{2X_{20}} \tag{7-23}$$

由式(7-22)、式(7-23)可见，$T_{max}\propto U_1^2$ 而与 R_2 无关，但 $s_m\propto R_2$，所以当转子回路电阻改变时，电动机的最大转矩 T_{max}不变，而产生最大转矩 T_{max}对应的转速不同。上述关系表示

在图 7-17 和图 7-18 中。

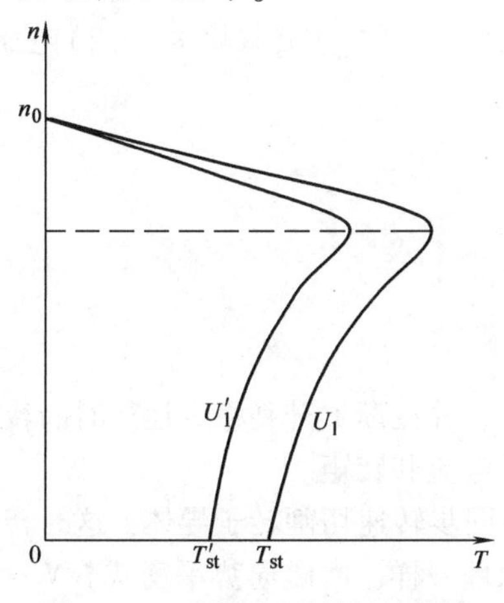

图 7-17　不同电压下的机械特性

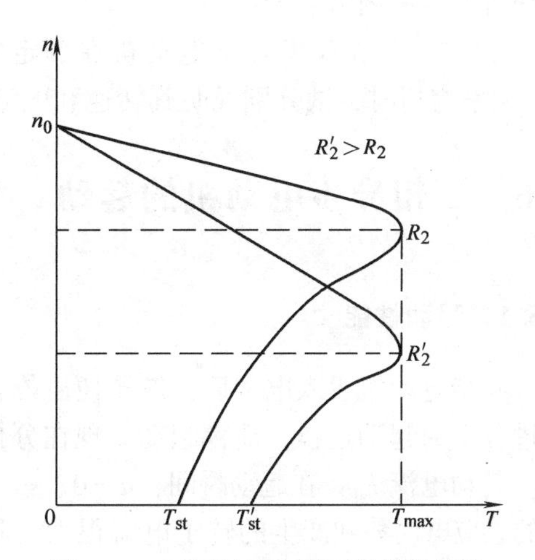

图 7-18　不同转子电阻下的机械特性

当负载转矩发生变化时，只要不超过最大转矩 T_{max}，电动机便可运行，但若 $T_Z > T_{max}$，电动机就带不动了，即发生所谓"闷车"事故，一旦闷车后，电动机的电流马上大幅上升，使 $I >> I_N$，电动机过热，以至烧坏。这也说明电动机的最大过载可以接近最大转矩，若是短时过载，电动机不至于立即过热，这是允许的。所以 T_{max} 也表示了电动机短时容许的过载能力。令

$$\lambda = \frac{T_{max}}{T_N} \tag{7-24}$$

式中，λ 为电动机的过载系数，一般三相异步电动机的过载系数为 1.8 ~2.2。

在选用电动机时，必须要考虑可能出现的最大负载转矩，而后根据所选电动机的过载系数计算出电动机的最大转矩，它必须大于最大负载转矩。

4. 起动转矩点

电动机刚起动时($n = 0, s = 1$)的转矩，称为起动转矩，将 $s = 1$ 代入转矩表达式中，则有

$$T_{st} = k\frac{R_2 U_1^2}{R_2^2 + X_{20}^2} \tag{7-25}$$

由式(7-25)可见，起动转矩 T_{st} 与 U_1^2 及 R_2 有关。当电压 U_1 降低时，起动转矩也要下降，见图 7-17。若适当增加转子电阻 R_2，则起动转矩 T_{st} 将增大，见图 7-18。当 $R_2 = X_{20}$ 时，$T_{st} = T_{max}$，此时临界转差率 $s_m = 1$，这时再增加 R_2，T_{st} 反而减小。

练习与思考

7.5.1　三相异步电动机在一定的负载转矩下运行时，如电源电压降低，电动机的电磁转矩、电流及转速有何变化？

7.5.2　三相异步电动机在正常运行时，如转子突然被卡住不能转动，这时电动机的电流有何改变？对电动机有何影响？

7.5.3　为什么三相异步电动机不能在最大转矩 T_{max} 处或接近最大转矩处运行？

7.5.4　某三相异步电动机的额定转速为 1460r/min。当负载转矩为额定转矩的 1/2 时，

电动机的转速约为多少?

7.5.5　三相笼型异步电动机在额定状态附近运行，当(1)负载增大，(2)电压升高，(3)频率增高时，试分别说明其转速和电流如何变化?

7.6　三相异步电动机的起动

7.6.1　起动性能

异步电动机投入电网后，转子便由静止开始运转，并逐渐上升到稳定运行时的转速，这个过程称为起动过程，简称起动。现在分析一下起动电流和转矩。

起动电流 I_{st}：在起动瞬间，$n=0$、$s=1$，磁场以同步转速切割转子导体，这时转子绕组中的感应电动势和产生的转子电流很大，和变压器原理一样，由磁通势平衡式 $i_1N_1+i_2N_2=i_0N_1$ 可看出，当 i_2 增加时，i_1 也将增加，一般定子绕组的起动电流 I_{st}是额定电流的6~8倍。

当电动机不频繁起动时，起动电流 I_{st}对电动机本身影响不大，但过大的起动电流会使电动机受到较大的电磁冲击。若起动时间过长或频繁起动，绕组有过热的危险。过大的起动电流在短时间内会在线路上造成较大的电压降，从而使负载的端电压降低，影响其他电气设备的正常运行，因而必须设法减小起动电流。

起动转矩 T_{st}：在刚起动时，虽然起动电流很大，但由于转子的功率因数 $\cos\psi_2=\dfrac{R_2}{\sqrt{R_2^2+(sX_{20})^2}}$很低，所以起动转矩实际上并不太大，一般仅为额定转矩的1.6~2.2倍。

若起动转矩过小，则不能满足起动要求，因此应设法提高起动转矩、缩短起动时间。但若起动转矩过大，会使传动机构受到过大的冲击而损坏，从这个角度看，应减小起动转矩。若电动机是空载状态下起动，如车床的主轴电动机是在起动完毕后再进行切削工件，这类电动机对起动转矩没什么要求，只对特殊用途的电动机(如起重机电动机)应采用起动转矩较大一点的。由上述可知，异步电动机起动时的主要缺点是起动电流大，为了减小起动电流，需采用适当的方法进行起动。

7.6.2　起动方法

异步电动机分笼型转子和绕线转子。而笼型异步电动机的起动方法有直接起动和减压起动两种，现分述如下。

1. 直接起动

直接起动就是利用刀开关或接触器将电动机直接接到具有额定电压的电网上，这种起动方法简单、设备投资少，但起动电流大，使线路压降增大，影响其他负载正常工作。为了能够利用直接起动，笼型异步电动机的机械强度及热稳定性均是按直接起动时的电磁力和发热来考虑的，即笼型三相异步电动机本身都允许直接起动，这样，直接起动只是受电网容量的限制。在一般情况下，只要直接起动时的起动电流在电网中引起的电压降不超过10%~15%(对经常起动的电动机取10%，不经常起动的取15%)就允许采用直接起动。按国家标准规定，三相异步电动机的最大转矩不低于 $1.6T_N$，当电网电压下降15%时，则 $T'_{max}=1.6\times0.85^2T_N=1.156T_N$，因此接在同一电网的其他异步电动机仍能拖动额定负载运行，而不致停转。

直接起动的优点：操作和起动设备简单；缺点：起动电流大。

2. 减压起动

若电动机直接起动时，引起的线路压降比较大，使其他设备无法正常工作，必须采用其他的起动方法。为了减少起动电流，在起动时，降低加在定子绕组的电压，称为减压起动。

(1) 星形-三角形(Y-△)减压起动　如果电动机在工作时其定子绕组连接成三角形，那么在起动时可把它连接成星形，等转速达到接近额定值时，再换成三角形联结，这样起动时就可以把每相绕组的电压降到正常工作电压的$1/\sqrt{3}$。

图7-19是定子绕组的两种联结方法，设起动时每相绕组的等效阻抗为Z，当定子绕组作星形联结，即减压起动时

$$I_{\mathrm{LY}}=I_{\mathrm{PY}}=\frac{U_{\mathrm{N}}}{\sqrt{3}\,|Z|}$$

当定子绕组作三角形联结，即直接起动时

$$I_{\mathrm{L}\triangle}=\sqrt{3}I_{\mathrm{P}\triangle}=\sqrt{3}\frac{U_{\mathrm{N}}}{|Z|}$$

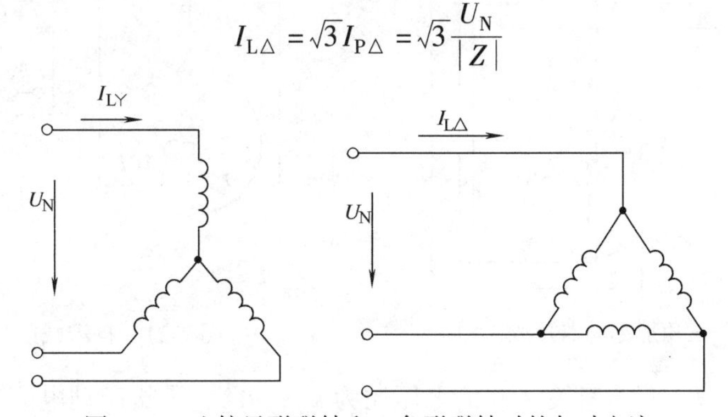

图7-19　比较星形联结和三角形联结时的起动电流

比较以上两式得

$$\frac{I_{\mathrm{LY}}}{I_{\mathrm{L}\triangle}}=\frac{1}{3} \tag{7-26}$$

即减压起动时的起动电流为直接起动电流的1/3。

由于转矩与电压的二次方成正比，所以起动转矩也减小到直接起动时的$\left(\frac{1}{\sqrt{3}}\right)^2=\frac{1}{3}$。因此这种方法只适用于空载或轻载时起动。

星形-三角形减压起动可采用星形-三角形起动器来实现。图7-20是一种星形-三角形起动器的接线简图。起动时将手柄向右扳，使右边一排动触点与静触点相连，电动机就连接成星形，等电动机接近额定转速时，将手柄往左扳，则使左边一排动触点与静触点相连，电动机换成三角形联结。

星形-三角形减压起动的优点：设备简单、体积小、成本低、动作可靠、寿命长，可降低起动电流。缺点：较大地降低了起动转矩。所以只适用于轻载起动和正常工作时定子绕组为三角形联结的三相异步电动机。

为了充分采用星形-三角形减压起动，目前，对中小型三相异步电动机4kW及以上的，

定子绕组均采用三角形联结。

(2) 自耦减压起动　自耦减压起动是利用三相自耦变压器将电动机在起动过程中的端电压降低，其接线图如图 7-21 所示。起动时，先把开关 Q_2 扳到“起动”位置。当转速接近额定值时，将 Q_2 扳向“工作”位置，切除自耦变压器。

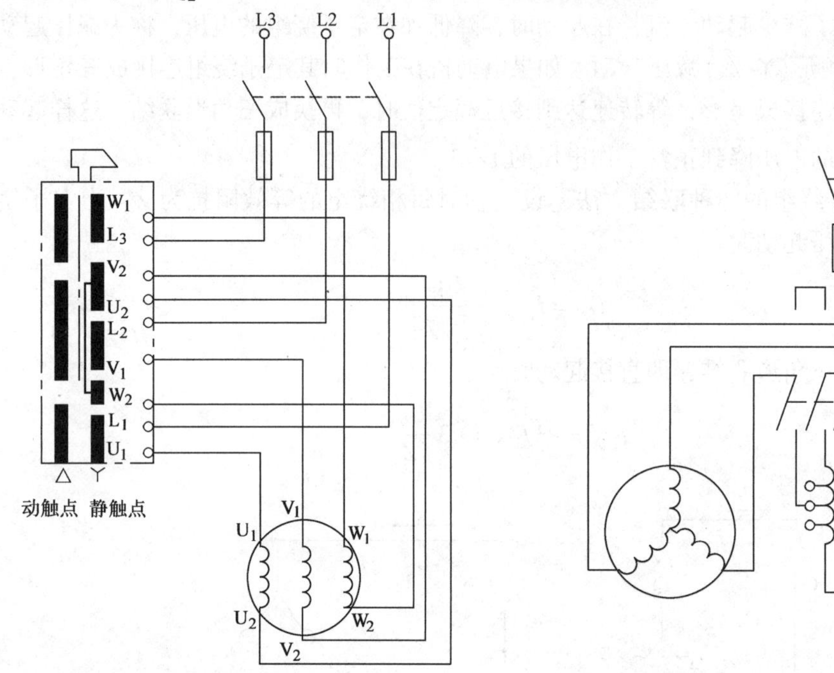

图 7-20　星形-三角形起动器接线简图

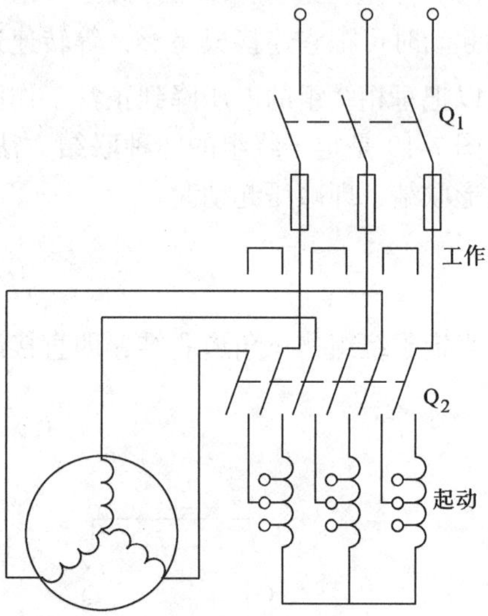

图 7-21　自耦减压起动接线图

起动电流的计算：设自耦变压器的电压比为 $k(k>1)$，直接起动电流为 I_{st}，当电压下降为 $1/k$ 后，则电动机的起动电流 I''_{st}(变压器的二次侧)为

$$I''_{st}=\frac{I_{st}}{k} \tag{7-27}$$

而电网起动电流(变压器一次侧)

$$I'_{st}=\frac{I''_{st}}{k}=\frac{I_{st}}{k^2} \tag{7-28}$$

即电网电流比直接起动时下降为 $1/k^2$。

起动转矩 T'_{st}的计算：由于转矩与电压的二次方成正比，所以当电压下降为 $1/k$ 时，起动转矩为 $T'_{st}=\frac{1}{k^2}T_{st}$。

由以上分析可知，采用自耦减压起动，也同时能使起动电流和起动转矩减小，若 $k=\sqrt{3}$，则起动转矩和起动电流与星形-三角形减压起动时完全相同。

自耦变压器备有抽头，以便得到不同的电压(如为电源电压的 73%、64%、55%)，根据对起动转矩的要求而选用。

自耦减压起动适用于容量较大的或正常运行时连接成星形不能采用星形-三角形起动器的笼型异步电动机。

自耦减压起动的优点：变压器各有抽头可根据需要灵活选用；缺点：成本较高，且起动转矩为原来的 $1/k^2$。

（3）软起动　前面介绍了两种减压起动方法，这些方法的缺点是：均需在转子升至一定转速时切换至全压正常运行。如果切换时刻把握不好，不仅会造成起动过程的不平滑，而且也会在起动过程中引起电流冲击从而延长了起动过程。

随着微处理器和电力电子技术的发展、控制策略在电力拖动领域中的广泛应用，上述问题已经迎刃而解。目前，在电力拖动领域内得到广泛应用的主要有两种方案：一种是采用变频起动；另一种是采用所谓的软起动器(Soft Starter)方案起动。前者通过变频与调压来满足起动要求，当电压与频率成正比调节时，适当降低电源频率可使电动机的起动转矩增加，起动性能提高，起动性能比软起动要好。其缺点是价格高、不经济。后者在起动过程中保持频率不变，仅通过改变定子电压满足起动要求，因而性能略逊于前者。但后者在价格上有一定的优势。而且软起动还可以根据不同的应用场合选择合适的起动控制方案。

软起动器与电动机的接线图如图 7-22 所示。

图 7-22　软起动器与电动机的接线图

软起动控制器通常有限电流控制起动和限电压控制起动两种。

限电流起动模式的起动过程如图 7-23 所示。电动机在这种起动模式下起动时，软起动控制器的输出电流从零迅速增加，直到输出电流达到设定的电流限幅值 I_m，然后在保证输出电流不大于该值的情况下，电压逐渐升高，电动机逐渐加速，最后达到稳定工作状态，使输出电流为电动机的负载工作电流 I_L，电流限幅值可根据实际负载情况设定为 0.5 ~4 倍的额定电流。图 7-23 还说明，在负载一定时，I_m 选得小，起动时间较长；反之，起动时间较短。

限电压起动模式的起动过程如图 7-24 所示，电动机在限电压模式下起动时，软起动控制器的输出电压从 U_0 开始逐渐升高直到额定电压 U_N。其初始电压 U_0 及起动时间 t_1 可根据负载情况和工艺要求进行设定，以获得满意的电压上升率。在该模式下，电动机可平滑地起动，避免电动机转速冲击，做到起动时对电网电压的冲击最小。

除此之外，软起动器还可以实现软停车、轻载节能以及过电流、过电压、缺相等多种保

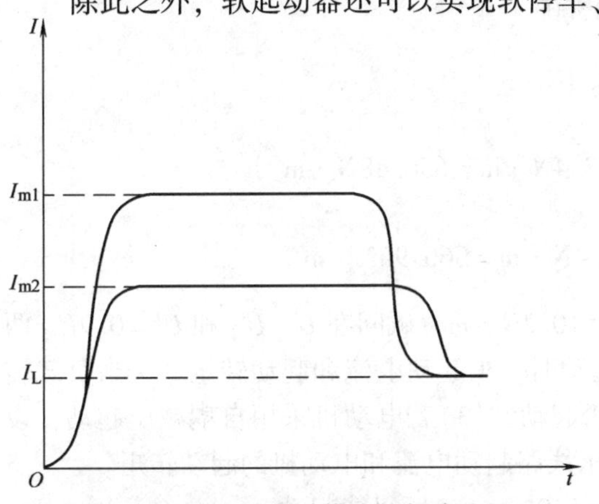

图 7-23　限电流起动模式的起动过程

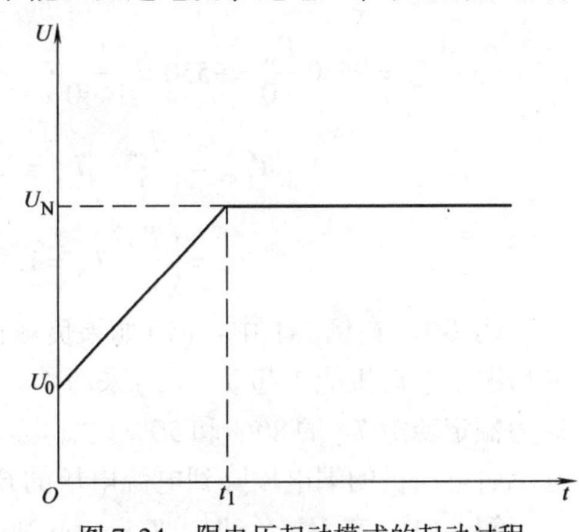

图 7-24　限电压起动模式的起动过程

护功能，目前存在较大的市场空间。

3. 绕线转子电动机的起动

用减压起动的方法虽然可以降低起动电流，但起动转矩按电压的二次方而减小了，因此它只适用于带动较轻的负载起动。如果既要限制起动电流，又要有较大的起动转矩，往往采用绕线转子电动机。若转子回路中串入适当电阻，如图 7-25 所示，既可减少起动电流，又可提高起动转矩。前已述及，最大转矩与转子电阻无关，但临界转差率则与转子电阻成正比，所以当临界转差率等于 1 时，$T_{st}=T_{max}$，所以它常用于起动转矩较大的生产机械上，起动后，随着转速的上升，将起动电阻逐步切除。但应注意起动电阻不可太大，否则起动转矩将减小。

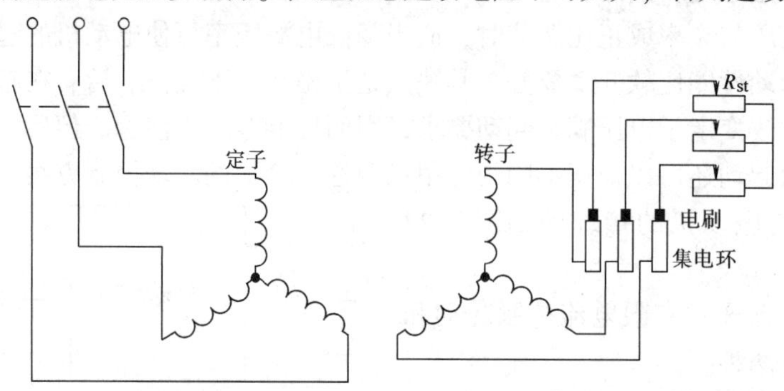

图 7-25　绕线转子电动机起动时的接线图

例 7-1　有一台三相异步电动机，其额定数据为：$P_N=45\text{kW}$，$U_N=380\text{V}$，$f_N=50\text{Hz}$，$n_N=1440\text{r/min}$，$\cos\varphi_N=0.88$，$\eta_N=92.3\%$，$I_{st}/I_N=7.0$，$T_{st}/T_N=1.9$，$T_{max}/T_N=2.2$，△联结。求：(1)额定电流 I_N；(2)额定转差率 s_N；(3)额定转矩 T_N、最大转矩 T_{max}、起动转矩 T_{st}。

解：(1) $I_N=\dfrac{P_N}{\sqrt{3}U_N\cos\varphi_N\eta_N}=\dfrac{45\times10^3}{\sqrt{3}\times380\times0.88\times0.923}\text{A}=84.2\text{A}$

(2) 由已知 $n_N=1440\text{r/min}$ 可知，电动机是 4 极的，即 $p=2$，$n_0=1500\text{r/min}$。所以

$$s_N=\frac{n_0-n}{n_0}=\frac{1500-1440}{1500}=0.04$$

(3) $T_N=9550\dfrac{P_N}{n}=9550\times\dfrac{45}{1440}\text{N}\cdot\text{m}=298.4\text{N}\cdot\text{m}$

$$T_{max}=\left(\frac{T_{max}}{T_N}\right)T_N=2.2\times298.4\text{N}\cdot\text{m}=656.48\text{N}\cdot\text{m}$$

$$T_{st}=\left(\frac{T_{st}}{T_N}\right)T_N=1.9\times298.4\text{N}\cdot\text{m}=566.96\text{N}\cdot\text{m}$$

例 7-2　在例 7-1 中：(1)如果负载转矩为 510.2N·m，试问在 $U=U_N$ 和 $U'=0.9U_N$ 两种情况下电动机能否起动？(2)采用Y-△换接起动时，求起动电流和起动转矩。又当负载转矩为额定转矩 T_N 的 80%和 50%时，电动机能否起动？(3)若电动机采用自耦减压起动，设起动时电动机的端电压降到电源电压的 64%，求线路起动电流和电动机的起动转矩。

解：(1) 在 $U=U_N$ 时，$T_{st}=566.96\text{N}\cdot\text{m}>510\text{N}\cdot\text{m}$，所以能起动。

在 $U'=0.9U_N$ 时，$T'_{st}=0.9^2\times566.96\text{N}\cdot\text{m}=459.2\text{N}\cdot\text{m}<510\text{N}\cdot\text{m}$，所以不能起动。

（2）$I_{st}=7I_N=7\times84.2\text{A}=589.4\text{A}$

$$I_{st\curlyvee}=\frac{1}{3}I_{st\triangle}=\frac{1}{3}\times589.4\text{A}=196.5\text{A}$$

$$T_{st\curlyvee}=\frac{1}{3}T_{st\triangle}=\frac{1}{3}\times566.96\text{N}\cdot\text{m}=189\text{N}\cdot\text{m}$$

在 80% 额定转矩时

$$\frac{T_{st\curlyvee}}{T_N\times80\%}=\frac{189}{298.4\times80\%}=\frac{189}{238.72}<1$$，不能起动；

在 50% 额定转矩时

$$\frac{T_{st\curlyvee}}{T_N\times50\%}=\frac{189}{298.4\times50\%}=\frac{189}{149.2}>1$$，可以起动。

（3）直接起动时的起动电流　$I_{st}=7I_N=7\times84.2\text{A}=589.4\text{A}$

设自耦减压起动时电动机中（即变压器二次侧）的起动电流为 I''_{st}，即

$$\frac{I''_{st}}{I_{st}}=0.64,\quad I''_{st}=0.64\times589.4\text{A}=377.2\text{A}$$

设减压起动时线路（即变压器一次侧）的起动电流为 I'_{st}。因为变压器一、二次绕组中电流之比等于电压之比的倒数，所以也等于 64%，即

$$\frac{I'_{st}}{I''_{st}}=0.64,\quad I'_{st}=0.64^2I_{st}=0.64^2\times589.4\text{A}=241.4\text{A}$$

设减压起动时的起动转矩为 T'_{st}，则

$$\frac{T'_{st}}{T_{st}}=0.64^2,\quad T'_{st}=0.64^2\times566.96\text{N}\cdot\text{m}=232.2\text{N}\cdot\text{m}$$

练习与思考

7.6.1　三相异步电动机在满载和空载下起动时，起动电流和起动转矩是否一样？

7.6.2　绕线转子电动机采用转子串电阻起动，为什么可以降低起动电流而增加起动转矩？所串电阻是否越大越好？

7.6.3　已知三相异步电动机的电磁转矩与转子电流成正比，为什么电动机在额定电压下起动时，起动电流很大而起动转矩并不大？

7.6.4　某三相异步电动机铭牌上标注的额定电压为 380V/220V，接在 380V 的交流电网上空载起动，能否采用星形-三角形减压起动？为什么？

7.7　三相异步电动机的调速

调速就是为了满足生产过程的需要，人为地改变电动机的转速，使负载得到不同的转速。例如，各种切削机床的主轴运动随着工件与刀具的材料、工件直径、加工工艺的要求及走刀量的大小等的不同，要求有不同的转速，以获得最高的生产率并保证加工质量。如采用电气调速，可以大大简化机械变速机构。

转速公式

$$n=(1-s)n_0=(1-s)\frac{60f_1}{p} \tag{7-29}$$

由式(7-29)可看出，改变电动机的转速有3种方法，即改变电源频率f_1、极对数p及转差率s。当三者之一改变时，便可得到不同的转速，分别讨论如下。

7.7.1 变极调速

由公式$n_0=\frac{60f_1}{p}$可知，当极对数p减少一半时，则n_0提高一倍，转子转速也差不多提高一倍。因此改变极对数可得到不同的转速。电动机的极对数与定子绕组的连接方式有关，因此，改变定子绕组的连接，便可改变p，从而改变了同步转速n_0。由于极对数只能是整数，因此，这种调速方法是有级的，不能平滑地调速。

例如，若每相绕组有两个线圈组，以U相绕组为例，如图7-26所示，把U相绕组分成两半，两半绕组分别为U_1U_2和$U_1'U_2'$。图7-26a是两半绕组按顺序串联时$p=2$。图7-26b是两半绕组反向并联，得出$p=1$。由图7-26可知，在变极时，一半绕组中电流方向不变，而另一半绕组中电流必须改变方向。

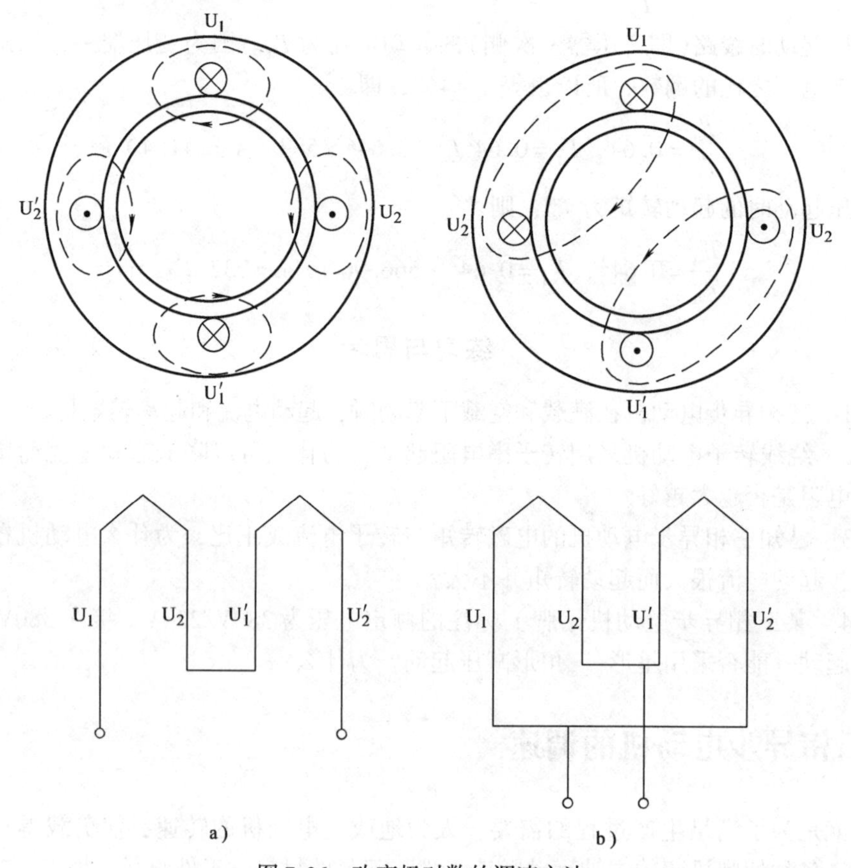

图7-26 改变极对数的调速方法

变极调速一般只适用于笼型转子，因为转子的极对数能自动地满足定子的极对数，即当定子的极对数改变时，转子的极对数也随之改变。对于绕线转子电动机，在改变定子的极对数的同时，必须相应地改变转子绕组的接法，以得到相同的极对数，要做到这一点，比较困难，故一般不采用变极调速。

7.7.2 改变转差率调速

这种调速方法只适用于绕线转子电动机，在转子回路中串入电阻可改变电动机的机械特性，见图7-18。转子电路中串入电阻的方法与起动电阻一样接入，见图7-25。改变电阻的大小，就可以得到平滑调速，即无级调速。如增大调速电阻，转差率 s 上升，而转速 n 下降。因此所串电阻越大，电动机的转速越低。这种调速方法的优点是设备简单、投资少，但能量损耗大、系统的效率降低。

7.7.3 变频调速

变频调速是改变电源频率进行调速，这种调速方法可进行平滑调速，即无级调速。近几年来变频技术发展很快，目前主要采用如图7-27所示的变频调速装置。整流器先将频率为50Hz的三相交流电变为直流电，再由逆变器变换为频率 f_1 可调、电压有效值 U_1 也可调的三相交流电，供给笼型电动机，使电动机得到无级调速，并具有硬的机械特性。

采用变频调速时，希望铁心中的磁通不变，磁路的饱和程度不变，所以在改变频率的同时，还需成正比地调节电源电压。

由于变频调速装置的制造水平不断提高，成本不断下降，所以变频调速的应用越来越广泛。

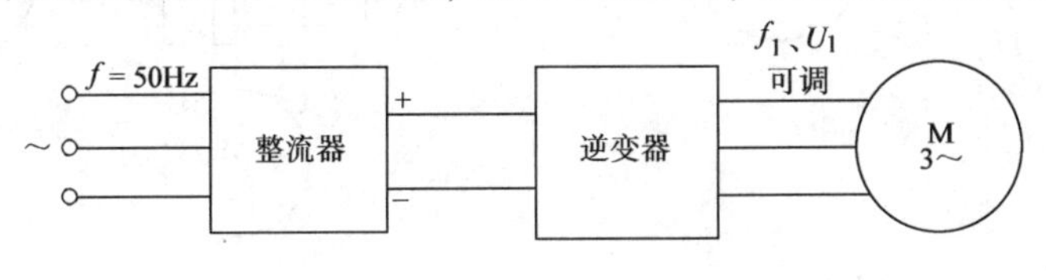

图7-27 变频调速装置

练习与思考

7.7.1 定性分析绕线转子异步电动机转子回路串电阻后降速的电磁过程，设电动机拖动的负载转矩不变。

7.7.2 一台笼型异步电动机定子绕组的接线方式为Y联结，其中每相绕组由两个半相绕组顺向串联，若把定子绕组接法改为两个半相绕组反向串联，问电动机的极数如何变化？若要保持电动机的转向不变，改接后电源相序需要改变吗？

7.7.3 三相异步电动机拖动恒转矩负载运行，在变频调速过程中，为什么要在调节频率的同时必须同时调节电源电压？若保持电源电压不变，仅改变供电频率会导致什么后果？

7.8 三相异步电动机的制动

当电源切断后，电动机由于惯性的作用还会继续转动一段时间。为了缩短时间、提高劳动生产率，要求电动机能够迅速停车和反转，这就要对电动机进行制动。所谓制动就是要使旋转磁场产生的转矩与转子的转向相反。电动机的制动常用以下几种形式。

7.8.1 能耗制动

这种制动方法就是在切断三相电源的同时，定子绕组任意两相接入直流电，使直流电流通入定子绕组，如图 7-28 所示。恒定磁场与转子电流相互作用而产生一个制动转矩，它与电动机的转向相反，因而起制动作用，使转子迅速停转。

制动转矩的大小与直流电流及转子感应电流的大小有关。因为这种方法是用消耗转子的动能(转换成电能消耗在转子铜耗和铁耗中)来进行制动的，所以称为能耗制动。其特点是能量消耗少、制动平稳，但需直流电源，且当转速较低时，制动转矩很小。

7.8.2 反接制动

若将正在运行的三相异步电动机定子绕组的 3 根供电线中任意两根对调，旋转磁场立即反转，由原来与转子转向相同变为与转子转向相反，如图 7-29 所示。此时产生的电磁转矩起制动作用，当转速接近于零时，必须将电源自动切断，否则电动机将反转。

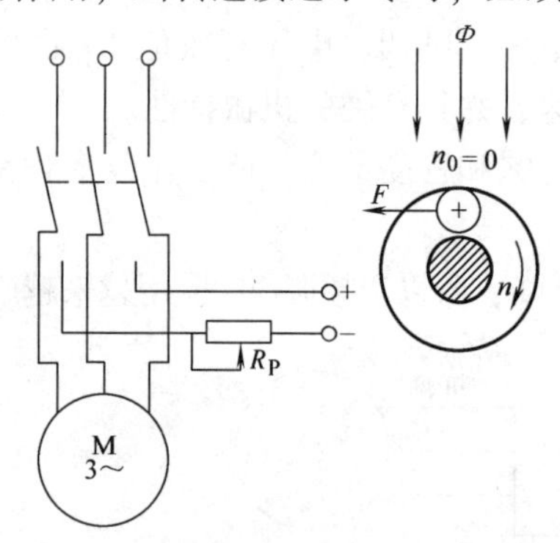

图 7-28　能耗制动

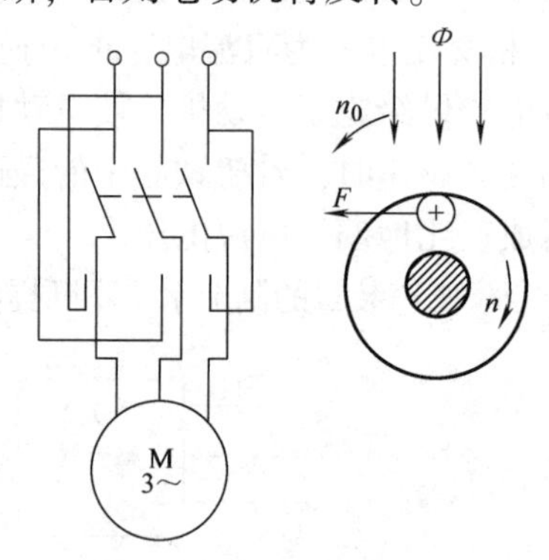

图 7-29　反接制动

由于反接制动时，旋转磁场与转子的相对转速很大(n_0+n)，因而制动电流很大，此时应在定子回路中串入电阻，以限制制动电流。

7.8.3 发电反馈制动

若由于外力的作用，使电动机转子的转速 n 超过定子旋转磁场的转速 n_0，这时的电磁转矩，也是制动性的。如当起重机以电动机状态下放重物时，在重物及电机的电磁转矩作用下，使电动机转速越来越快，并超过了同步转速 n_0，这时电磁转矩反而变为制动转矩，如图 7-30 所示。当电磁转矩与重物转矩相平衡，使电机可以稳定运行于某一点，实际上这是电动机已转入发电机运行，它将重物下放的势能转换成电能送还给电源，所以称发电回馈制动。在变极调速(由少极变为多极)和降低电源电压瞬时会发生这种现象。

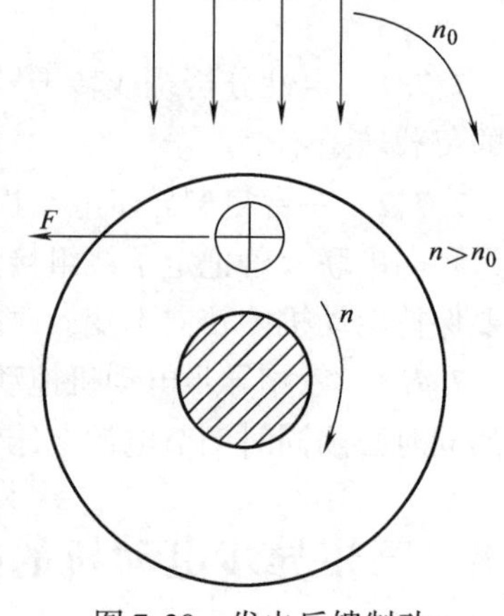

图 7-30　发电反馈制动

练习与思考

7.8.1　三相笼型异步电动机空载运行，采用反接制动停车时应注意什么问题？

7.8.2　一般在什么情况三相异步电动机采用回馈制动？此时的转差率为何值？

7.9　三相异步电动机的选择

在电力拖动系统中，应用着各种各样的电动机，其中三相异步电动机应用广泛，正确地选择它的功率、种类、型式，以及正确地选择它的保护电器和控制电器，是非常重要的。本节简单讨论电动机的选择问题。

7.9.1　功率的选择

选择电动机的原则，除了应满足生产机械负载要求外，从经济上也应该是合理的。为此，必须正确决定电动机的功率。如功率选择得过大，将使设备投资增大，而且电动机长期处于轻载下运行，效率和功率因数都过低，运行费用高。反之，若电动机功率选得过小，电动机长期处于过载运行，会使电动机过早损坏。因此，电动机功率选得过大或过小，都是不经济的。所选电动机的功率是由生产机械所需的功率决定的。在决定电动机的功率时，要考虑电动机的发热、过载能力和起动能力三方面的因素。其中以发热问题最为重要。

1. 连续运行电动机功率的选择

电动机功率容量的选择，取决于所带负载的大小，若电动机所带负载是一个恒定值，这时电动机容量选择比较简单，只要先算出生产机械的功率，所选电动机的额定功率等于或稍大于生产机械的功率即可。

例　车床的切削功率(单位为 kW)为

$$P_1 = \frac{Fv}{1000 \times 60}$$

式中，F 为切削力（N）；v 为切削速度(m/min)。

电动机的功率(单位为 kW)则为

$$P = \frac{P_1}{\eta_1} = \frac{Fv}{1000 \times 60\eta_1} \tag{7-30}$$

式中，η_1 为传动机构的效率。

根据式(7-30)计算出的功率 P，在产品目录上选择一台合适的电动机，额定功率应为

$$P_N \geqslant P$$

2. 变化负载下电动机功率的选择

在很多情况下，电动机所带负载是经常随时间变化的，要计算它的负载功率是比较复杂的，可采用等效法来计算。等效法主要有等效电流法、等效转矩法和等效功率法等。用等效法进行计算也比较复杂。为此，现在较为通用的另一种方法为统计法。统计法就是对各种生产机械所选择的拖动电动机进行统计分析，找出电动机容量与生产机械主要参数之间的关系，用数学式表达，作为类似生产机械在选择电动机容量时的主要依据，以机床为例(功率 P 的单位为 kW)：

车床(卧式)　$P = 36.5D^{1.54}$，D 为工件最大直径(m)；

钻床　$P = 0.065D^{1.19}$，D 为最大钻孔直径(mm)；

卧式镗床　$P = 0.004D^{1.7}$，D 为镗杆直径(mm)；

外圆磨床　$P=0.1KB$，B 为砂轮宽度(mm)，K 为考虑砂轮主轴采用不同轴承时的系数，对滚动轴承 $K=0.8\sim1.1$，对滑动轴承 $K=1.0\sim1.2$；

立式车床　$P=20D^{0.88}$，D 为加工工件最大直径(m)。

根据计算所得功率，应使所选择的电动机的额定容量 $P_N \geqslant P$。

3. 短时运行电动机功率的选择

有些电动机，如机床中的夹紧电动机、尾座和刀架快速移动电动机等都是短时运行电动机。为此，可直接选用短时工作制的电动机。如没有合适的短时工作制电动机，可选用连续工作制电动机，由于发热惯性，电动机短时运行可过载，工作时间越短，过载可越大。因此，短时运行电动机通常是以过载系数来选择的。电动机的额定功率可以是生产机械所要求的功率的 $1/\lambda$。

7.9.2　种类和型式的选择

1. 种类的选择

电动机的种类是从交流或直流、机械特性、调速与起动性能、维护及价格等方面来考虑的。

由于通常生产场所使用的都是三相交流电，选择电动机时，首先考虑三相交流电动机。在交流电动机中，三相笼型电动机因结构简单、工作可靠、价格低廉、维护方便等优点，所以当要求机械特性较硬、无特殊起动要求和调速要求的生产机械应尽可能选用；当要求起动性能好时则选用绕线转子电动机。若要求能在宽范围内调速则不得不选用直流电动机。当要求提高电网功率因数，或用在转速恒定的场合下，使用同步电动机。

2. 结构型式的选择

生产机械种类多，工作环境各不相同，所以要根据环境选择电动机的结构型式。主要有以下几种型式：

开启式　电动机在构造上无特殊的防护装置，用于干燥无灰尘场所。这种电动机通风散热非常好。

防护式　电动机在机壳外端盖下面有通风罩，防止杂物掉入。也有的将外壳做成挡板状，以防止在一定角度内有雨水溅入其中。

封闭式　电动机的外壳严密封闭。电动机靠自身风扇或外风扇冷却，外壳带有散热片。用于灰尘多或潮湿场所。

防爆式　整个电动机严密封闭。用于有可爆燃气体和粉尘的场所，如矿井中。

另外，还可根据安装要求采用不同安装结构型式，如带底脚、无凸缘端盖；不带底脚、有凸缘端盖；带底脚、有凸缘端盖等。

7.9.3　电压和转速的选择

1. 电压的选择

电压等级的选择要根据电动机的类型、功率及使用地点的电源电压来决定。Y 系列小型电动机的电压只有 380V 一个等级。只有中、大型异步电动机才采用 3kV、6kV 和 10kV。

2. 转速的选择

电动机的额定转速是根据生产机械的要求选定的，但通常转速不低于 500r/min。因为当功率一定时，转速越低，电动机的几何尺寸越大、价格越高。因此对于转速较低的生产机械，就不如购买一台高速电动机另配减速器合算。

*7.10　单相异步电动机

单相异步电动机是由单相交流电源供电的小功率电动机。在工农业生产和日常生活中，它的应用也十分广泛，例如电冰箱、洗衣机、电钻、鼓风机和电风扇等所应用的电动机，都属于此类。单相异步电动机的优点是能在单相电源上使用，但是它的效率和功率因数较低，过载能力又小，因此容量较小，一般小于1kW。单相异步电动机的转子都是笼型，常用的有以下两类：分相式异步电动机和罩极式异步电动机。下面对其结构及工作原理予以介绍。

7.10.1　单相异步电动机的工作原理

定子放单相绕组，在通入单相交流电后，将在轴心处产生磁场，平面图如图7-31a所示。该磁场的大小随时间而变化，幅值的位置不变，称为脉动磁场。磁场在空间按正弦规律分布，而各点磁场的大小又随时间按正弦变化，如图7-31b所示。虽然这磁场与三相异步电动机的旋转磁场不同，但仍可以用三相异步电动机的工作原理来分析。

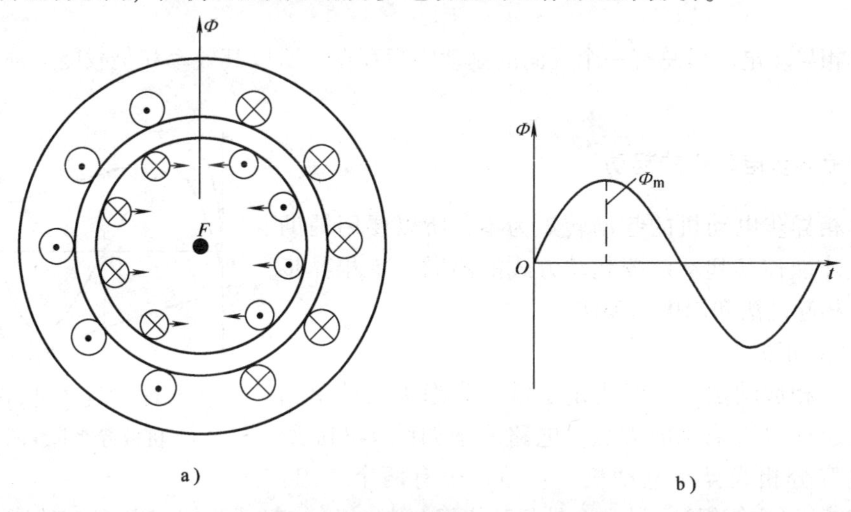

图7-31　单相异步电动机结构示意图

a）单相异步电动机平面图　b）脉动磁场波形图

脉动磁场可以分解成两个大小相等（等于$\Phi_m/2$）、转速相同$\left(n_0=\dfrac{60f_1}{p}\right)$、转向相反的旋转磁场，如图7-32所示。

当转子静止时（$n=0$），这两个旋转磁场在转子中产生两个大小相等、方向相反的转矩，相互抵消，转矩为零。所以单相异步电动机不能自行起动。

单相异步电动机的机械特性曲线如图7-33所示。它可以看成正向旋转磁场$T'=f(s')$和反向旋转磁场$T''=f(s'')$曲线的叠加。由图7-33可以看出，当$s=1$，即转子不动时，$T'=-T''$，所以$T=T'+T''=0$，即起动转矩为零。若转子在外力作用下沿正转磁场Φ_+旋转，则$s'<1$，$s''>1$，$T'>-T''$，因而$T=T'+T''>0$，转子将沿着Φ_+的转向旋转，这时即使将外力去除后电动机仍按原方向继续转动。同理，当施加相反方向的外力时，电动机则反向旋转。

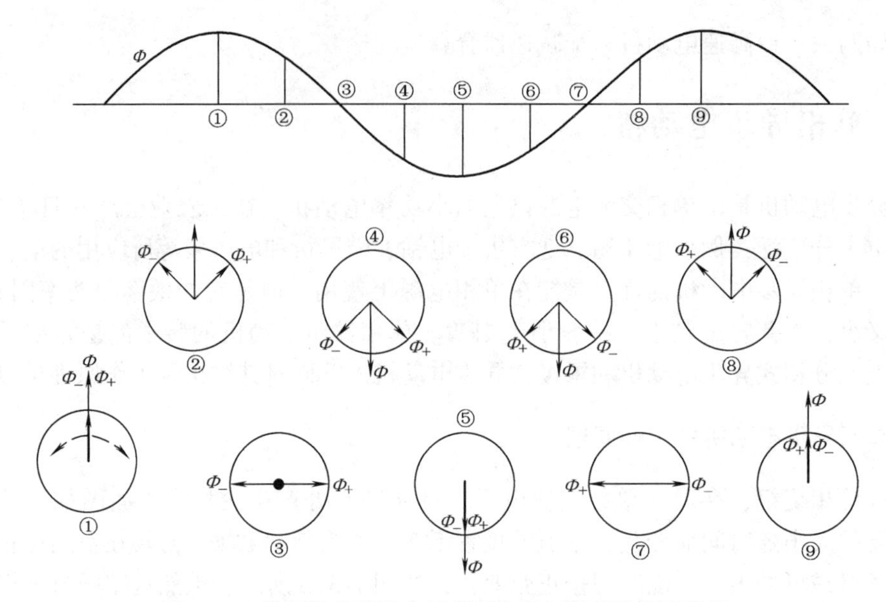

图 7-32　单相脉动磁场分解成两个方向相反的旋转磁场

由于单相异步电动机总有一个反向的制动转矩存在，所以其效率和负载能力都不及三相异步电动机。

7.10.2　单相异步电动机的起动

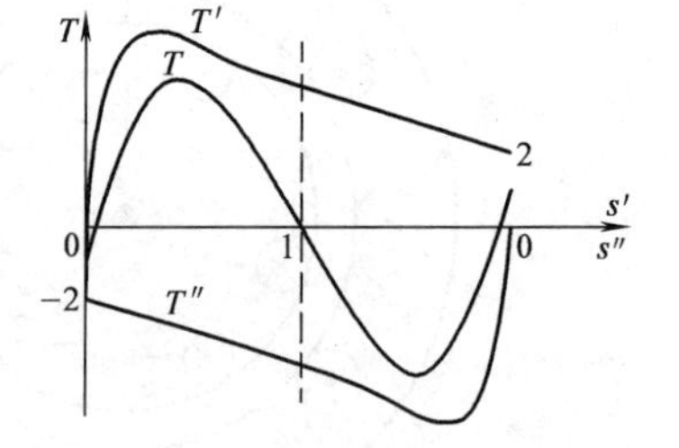

图 7-33　单相异步电动机机械特性曲线图

由于单相异步电动机的起动转矩为零，所以要用辅助的起动装置才能使其起动。按起动方式的不同，单相异步电动机有分相起动法和罩极起动法。

1. 分相起动法

所谓的分相起动法，一般指定子铁心为隐极式的单相异步电动机起动时所采用的方法。电路原理如图 7-34a 所示，也称电容分相式异步电动机。它的定子有两个绕组：一个是工作绕组(主绕组)；另一个是起动绕组(副绕组)。起动绕组与电容 C 串联，起动时开关闭合，合理选择电容的大小，使两绕组电流 $\dot{I}_1$、$\dot{I}_2$ 相位差约为90°(见图 7-34b)，从而产生旋转磁场，电动机便可以自行起动，起动后待转速升到一定数值后，离心开关被甩开，起动绕组电路被切断，即

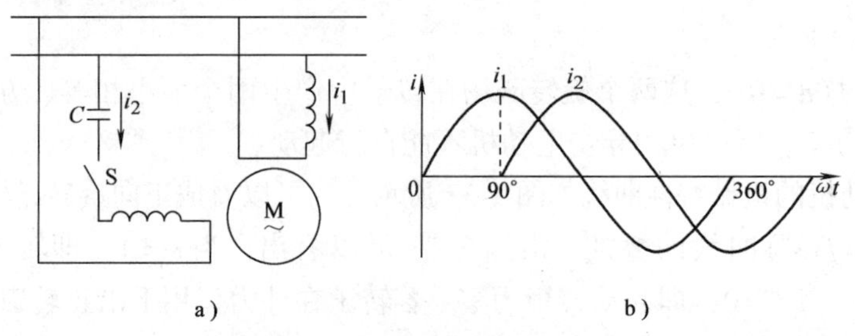

图 7-34　电容分相式单相异步电动机电路原理图及电流波形图

a) 电路原理图　b) 电流波形图

$$i_1 = \sqrt{2} I_1 \sin\omega t$$

$$i_2 = \sqrt{2} I_2 \sin(\omega t + 90°)$$

由于电容 C 的作用，可使起动绕组中的电流 i_1 在时间相位上超前工作绕组中的电流 i_2 接近 90°，从而实现分相。这样一来在空间相差 90°的两个绕组中，分别通入了在相位上相差 90°的两相电流，即可产生两相电流的旋转磁场。图 7-35 表示了当 $\omega t = 0°$、$\omega t = 45°$ 和 $\omega t = 90°$时合成磁场的方向，由图可见，该磁场随着时间的变化沿顺时针方向旋转。这样，单相异步电动机就可以在该旋转磁场的作用下起动了。

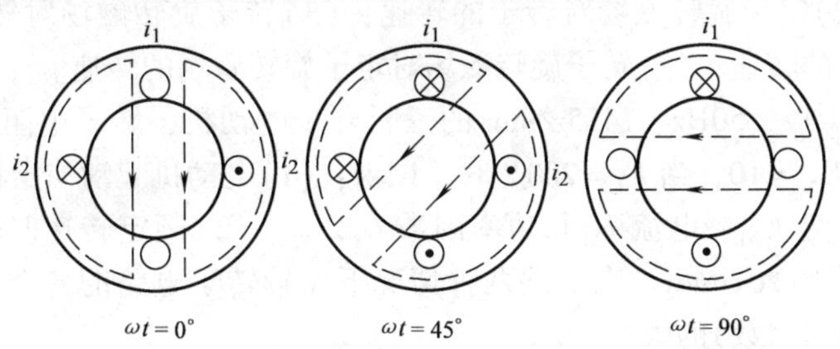

图 7-35 电容分相式异步电动机旋转磁场产生示意图

2. 罩极起动法

对于定子铁心为凸极式的单相异步电动机起动，多采用罩极起动法。所谓的罩极起动法就是将单相异步电动机的工作绕组绕在定子磁极的凸极面上，每磁极极掌用一凹槽分成大小不等的两部分，在较小部分约 1/3 处套装了一个铜环(短路环)，如图 7-36 所示。套有短路环的磁极部分叫作罩极。当定子工作绕组通入交流电流时，磁极中产生交变磁通，即前所述脉动磁场，其中有一部分磁通穿过铜环，使铜环内产生感应电动势和感应电流。根据楞次定律，铜环中的感应电流所产生的磁场，阻止铜环部分磁通的变化，结果使得没有套铜环的那部分磁极中的磁通与套有铜环的这部分磁极内的磁通在空间上轴线不重合，在时间上也不同相，两者有了相位差，罩极外的磁通超前罩极内的磁通一个相位角。随着定子绕组中电流变化率的改变，单相异步电动机定子磁场的方向也就不断发生变化，在电动机内形成了一个旋转磁场。在这个旋转磁场的作用下，电动机的转子便可以起动。

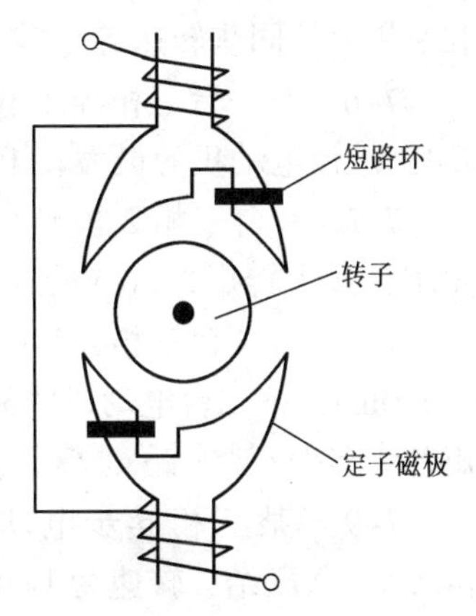

图 7-36 罩极式单相异步电动机结构示意图

7.10.3 三相异步电动机的两相运行

三相异步电动机在运行过程中，由于某种原因使三相电动机接到电源的 3 根导线断开一根，则变成两相运行。此时和单相电动机一样，电动机仍会按原来方向运转。但若负载不变，三相供电变为两相供电，电流将变大，导致电动机过热。使用中要特别注意这种现象；三相异步电动机若在起动前有一相断电，和单相电动机一样将不能起动。此时可听到嗡嗡声，长时间起动不了，也会过热，必须赶快排除故障。

习 题 7

7-1　已知一台工频三相异步电动机在额定负载下的转速为1425r/min，$n=0$时每相转子感应电动势为130V，每相转子电阻为4Ω，每相转子感抗为3Ω。问起动时转子相电流为多大？它是额定负载时转子每相电流的多少倍？

7-2　有一台三相异步电动机，其额定转速为1470r/min，电源频率为50Hz。在起动瞬间、转子转速为同步转速的4/5时、转差率为0.02时3种情况下，试求：(1)定子旋转磁场对定子的转速；(2)定子旋转磁场对转子的转速；(3)转子旋转磁场对转子的转速；(4)转子旋转磁场对定子的转速；(5)转子旋转磁场对定子旋转磁场的转速。

7-3　有一台4极、50Hz、1425r/min的三相异步电动机，转子电阻$R_2=0.02\Omega$，感抗$X_{20}=0.08\Omega$，$E_1/E_{20}=10$，当$E_1=200V$时，试求：(1)电动机起动初始瞬间($n=0,s=1$)转子每相电路的电动势E_{20}、电流I_{20}和功率因数$\cos\psi_{20}$；(2)额定转速时转子每相的电动势E_2、电流I_2和功率因数$\cos\psi_2$。在上述两种情况下比较转子电路的各个物理量(电动势、频率、感抗、电流及功率因数)的大小。

7-4　某三相6极异步电动机，接在频率为50Hz、电压为380V的三相电源上运行，此时电动机的定子输入功率$P_1=44.6kW$，定子电流$I_1=78A$，转差率$s=0.04$，轴上输出的转矩$T_2=392N\cdot m$，求此时电动机的转速n、轴上输出机械功率P_2、功率因数$\cos\varphi$和效率η。

7-5　若交流电源的频率$f=60Hz$，求三相异步电动机的磁极数分别为2极、4极、6极和8极时的同步转速各为多少？

7-6　有一台三相异步电动机，额定功率为15kW，额定转速为1460r/min，过载能力为2.4，求该电动机的最大转矩。

7-7　一台三相2极异步电动机，额定功率为7.5kW，额定转速为2900r/min，频率为50Hz，最大转矩为50.96N·m，求该电动机的过载能力。

7-8　有两台三相异步电动机，额定功率均为5.5kW，其中第一台电动机的额定转速为960r/min，第二台电动机的额定转速为2900r/min。求这两台电动机在额定功率时的输出转矩各为多少？

7-9　某三相异步电动机的铭牌数据如下：功率为7.5kW、电压为380V、电流为14.9A、△联结、转速为1450r/min、功率因数为0.87、频率为50Hz、绝缘等级为130(B)、温升为80K、工作制为连续。试求：(1)额定效率；(2)额定转矩；(3)额定转差率；(4)额定负载时的转子电流频率。

7-10　一台三相异步电动机额定数据如下：$P_N=11kW$、$U_N=380V$、$n_N=1460r/mm$、$\cos\varphi=0.84$、$\eta=88\%$、$I_{st}/I_N=7$、$T_{st}/T_N=2.2$、$T_{max}/T_N=2.3$。试求：(1)额定电流I_N；(2)额定转矩T_N、最大转矩T_{max}、起动转矩T_{st}；(3)如果负载转矩为70N·m，试问在$U=U_N$和$U=0.9U_N$两种情况下电动机能否起动？(4)在用Y-△减压起动时，求起动电流和起动转矩，又问当负载转矩为额定转矩T_N的50%和30%时，电动机能否起动？(5)若采用自耦变压器减压起动，设起动时，电动机的端电压降到电源电压的55%，求线路起动电流(变压器一次侧)、电动机的起动电流(变压器二次侧)和电动机的起动转矩。

7-11　Y160L-4型三相异步电动机的额定功率为15kW，额定电压为380V，△联结，频率为50Hz，额定转速为1460r/min，效率为88.5%，线电流为30.3A，$T_{st}/T_N=2.2$，

$I_{st}/I_N=7$，如果采用自耦变压器减压起动，而使电动机的起动转矩为额定转矩的85%，试求：(1)自耦变压器的电压比；(2)电动机的起动电流和线路上的起动电流各为多少？

7-12　一台三相异步电动机的$T_{st}/T_N=2.0$，若电源电压降低30%，试问：(1)能否满载起动？(2)能否半载起动？

7-13　有一台三相6极异步电动机，当由空载增加到满载时，转差率由0.5%增加到4%，电源频率为50Hz，求空载和满载时的转速。

7-14　一台三相4极异步电动机的额定功率为15kW，额定电压为220V/380V，额定转速为1460r/min，额定功率因数为0.89，额定效率为88.5%，起动电流倍数$I_{st}/I_N=7$，起动能力$T_{st}/T_N=2.0$，过载能力$T_{max}/T_N=2.3$，电源频率为50Hz，试求：(1)额定转差率；(2)△联结或Y联结时定子额定线电流；(3)额定转矩；(4)△联结或Y联结时的起动电流；(5)起动转矩；(6)最大转矩；(7)电源电压降低20%时的最大转矩。

第 8 章　继电-接触器控制系统

在工业生产中，多数生产设备和机械都是用电动机来拖动的，而实现对电动机和生产设备控制及保护的电气设备，一般由按钮、接触器、继电器等有触点的电器组成。由这些电器组成的控制系统称为继电-接触器控制系统。它具有线路简单、易于掌握、维修方便等优点，所以目前被广泛应用。

本章内容主要介绍常用低压电器的构造和工作原理，并以三相笼型异步电动机的控制为重点，介绍起动控制、正反转控制、顺序控制、时间控制和行程控制等控制电路，以及短路保护、过载保护等安全电路。

8.1　低压电器简介

低压电器按功能可分为配电电器和控制电器两类。配电电器包括开关和熔断器等；而控制电器则包括接触器、继电器、起动器等；继电器又包括时间继电器、热继电器等。下面将一一加以介绍。

对电动机和生产机械实现控制和保护的电工设备叫作控制电器。控制电器的种类很多，按其动作方式可分为手动和自动两类。手动电器的动作是由工作人员手动操纵的，如刀开关、组合开关、按钮等。自动电器的动作是根据指令、信号或某个物理量的变化自动进行的，如各种继电器、接触器、行程开关等。

8.1.1　手动电器

手动电器一般用来接通或断开控制电路，或者直接操作小容量电动机等，常见的有刀开关、组合开关、按钮等，下面简单介绍几种。

1. 刀开关

刀开关由闸刀(动触点)、静插座(静触点)、手柄和绝缘底板等组成。一般用于不频繁操作的低压电路中，用作接通和切断电源，或用来将电路与电源隔离，有时也用来控制小容量电动机的直接起动与停机。

刀开关的种类很多。按极数(刀片数)分为单极、双极和三极；按结构分为平板式和条架式；按操作方式分为直接手柄操作式、杠杆操作机构式和电动操作机构式；按转换方向分为单投和双投等。刀开关的额定电压一般是250V和500V，额定电流为10～500A。

安装刀开关时，刀开关一般与熔断器串联使用，以便在短路或过载时熔断器熔断而自动切断电路。电源线应接在静触点上，负载线应接在闸刀下侧熔断器的另一端，以确保刀开关切断电源后闸刀和熔断器不带电。在垂直安装时，手柄向上合为接通电源，向下拉为断开电源，保证切断电源后裸露在外面的闸刀不带电。所以不能反装，否则会因闸刀松动自然落下而误将电源接通，造成本来不应该发生的事故。刀开关的选用主要考虑回路额定电压、长期工作电流以及短路电流所产生的动热稳定性等因素。刀开关的额定电流应大于其所控制的最大负荷电流。

用于直接起停3kW 及以下的三相异步电动机时，刀开关的额定电流必须大于电动机额定电流的3倍。正常应用时，当控制对象为380V、5.5kW 以下的小电动机，考虑到电动机较大的起动电流，闸刀的额定电流值应选择$(3\sim5)I_N$，I_N 为异步电动机的额定电流。

图8-1是刀开关的图形符号。

2. 组合开关

组合开关又叫转换开关，是一种转动式的刀开关，其种类很多，主要用于接通或切断电路、换接电源、控制小型笼型三相异步电动机的起动、停止、正反转或电路的局部照明。

组合开关有若干个动触片和静触片，分别装于数层绝缘件内，静触片固定在绝缘垫板上，动触片装在转轴上，随转轴旋转而变更通、断位置，组合开关的结构图如图8-2所示。

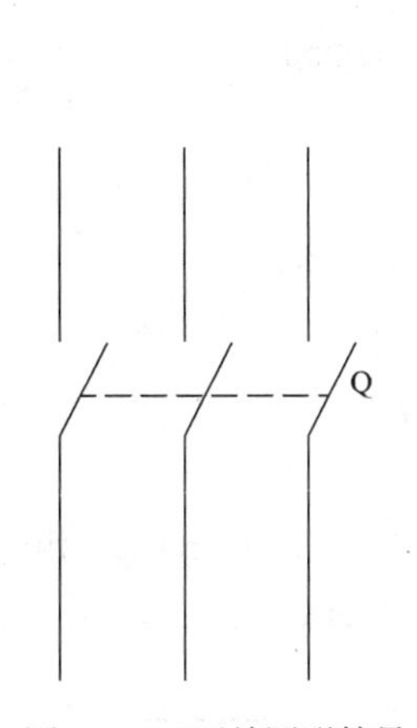

图8-1　刀开关图形符号

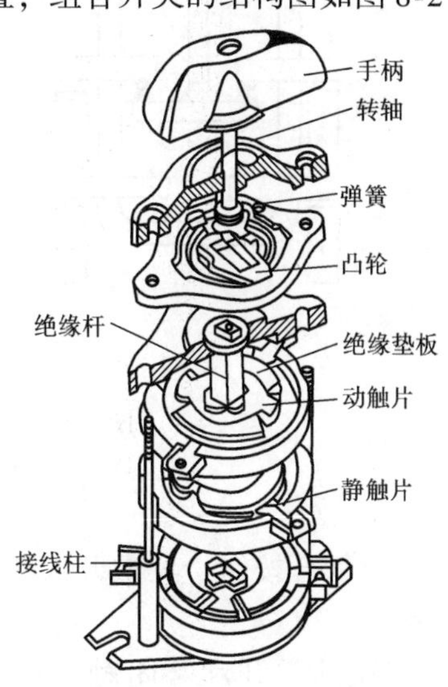

图8-2　组合开关的结构图

图8-3所示电路是用组合开关起停电动机的接线图。随着转动手柄停留的位置不同，它可以随时同时断开或接通部分电路。

3. 按钮

按钮在控制电路中常用来对电动机的停止、转动、反转等发出指令。

按钮主要用于远距离操纵继电器、接触器接通或断开控制电路，从而控制电动机或其他电气设备的运行。

图8-4所示的是一种按钮的结构示意图及图形符号。按钮的触点分常闭触点(动断触点)和常开触点(动合触点)两种。常闭触点是按钮未按下时闭合、按下后断开的触点。常开触点是按钮未按下时断开、按下后闭合的触点。按钮按下时，常闭触点先断开，以断开一控制电路，同时常开触点闭合，以接通另一控制电路；松开后，依靠复位弹簧使触点恢复到原来的位置。按钮内的触点对数及类型可根据需要组合，最少具有一对常闭触点或常

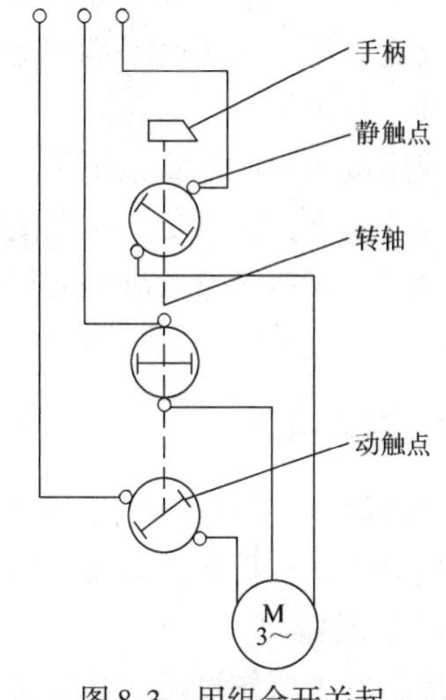

图8-3　用组合开关起停电动机的接线图

开触点。图 8-4a 所示的是常见的双联按钮，由两个常开触点和两个常闭触点组成，一个用于电动机的起动，另一个用于电动机的停止。图 8-4b 是按钮的图形符号。

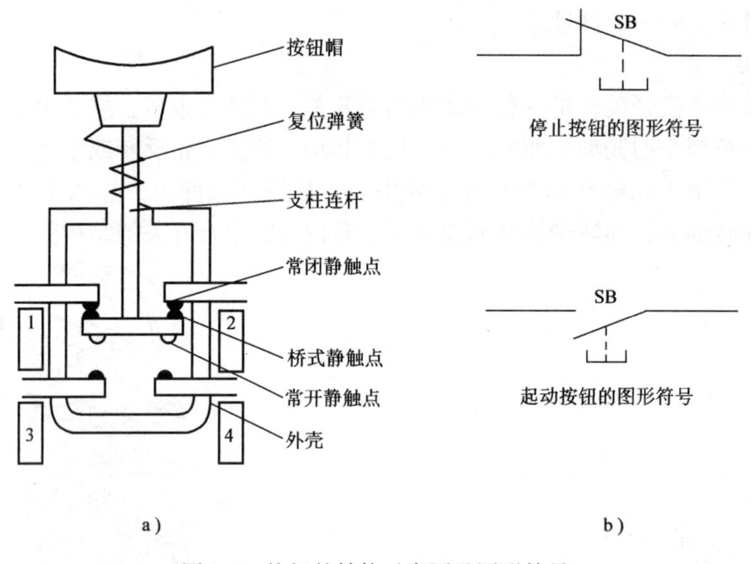

图 8-4　按钮的结构示意图及图形符号

a）双联按钮的结构图　b）按钮的图形符号

还有一种复合按钮，其常开按钮和常闭按钮制作在一起。它的原理图和图形符号如图 8-5 所示。

复合按钮的常开和常闭触点的通、断有一定的先后顺序，弄清这个顺序对今后分析控制电路的工作原理是有帮助的。当用手按下按钮时，常闭触点立即断开，而常开触点稍后闭合；反之，当手松开时，常开触点首先断开，常闭触点后闭合。

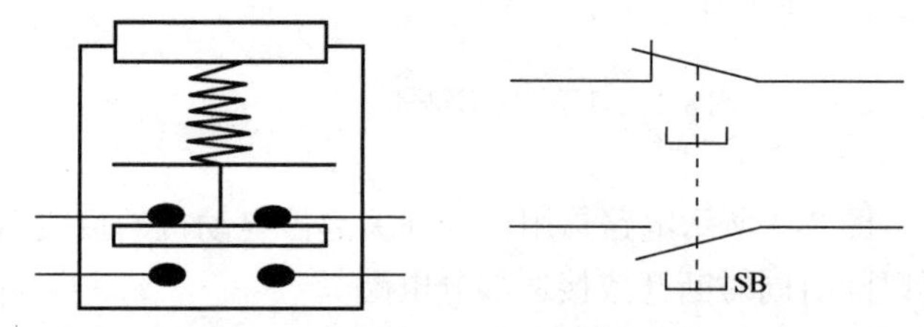

图 8-5　复合按钮的原理和图形符号

应用按钮时应注意以下两点：第一，按钮本身的结构决定它只在极短的时间内接通电路，与开关不同；第二，触点接触面积小，额定电流一般不超过 5A。

总之，按钮的特点决定它只是用作发出“接通”或“断开”的操作命令信号，置于控制电路中。

8.1.2　自动电器

自动电器一般指的是各种接触器、继电器和断路器等。下面介绍一下熔断器、断路器、交流接触器、行程开关等器件的结构和工作原理。

1. 熔断器

熔断器主要作短路或过载保护用，串联在被保护的电路中。熔断器中的熔片或熔丝用电阻率较高的易熔合金材料制成，如铅锡合金等，有时也用铜丝、银丝等。线路正常工作时如同一根导线，起通路作用；当电路短路或过载时熔断器熔断，起到保护电路上其他电器设备的作用。

常用的熔断器有插入式、螺旋式、管式和有填料式几种。熔体是熔断器的主要部分。图 8-6 是常用的熔断器的图形符号。

熔断器额定电流 I_F 的选择：

(1) 电灯、电炉等电阻性负载

$$I_F > I_L$$

(2) 单台电动机

$$熔丝额定电流 \geqslant \frac{电动机的起动电流}{2.5}$$

(3) 频繁起动的电动机

$$熔丝额定电流 \geqslant \frac{电动机的起动电流}{1.6 \sim 2}$$

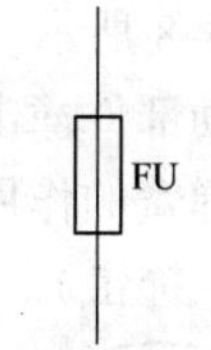

图 8-6　熔断器的图形符号

2. 断路器

断路器俗称自动空气开关或自动开关，它的主要特点是具有一种或多种自动保护功能，既可以当作短路保护又可以做过载或失电压保护，同时又具有自动开关功能，当电路有故障发生时能自动切断电路，起到保护作用。

断路器主要由触点系统、灭弧系统、操作机构和保护元件等部分组成。它具有结构紧凑、体积小、分断能力强、动作值可调等特点，因此在工农业生产中应用极为广泛。

图 8-7 是断路器的原理图。其主触点靠操作机构(手动或电动)来闭合。开关的脱扣机构是一套连杆装置，有过电流脱扣器和欠电压脱扣器等，它们都是电磁铁。主触点闭合后就被锁钩锁住。在正常情况下，过电流脱扣器的衔铁是释放着的，一旦发生严重过载或短路故障，线圈因流过大电流而产生较大的电磁吸力，把衔铁往下吸而顶开锁钩，于是主触点在释放弹簧的作用下迅速断开，起到了过电流保护作用。欠电压脱扣器的工作情况与之相反，正常情况下吸住衔铁，主触点闭合，电压严重下降或断电时释放衔铁而使主触点断开，实现了

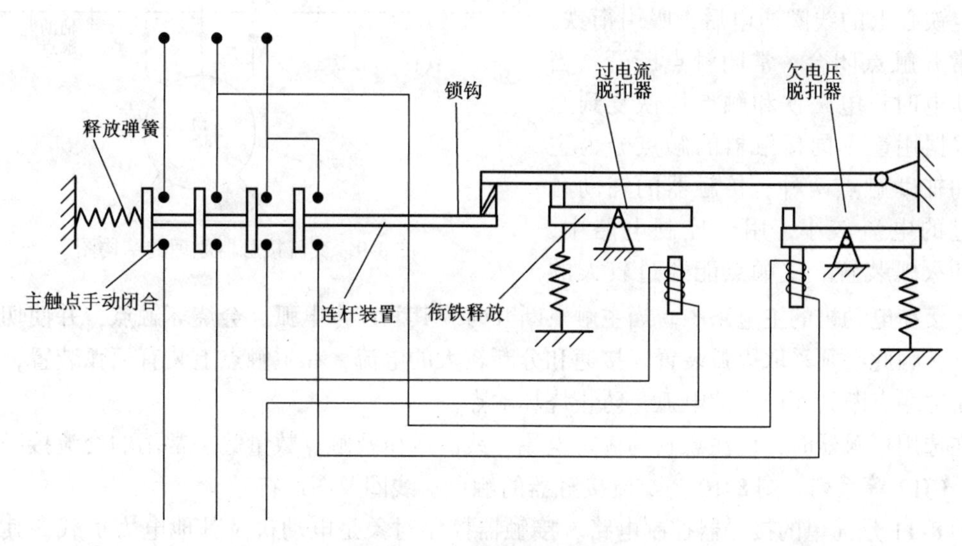

图 8-7　断路器的原理图

欠电压保护。电源电压正常时，必须重新合闸才能工作。

3. 行程开关

行程开关也称为位置开关或限位开关，主要用于将机械位移变为电信号，以实现对机械运动的电气控制。它的作用与按钮相同，也是用来接通或断开控制电路的。行程开关结构图及图形符号如图 8-8 所示。

当机械的运动部件撞击触杆时，触杆下移使常闭触点断开、常开触点闭合；当运动部件离开后，在复位弹簧的作用下，触杆回复到原来位置，各触点恢复常态(结构与按钮类似，但其动作要由机械撞击)。

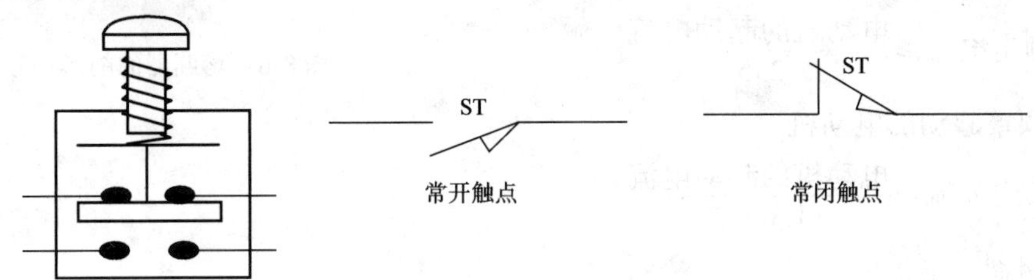

图 8-8　行程开关结构图及图形符号

4. 交流接触器

交流接触器常用来接通和断开电动机或其他设备的主电路。它不仅能接通和切断电路，而且具有零电压保护、控制容量大、适用于远距离控制和频繁动作等优点。它是继电控制中的主要元件之一。

接触器主要由电磁铁和触点两部分组成。电磁铁分可动部分和固定部分。接触器是利用电磁铁的吸引力而动作的。图8-9是交流接触器的原理结构图，当套在固定铁心上的线圈通电后，吸引衔铁，而使常开触点闭合、常闭触点断开；当线圈断电时，电磁铁和触点均恢复到原态。根据用途不同接触器的触点分为主触点和辅助触点两种。接触器的辅助触点流过的电流较小，用于控制电路中，无需加灭弧装置。主触点能通过较大的电流，接在电动机的主电路中。当主触点断开时，其间产生电弧，会烧坏触点，并使切断时间拉长，因此必须采取灭弧装置。接通和分断较大的电流，在主触点上装有灭弧装置，以熄灭由于主触点断开而产生的电弧，防止烧坏触点。

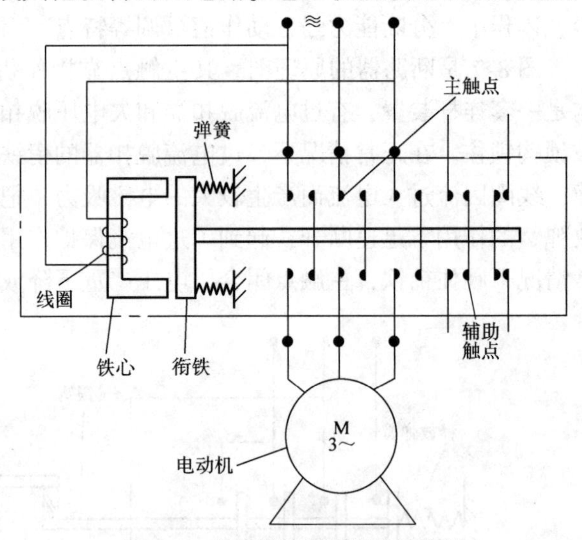

图 8-9　交流接触器原理的结构图

在选用接触器时，应注意它的额定电流、线圈电压及触点数量等。常用的交流接触器有 CJ40、CJ12 等系列。图 8-10 为交流接触器的触点、线圈及图形符号。

图 8-11 是简单的接触器控制电路。接触器控制对象是电动机及其他电力负载，其特点是：用小电流的控制电路去控制大电流的电动机电路。

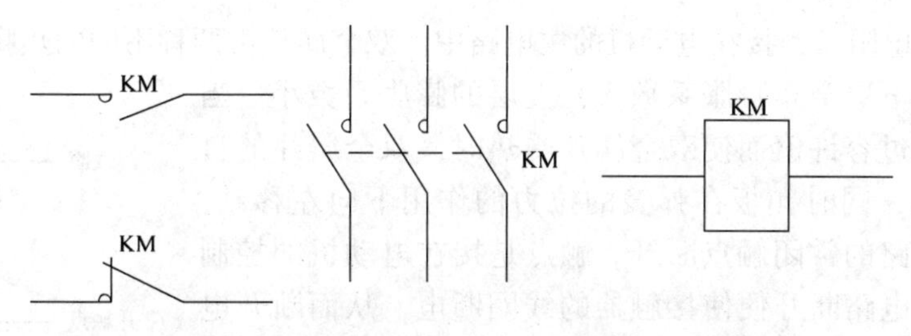

图 8-10　交流接触器的触点、线圈及图形符号

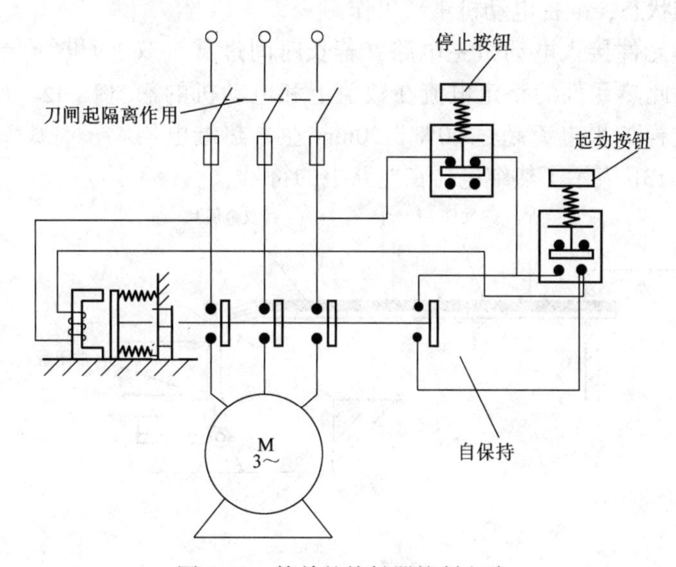

图 8-11　简单的接触器控制电路

5. 继电器

继电器是一种根据特定输入信号而动作的自动控制电器。它的输入信号可以是电压、电流等电量，也可以是温度、速度和压力等非电量。其种类很多，有中间继电器、热继电器、时间继电器等类型。它们的原理也不尽相同。

继电器和接触器的工作原理一样。主要区别在于：接触器的主触点可以通过大电流，而继电器的触点只能通过小电流。所以，继电器只能用于控制电路中。

（1）中间继电器　中间继电器通常用来传递信号和把小功率信号转换成大功率信号，把单路控制信号转换成多路控制信号同时控制多个电路，也可用来直接控制小容量电动机或其他电气执行元件。中间继电器的结构和工作原理与交流接触器基本相同，与交流接触器的主要区别是触点数目多些，且触点容量小，只允许通过小电流。在选用中间继电器时，主要是考虑电压等级和触点数目。

选用中间继电器时，线圈的额定电压要与电路的电压相符合，同时常开触点和常闭触点的数量及容量也必须满足电路的要求。中间继电器的线圈、触点及图形符号如图 8-12 所示。

常用的中间继电器有 JZ7 和 JZ8 系列，也有 JTX 小型系列。

（2）热继电器　热继电器是用于保护电动机长期过载的电器。

热继电器是利用电流热效应而动作的。它的结构及图形符号如图 8-13 所示。热元件是一段电阻不大的电阻丝，接在电动机的主电路中。双金属片由两种不同的热膨胀系数的金属碾压而成，图中下层金属膨胀系数大，上层的膨胀系数小。当主电路中电流超过容许值而使双金属片受热时，双金属片的自由端便向上弯曲，同时扣板在弹簧的拉力的作用下向左移动，将串联在控制电路的常闭触点断开。触点是接在电动机的控制电路中的，控制电路断开便使接触器的线圈断电，从而断开电动机的主电路。待故障排除时，可按下复位按钮，使热继电器保持原来正常工作状态，准备电动机重新工作。

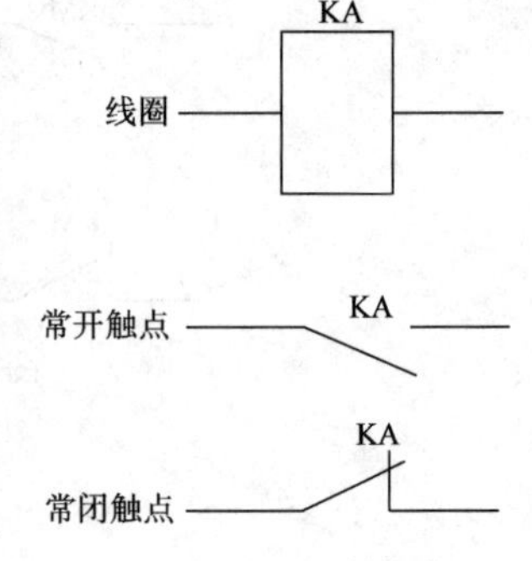

图 8-12　中间继电器的线圈、触点及图形符号

热继电器的热元件接入电动机主电路，若长时间过载，双金属片被烤热。因此热元件的整定电流在数值上和电动机的额定电流应相等。这样如果电流超过 20%，20min 左右热继电器就开始动作。图 8-13b 表示了热继电器在电路中的符号。

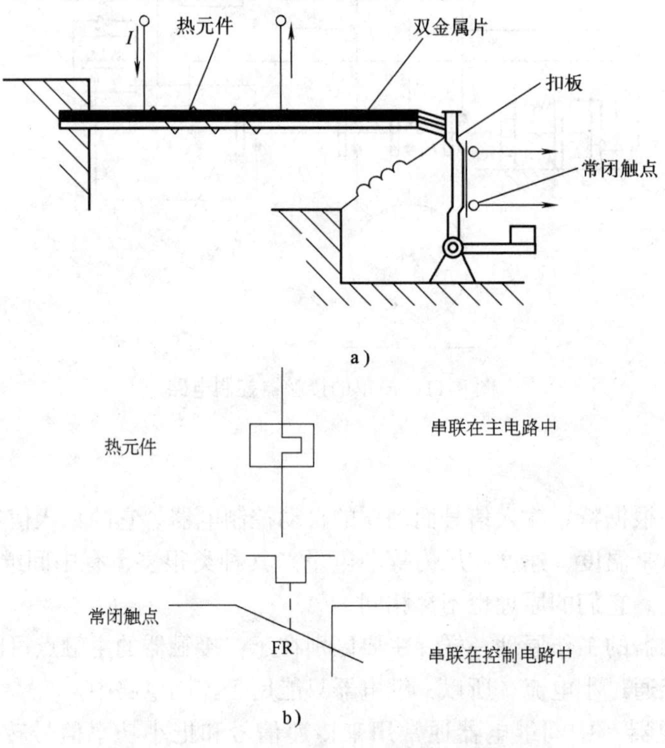

图 8-13　热继电器的结构及图形符号

a）热继电器结构图　b）热继电器的图形符号

（3）时间继电器　当电路需要时间控制时，通常采用时间继电器进行延时控制。在交流电路中常采用空气式时间继电器，它是利用空气阻尼作用而达到动作延时的目的。时间继电器分通电延时和断电延时两种。通电延时空气式时间继电器的结构示意图如图 8-14 所示。当继电器线圈通电后，将衔铁吸下，使衔铁与活塞杆之间有一段距离，在释放弹簧作用下，活塞杆向下移动。在伞形活塞的表面固定有一层橡皮膜，活塞向下移动时，膜上面会造成空气稀薄的空间，活塞受到下面空气的压力，不能迅速下移。当空气由进气孔进入时，活塞才

逐渐下移。移动到最后位置时，杠杆使微动开关动作。延时时间即为从电磁铁吸引线圈通电时刻起到微动开关动作时为止的这段时间。通过调节螺钉调节进气孔的大小就可调节延时时间。

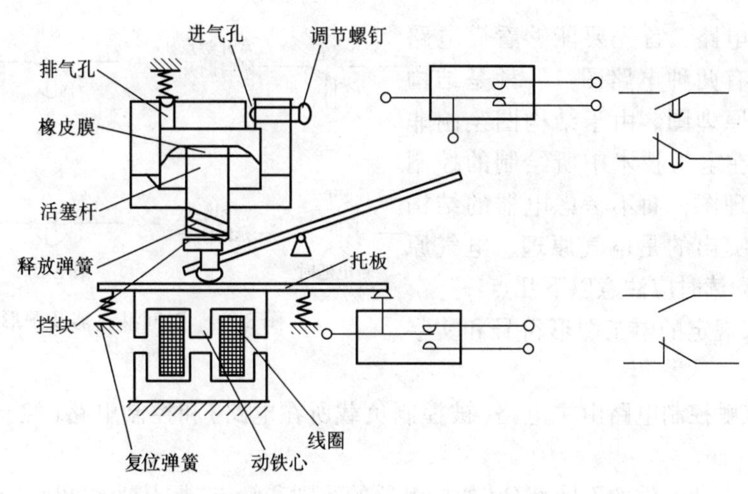

图 8-14　通电延时的空气式时间继电器结构示意图

吸引线圈断电后，依靠复位弹簧的作用而复位。空气经排气孔被迅速排出。此时间继电器有两个延时触点：一个是延时断开的常闭触点；另一个是延时闭合的常开触点，此外还有两个瞬动触点。

时间继电器也可做成断电延时继电器，如图 8-15 所示。实际上只需把通电延时继电器的铁心倒装一下即可。断电延时继电器也有两个延时触点：一个是延时断开的常开触点；另一个是延时闭合的常闭触点。

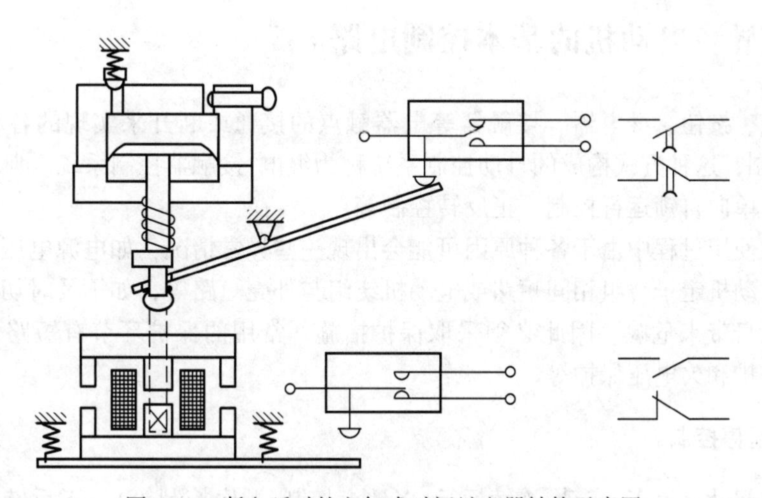
图 8-15　断电延时的空气式时间继电器结构示意图

空气式时间继电器的延时范围大(有 0.4～60s 和 0.4～180s 两种)，结构简单，但准确度较低。时间继电器及图形符号如图 8-16 所示。

8.1.3 电器自动控制原理图的绘制原则及读图方法

继电接触控制电路由一些基本控制环节组成，下面介绍继电接触控制电路的绘制和阅图方法。

学习控制电路，首先要能够看懂电路图。控制电路有两种电路图：一种是结构图；另一种是原理图。由于结构图绘制非常麻烦，所以在电工技术中所绘制的控制电路图多为原理图，而不考虑电器的结构和实际位置，突出的是电气原理。电气原理图在绘制和阅读时应注意以下几点：

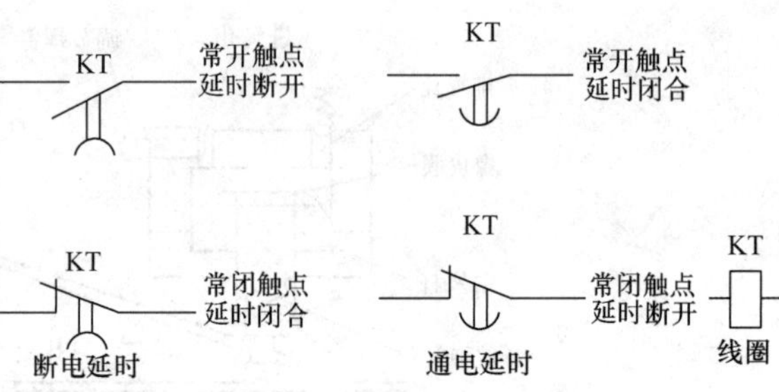

图 8-16　时间继电器及图形符号

1）按国家规定的电工图形符号和文字符号画图。

2）继电接触控制电路由主电路(被控制负载所在电路)和控制电路(控制主电路状态)组成。

3）属同一电器元件的不同部分(如接触器的线圈和触点)按其功能和所接电路的不同分别画在不同的电路中，但必须标注相同的文字符号。

4）所有电器的图形符号均按无电压、无外力作用下的正常状态画出，即按通电前的状态绘制。

5）与电路无关的部件(如铁心、支架、弹簧等)在控制电路中不画出。

分析和设计控制电路时应注意以下几点：①使控制电路简单，电器元件少，而且工作又要准确可靠；②尽可能避免多个电器元件依次动作才能接通另一个电器的控制电路；③必须保证每个线圈的额定电压，不能将两个线圈串联。

8.2 三相异步电动机的基本控制电路

通过开关、按钮、继电器、接触器等电器触点的接通或断开来实现的各种控制叫作继电-接触器控制，这种方式构成的自动控制系统称为继电-接触器控制系统。典型的控制环节有点动控制、单向自锁运行控制、正反转控制等。

电动机在使用过程中由于各种原因可能会出现一些异常情况，如电源电压过低、电动机电流过大、电动机定子绕组相间短路或电动机绕组与外壳短路等，如不及时切断电源则可能会对设备或人身带来危险，因此必须采取保护措施。常用的保护环节有短路保护、过载保护、零电压保护和欠电压保护等。

8.2.1 简单起停控制

电动机的起动、停车(点动、连续运行、多地点控制、顺序控制等)、正反转控制、行程控制、时间控制、速度控制等，均属于电动机的简单控制。

1. 点动控制

电路如图 8-17 所示，合上开关 Q，三相电源被引入控制电路，但电动机还不能起动。

按下按钮 SB，接触器 KM 线圈通电，衔铁吸合，常开主触点接通，电动机定子接入三相电源起动运转。松开按钮 SB，接触器 KM 线圈断电，衔铁松开，常开主触点断开，电动机因断电而停转。这种控制电路叫作点动控制电路。

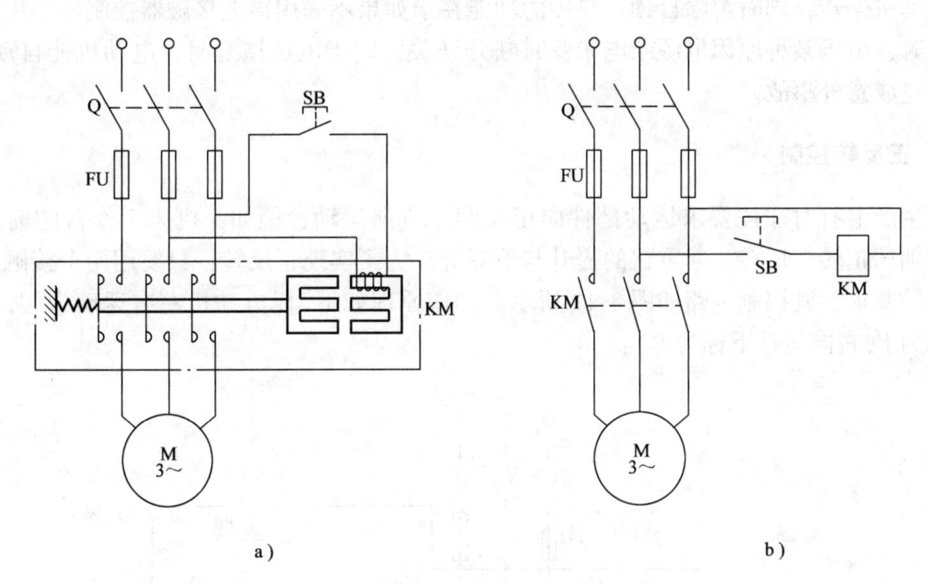

图 8-17　三相异步电动机的点动控制图

a）接线示意图　b）电气原理图

2. 直接起停控制电路

电路如图 8-18 所示，该控制电路可以实现直接起动和停止，并能实现长期运行。

（1）起动过程　按下起动按钮 SB_1，接触器 KM 线圈通电，与 SB_1 并联的 KM 的辅助常开触点闭合，以保证松开按钮 SB_1 后 KM 线圈持续通电，串联在电动机回路中的 KM 的主触点持续闭合，电动机连续运转，从而实现连续运转控制。

（2）停止过程　按下停止按钮 SB_2，接触器 KM 线圈断电，与 SB_1 并联的 KM 的辅助常开触点断开，以保证松开按钮 SB_2 后 KM 线圈持续失电，串联在电动机回路中的 KM 的主触点持续断开，电动机停转。与 SB_1 并联的 KM 的辅助常开触点的这种作用称为自锁。

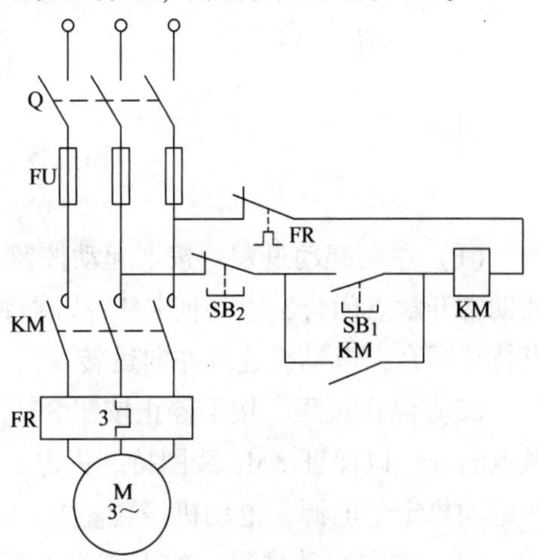

图 8-18　电动机的直接起动控制电路图

图 8-18 所示的控制电路还可实现短路保护、过载保护和零电压保护。起短路保护的是串接在主电路中的熔断器 FU。一旦电路发生短路故障，熔体立即熔断，电动机立即停转。起过载保护的是热继电器 FR。当过载时，热继电器的热元件发热，将其常闭触点断开，使接触器 KM 线圈断电，串联在电动机回路中的 KM 的主触点断开，电动机停止转动。同时 KM 辅助触点也断开，解除自锁。故障排除后若要重新起动，需按下 FR 的复位按钮，使 FR 的常闭

触点复位(闭合)即可。

而电路中起零电压(或欠电压)保护的是接触器 KM 本身。当电源暂时断电或电压严重下降时，接触器 KM 线圈的电磁吸力不足，衔铁自行释放，使主、辅触点自行复位，切断电源，电动机停转，同时解除自锁。自锁的功能在于如果不采用继电接触器控制而是用开关手动控制时，由于某种原因电源断电未及时断开开关，则当电压恢复时，电动机能自动起动，有可能造成意外事故。

8.2.2 正反转控制

在生产上有时往往要求运动部件向正反两个方向运动，例如，机床工作台的前进与后退，主轴的正转与反转，起重机的提升与下降等。为了实现正反转，只要用两个接触器就能实现这一要求，其控制电路如图 8-19 所示。动作原理如下(以电动机左右运动为例,左向运动下标为 F,右向运动下标为 R)：

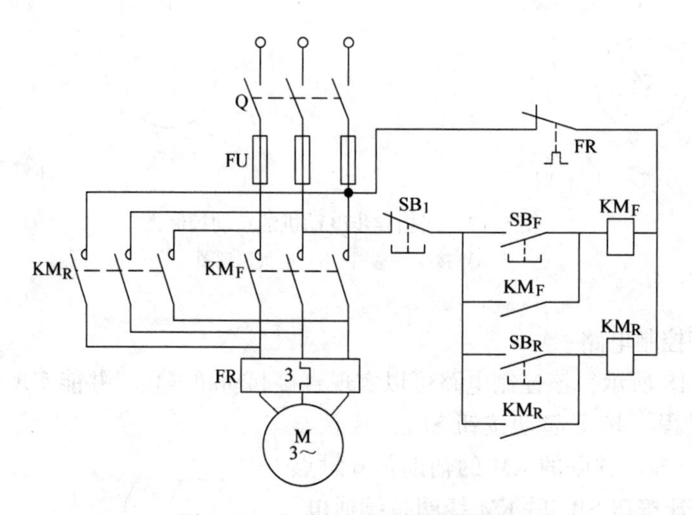

图 8-19 电动机正反转控制电路

(1) 左向起动过程 按下起动按钮 SB_F，接触器 KM_F 线圈通电，与 SB_F 并联的 KM_F 的辅助常开触点闭合，以保证 KM_F 线圈持续通电(自锁)，串联在电动机回路中的 KM_F 的主触点持续闭合，电动机连续左向运转。

(2) 停止过程 按下停止按钮 SB_1，接触器 KM_F 线圈断电，与 SB_F 并联的 KM_F 的辅助触点断开，以保证 KM_F 线圈持续失电，串联在电动机回路中的 KM_F 的主触点持续断开，切断电动机定子电源，电动机停转。

(3) 右向起动过程 按下起动按钮 SB_R，接触器 KM_R 线圈通电，与 SB_R 并联的 KM_R 的辅助常开触点闭合，以保证 KM_R 线圈持续通电(自锁)，串联在电动机回路中的 KM_R 的主触点持续闭合，电动机连续右向运转。

注意：按钮 SB_F 和 SB_R，操作时不能同时按下，即不能在电动机左转时按下右转起动按钮，或在电动机右转时按下左转起动按钮。如果误操作同时将两个起动按钮按下，将引起主回路电源短路，造成事故。为了解决这个问题，采取将接触器 KM_F 的辅助常闭触点串入

KM_R 的线圈回路中，从而保证在 KM_F 线圈通电时 KM_R 线圈回路总是断开的；将接触器 KM_R 的辅助常闭触点串入 KM_F 的线圈回路中，从而保证在 KM_R 线圈通电时 KM_F 线圈回路总是断开的。这样接触器的辅助常闭触点 KM_F 和 KM_R 保证了两个接触器线圈不能同时通电，这种控制方式称为连锁或者互锁，这两个辅助常闭触点称为连锁或者互锁触点。具有互锁的正反转控制电路如图 8-20 所示。

该电路不足之处在于：这个电路在具体操作时，若电动机处于左转状态要右转时必须先按停止按钮 SB_1，使连锁触点 KM_F 闭合后按下右转起动按钮 SB_R 才能使电动机右转；若电动机处于右转状态要左转时必须先按停止按钮 SB_1，使连锁触点 KM_R 闭合后按下左转起动按钮 SB_F 才能使电动机左转。

为了解决这个问题，在生产上采用复式按钮和触点联锁的控制电路，如图 8-21 所示。这个电路同时具有电气联锁和机械联锁的正反转控制电路。

采用复式按钮，将 SB_F 按钮的常闭触点串接在 SB_R 的线圈电路中；将 SB_R 的常闭触点串接在 KM_F 的线圈电路中；这样，无论何时，只要按下反转起动按钮，在 KM_R 线圈通电之前就首先使 KM_F 断电，从而保证 KM_F 和 KM_R 不能同时通电；从反转到正转的情况也是一样。这种由机械按钮实现的联锁也叫机械联锁或按钮联锁。

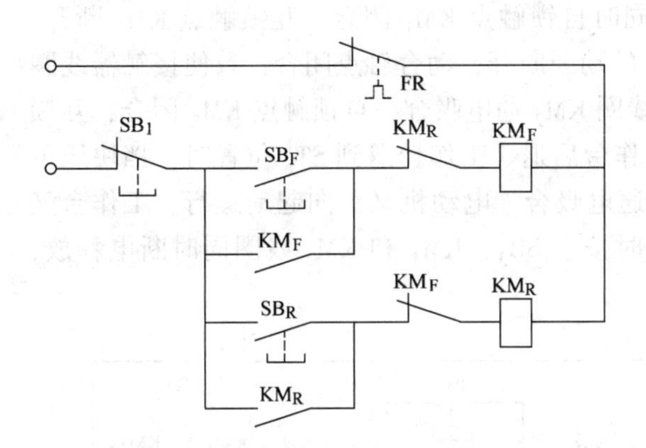

图 8-20　具有互锁的正反转控制电路

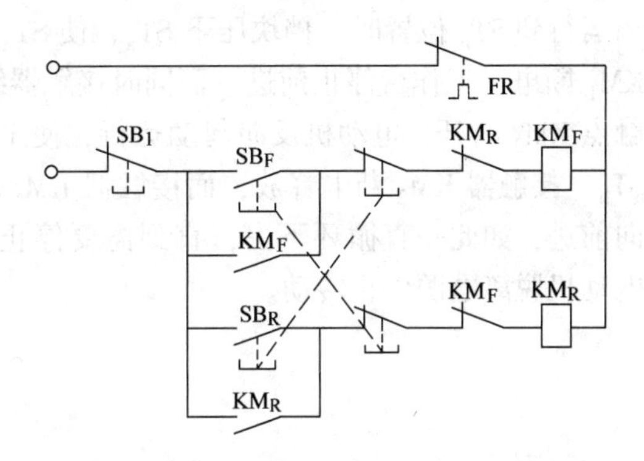

图 8-21　具有双重联锁的正反转控制电路

8.3　行程控制

行程控制是根据生产机械的位置信息去控制电动机运行的一种电路。就是当运动部件到达一定行程位置时，如行车到达终点位置时，要求自动停车；或在一些机床上，经常要求它的工作台应能在一定的范围内自动往返等采用行程开关来进行控制的电路。

行程开关的种类很多，常用的有 LX 系列。它的结构与按钮相似，但其动作要由机械撞击。它的作用是用于自动往复控制或限位保护等。图 8-22 是行程开关被撞击前后的示意图。

8.3.1　限位控制

当生产机械的运动部件到达预定的位置时压下行程开关的触杆，将常闭触点断开，接触器线圈断电，使电动机断电而停止运行，图 8-23 表示电动机的限位控制电路。

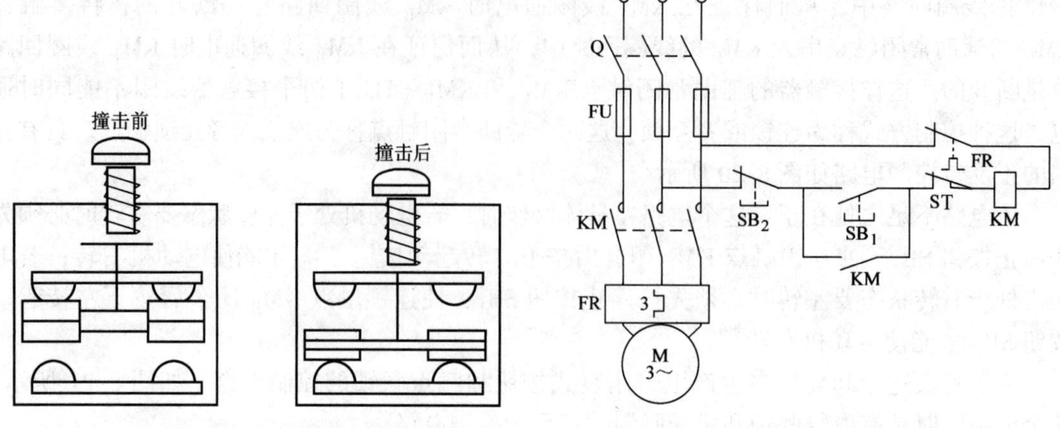

图 8-22　行程开关被撞击前后的示意图　　　　图 8-23　电动机的限位控制电路

8.3.2　自动往返控制

图 8-24 是电动机自动往返行程控制电路。工作原理如下：按下正向起动按钮 SB_1，电动机正向起动运行，带动工作台向前运动。同时自锁触点 KM_1 闭合，互锁触点 KM_1 断开。当运行到 ST_a 位置时，挡块压下 ST_a，使 ST_a 的动断断开，动合触点闭合，致使接触器线圈 KM_1 断电，工作台停止前进。而同时接触器线圈 KM_2 通电吸合，自锁触点 KM_2 闭合，互锁触点 KM_2 断开，电动机反向起动运行，使工作台后退。工作台退到 ST_b 位置时，挡块压下 ST_b，接触器 KM_2 断电释放，而接触器 KM_1 通电吸合，电动机又正向起动运行，工作台又向前进，如此一直循环下去，直到需要停止时按下 SB_3，KM_1 和 KM_2 线圈同时断电释放，电动机脱离电源停止转动。

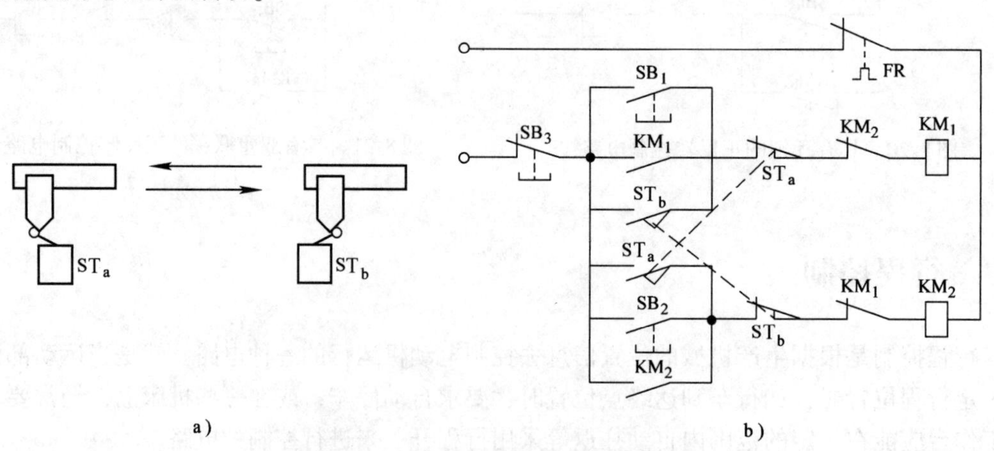

图 8-24　电动机自动往返行程控制电路
a）往返运动图　b）自动往返控制电路

8.4　时间控制

根据实际需求，对电动机按一定时间间隔进行控制的方式叫时间控制，利用时间继电器延时触点组成的控制电路可以实现。例如三相异步电动机的星形-三角形起动，要求电动机开始星形联结起动，当电动机转速经过一定时间后上升到接近额定转速时换成三角形联结。下面就这一具体事例予以详细说明。

图 8-25 是三相异步电动机Y-△换接起动控制电路，图中利用了通电延时的时间继电器，其动作原理如下。

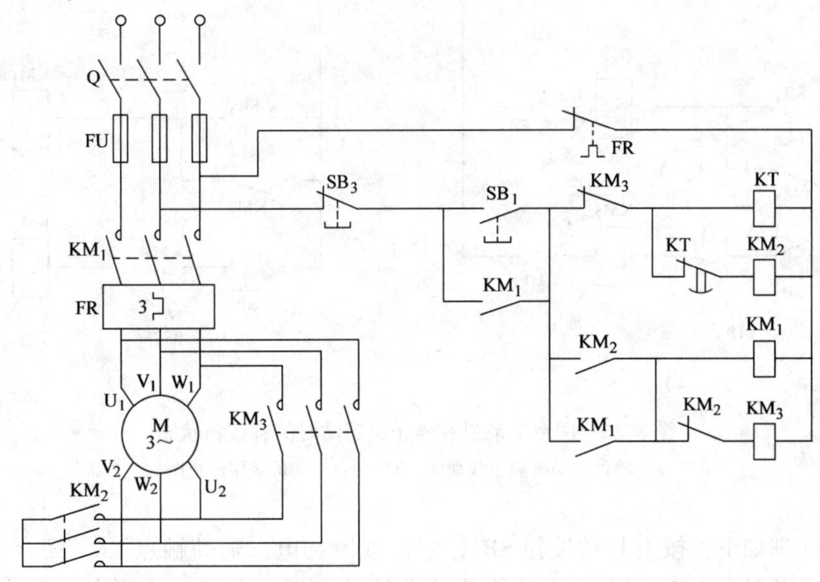

图 8-25　三相异步电动机Y-△换接起动控制电路

按下起动按钮 SB_1，时间继电器 KT 和接触器 KM_2 同时通电吸合，KM_2 的常开主触点闭合，把定子绕组连接成星形，其常开辅助触点闭合，接通接触器 KM_1。KM_1 的常开主触点闭合，将定子接入电源，电动机在星形联结下起动。KM_1 的一对常开辅助触点闭合，进行自锁。经一定延时，电动机的转速达到预期的要求时，时间继电器 KT 的常闭触点断开，KM_2 断电复位，接触器 KM_3 通电吸合。KM_3 的常开主触点将定子绕组连接成三角形，使电动机在额定电压下正常运行。与按钮 SB_1 串联的 KM_3 的常闭辅助触点的作用是：当电动机正常运行时，该常闭触点断开，切断了 KT、KM_2 的通路，即使误按 SB_1，KT 和 KM_2 也不会通电，以免影响电路正常运行。若要停车，则按下停止按钮 SB_3，接触器 KM_1、KM_2 同时断电释放，电动机脱离电源停止转动。

8.5　顺序控制

根据具体情况，在生产工艺中，有时需要多台电动机按照一定的时间顺序依次起动运行。例如金属切削机床只有在润滑液压泵电动机起动之后，主轴电动机才能起动。当液压泵电动机某种原因停车时，主轴电动机也应立即停车，以免因润滑油不足而损坏工件或设备。生活实践中有许多类似情况，本节以以下几种情况加以说明。

例如两条传送带运输机分别由两台笼型异步电动机拖动，由一套起停按钮控制它们的起停。为避免物体堆积在运输机上，要求电动机按下述顺序起动和停止：

起动时：M_1 起动后 M_2 才能起动；

停车时：M_2 停车后 M_1 才能停车。应如何实现控制？

图 8-26a、b 分别说明在停止、起动时各按钮的状态。

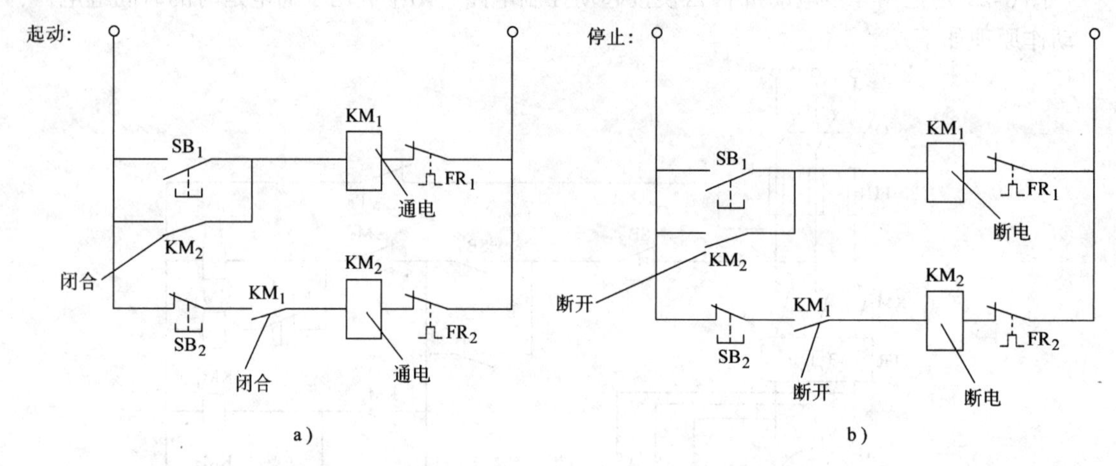

图 8-26　两台电动机在停止、起动时的各按钮状态

a）两台电动机顺序起动图　b）两台电动机顺序停止图

其工作原理如下：按下起动按钮 SB_1，KM_1 线圈加电，辅助触点 KM_1 闭合，致使 KM_2 线圈加电，常开触点 KM_2 闭合，主控线路的常开触点 KM_1、KM_2 均闭合，电动机 M_1、M_2 依次转动。而图 b 中，按下停止按钮 SB_2，线圈 KM_2 断电，常开触点 KM_2 断开，致使线圈 KM_1 断电，常开触点 KM_1 断开，主控线路中主触点 KM_1、KM_2 均断开，电动机 M_2、M_1 依次停止工作。

习　题　8

8-1　什么是自锁？什么是互锁？

8-2　图 8-27 具有什么功能？试说明其作用。

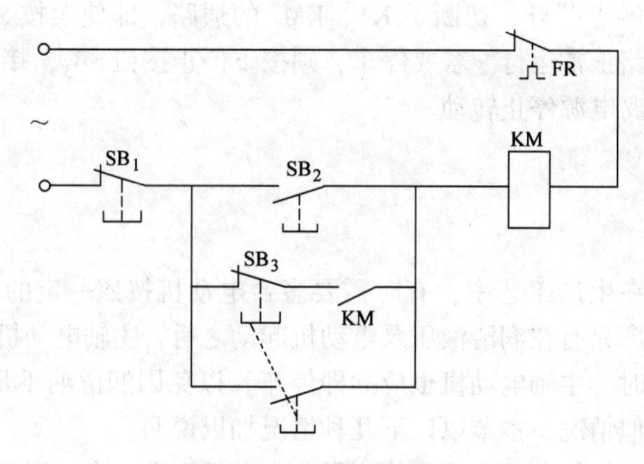

图 8-27　习题 8-2 的图

8-3　图 8-28 控制电路能否实现既能点动、又能连续运行？为什么？

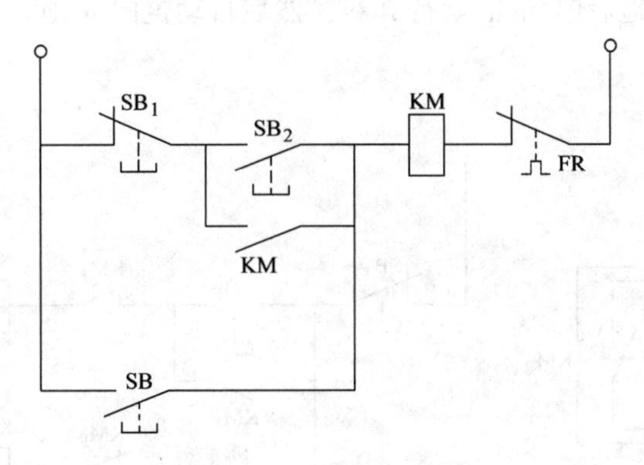

图 8-28　习题 8-3 的图

8-4　图 8-29 可否实现两台电动机顺序控制？为什么？试改正。

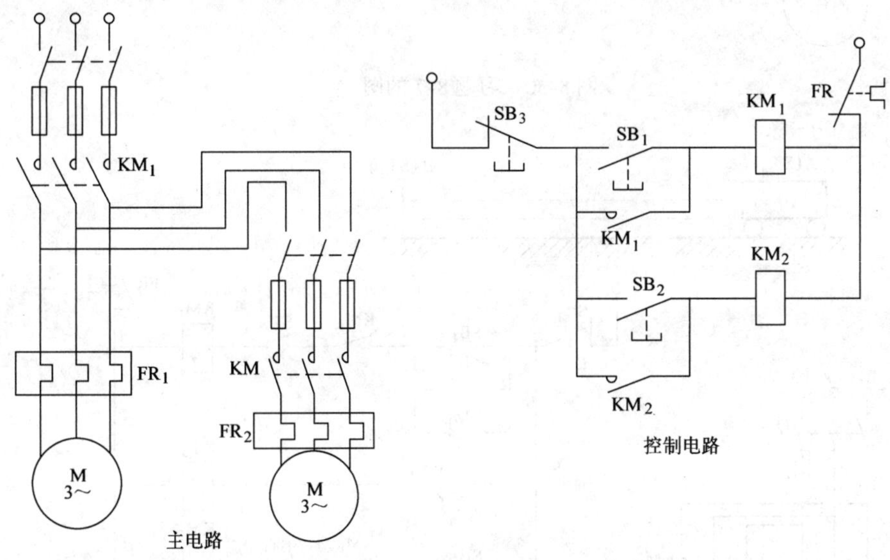

图 8-29　习题 8-4 的图

8-5　有两台异步电动机 M_1 和 M_2，要求 M_1 起动一定时间后 M_2 才可以起动，M_2 可以单独停车，M_1 和 M_2 也可以同时停车，要有短路保护、过载保护和失电压保护，设计符合上述要求的控制电路。

8-6　设计一控制电路，要求电动机起动前灯亮 1min，起动后灯灭。设灯的额定电压为 220V，时间继电器采用通电延时式的，并有延时动作和瞬时动作的常开触点和常闭触点。

8-7　图 8-30 所示是笼型异步电动机的正反转控制电路，试指出图中的错误并改正。

8-8　图 8-31 所示控制电路实现什么功能？简述其工作原理。

8-9　图 8-32 是电动机顺序起停控制电路。其中接触器 KM_1 和 KM_2 分别控制电动机 M_1 和 M_2 的起停，分析该电路的工作原理，说明 M_1 和 M_2 起动与停止的顺序规律。

8-10　设计一个运料小车控制电路，同时满足以下要求：

（1）小车起动后，前进到 A 地。然后做以下往复运动：到 A 地后停 2min 等待装料，然后自动走向 B 地。到 B 地后停 2min 等待卸料，然后自动走向 A 地。

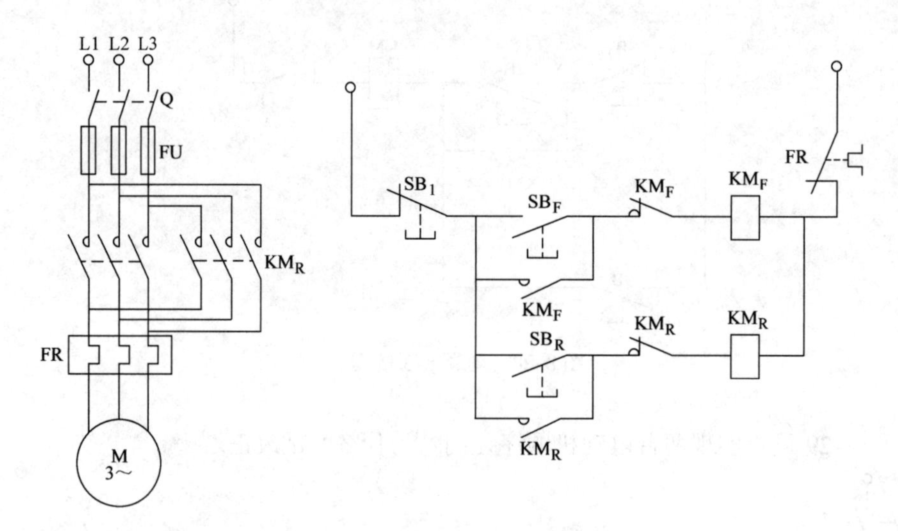

图 8-30　习题 8-7 的图

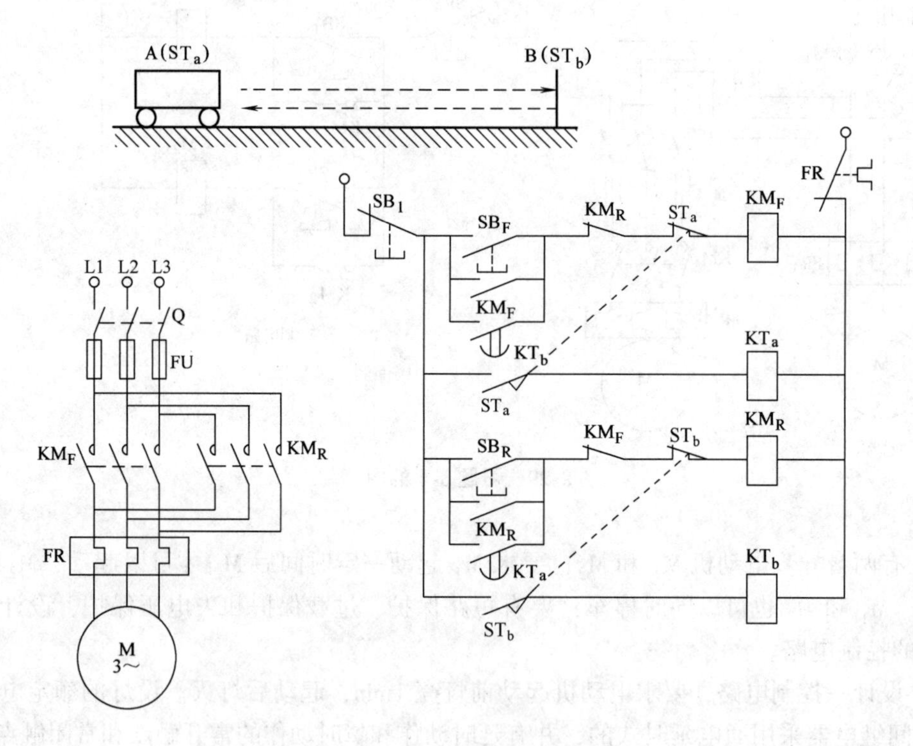

图 8-31　习题 8-8 的图

ST_a、ST_b—A、B 两端的限位开关　KT_a、KT_b—两个时间继电器

（2）有过载和短路保护。

（3）小车可停在任意位置。

8-11　如图 8-33 所示，设计一个控制电路能实现以下要求：(1)运动部件 A 从 1 到 2；(2)运动部件 B 从 3 到 4；(3)运动部件 A 从 2 回到 1；(4)运动部件 B 从 4 回到 3；(5)可自

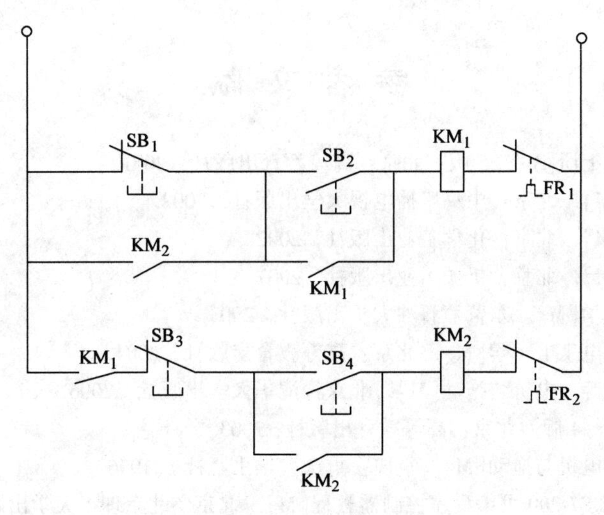

图 8-32　习题 8-9 的图

由循环运动。(提示:可用 4 个行程开关,装在原点和终点,且都有一个常开触点和一个常闭触点。)

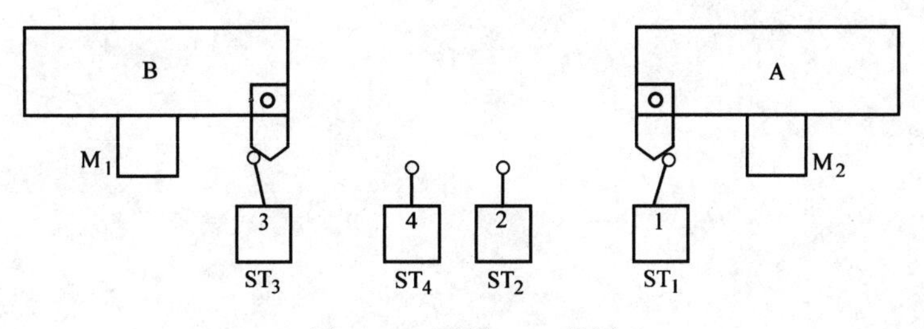

图 8-33　习题 8-11 的图

参考文献

[1] 秦曾煌. 电工学：上册[M]. 5版. 北京：高等教育出版社，2001.

[2] 刘蕴陶. 电工学[M]. 北京：中央广播电视大学出版社，2002.

[3] 陈道红. 电工学[M]. 北京：化学工业出版社，2002.

[4] 袁宏. 电工技术[M]. 北京：机械工业出版社，2007.

[5] 刘润华. 电工电子学[M]. 东营：石油大学出版社，2003.

[6] 叶挺秀，张伯尧. 电工电子学[M]. 北京：高等教育出版社，2004.

[7] 刘锦波，张承慧，等. 电机与拖动[M]. 北京：清华大学出版社，2006.

[8] 邱关源. 电路[M]. 4版. 北京：高等教育出版社，2003.

[9] 秦萌青，魏佩瑜. 电机与拖动[M]. 重庆：重庆大学出版社，1996.

[10] 温照方. SIMATIC S7-200可编程序控制器教程[M]. 北京：北京理工大学出版社，2002.

[11] 林庆云. 应用电工学[M]. 北京：电子工业出版社，2003.

[12] 蒋中，刘国林. 电工学[M]. 北京：北京大学出版社，2006.

[13] 殷洪义. 可编程序控制器选择、设计与维护[M]. 北京：机械工业出版社，2003.

[14] 弭洪涛. PLC应用技术[M]. 北京：中国电力出版社，2004.